高等职业教育土木建筑大类专业系列教材

U1017756

建筑制图与识图

主　编　王雪莹　张冬梅
副主编　张微微　杜威威　蒋　玥
参　编　李文涛　冯浩龙

中国轻工业出版社

图书在版编目（CIP）数据

建筑制图与识图 / 王雪莹，张冬梅主编. --北京：中国轻工业出版社，2025. 1. --ISBN 978-7-5184-5069-5

Ⅰ. TU204

中国国家版本馆 CIP 数据核字第 2024ZQ0871 号

责任编辑：赵雅慧

策划编辑：陈　萍　赵雅慧　　责任终审：李建华　　封面设计：锋尚设计

版式设计：致诚图文　　责任校对：朱　慧　朱燕春　　责任监印：张　可

出版发行：中国轻工业出版社（北京鲁谷东街 5 号，邮编：100040）

印　　刷：三河市万龙印装有限公司

经　　销：各地新华书店

版　　次：2025 年 1 月第 1 版第 1 次印刷

开　　本：787×1092　1/16　印张：14.75

字　　数：360 千字

书　　号：ISBN 978-7-5184-5069-5　定价：59.00 元

邮购电话：010-85119873

发行电话：010-85119832　010-85119912

网　　址：http://www.chlip.com.cn

Email：club@chlip.com.cn

232278J2X101ZBW

前言

本教材包括建筑制图和建筑识图两部分内容。建筑制图部分包括应用制图标准绘图、应用投影原理绘图两个项目，共十一个任务，旨在使学生了解专业的制图方法，熟悉国家制图标准对图纸幅面、比例、图线、字体的基本规定，掌握点、直线、平面、体、轴测图的投影规律，培养学生的空间想象能力和规范意识。建筑识图部分包括识读民用建筑施工图、识读别墅施工图与建模两个项目，共十四个任务，旨在使学生掌握施工图的表达含义，培养学生独立识读建筑总平面图、建筑平面图、建筑立面图、建筑剖面图、建筑详图以及柱、梁、板结构施工图的能力，并使学生能够根据图纸之间的关系确定各个构件的尺寸和各承重构件内部的钢筋布置，能够在建模软件中布置场地和输出图纸。本教材采用任务驱动的教学模式，引导学生在完成任务的过程中掌握制图与识图的相关知识，培养学生对工作一丝不苟、实事求是、爱岗敬业、团队协作的精神。

本教材的内容选取符合“岗课赛证”融合的综合育人模式，主要特色为：

1. 对接土建类岗位能力要求

教学内容对接施工员、质量员、预算员、监理员等岗位能力要求，运用“1+X”考试的相关软件建立建筑模型，使学生易于理解施工图含义，为学生考取相关职业资格证书奠定良好的基础。

2. 符合建筑行业转型升级要求

随着 BIM 技术的不断发展，建筑行业迎来了转型升级浪潮。为了紧密贴合区域发展对建筑人才的需求，教材中加入了较多的 BIM 软件动画模型及动画演示。例如用 Revit 软件建立建筑立体模型、用 BIM-FILM 软件进行动画演示，使学生直观地看到三维建筑模型，完成从平面图纸到空间模型的跨越，同时为学生熟练使用 BIM 软件奠定坚实的基础。

3. 融入技能竞赛真题

教材中的视频资源以第一届“鲁班杯”建筑工程识图技能竞赛的图纸为载体展开讲解。通过融入技能竞赛真题，增加了课程的广度和深度，提高了学生的学习兴趣和实践能力。

4. 融入“1+X”考试真题

在任务引入和任务拓展环节融入“1+X”考试真题，为学生考取“1+X”证书提供了有效的支撑。

本教材由黑龙江农垦职业学院王雪莹、张冬梅担任主编，张微微、杜威威、蒋玥担任副主编，黑龙江省林业设计研究院李文涛、哈尔滨铁道职业技术学院冯浩龙参编。编写人员分工如下：王雪莹编写项目一和项目四，张冬梅编写项目三的任务一至任务三，张微微编写项目二的任务一至任务四，杜威威编写项目二的任务五至任务九，蒋玥编写项目三的任务四至任务六，李文涛编写项目三的任务七和任务八，冯浩龙编写项目三的任务九至任务十一。

由于编者水平有限，教材中难免有疏漏和不妥之处，诚望读者提出批评和改进意见。

王雪莹

2024 年 7 月

目录

项目一

应用制图标准绘图

任务一　确定图纸、图线与比例

任务二　利用绘图工具绘图

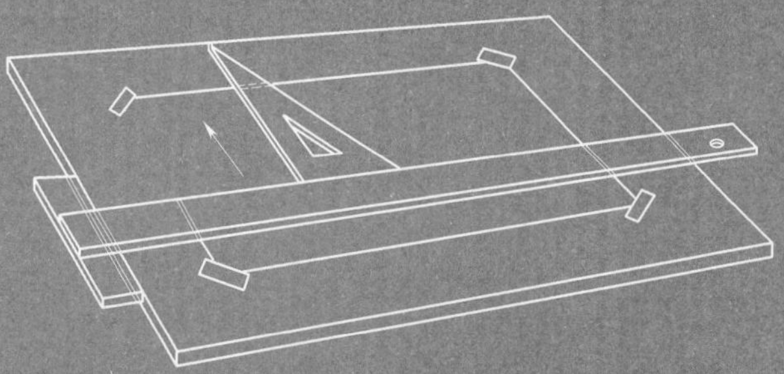

工程图被称为工程界的语言。建筑设计师、结构设计师和设备设计师将想象中的建筑物、构件、设备等用图形表示出来，以此作为施工、交流的依据，这种图形就是工程图。为了确保建筑行业各岗位人员均能看懂工程图，并使图面清晰明了、制图效率高，设计者必须按照统一的规定绘制工程图。这些统一的规定便是国家制定的各种标准，包括《房屋建筑制图统一标准》（GB/T 50001—2017）、《总图制图标准》（GB/T 50103—2010）、《建筑制图标准》（GB/T 50104—2010）、《建筑结构制图标准》（GB/T 50105—2010）等。本项目主要介绍制图标准中常用的规定，讲解如何应用制图标准绘图以及如何利用绘图工具绘图。

项目目标

知识目标

1. 熟悉图纸的幅面大小。
2. 熟悉图线的种类、用途和绘制注意事项。
3. 掌握工程字的书写要求。
4. 掌握比例的概念。
5. 掌握丁字尺、三角板、圆规的使用方法。
6. 掌握正三角形、正四边形及正多边形的画法。

能力目标

1. 能够确定合适的比例。
2. 能够正确绘制图线。
3. 能够书写标准的工程字。
4. 能够绘制已知直线的平行线。
5. 能够将线段任意等分。
6. 能够用三角板、圆规将圆周任意等分。

任务一
确定图纸、图线与比例

思维导图

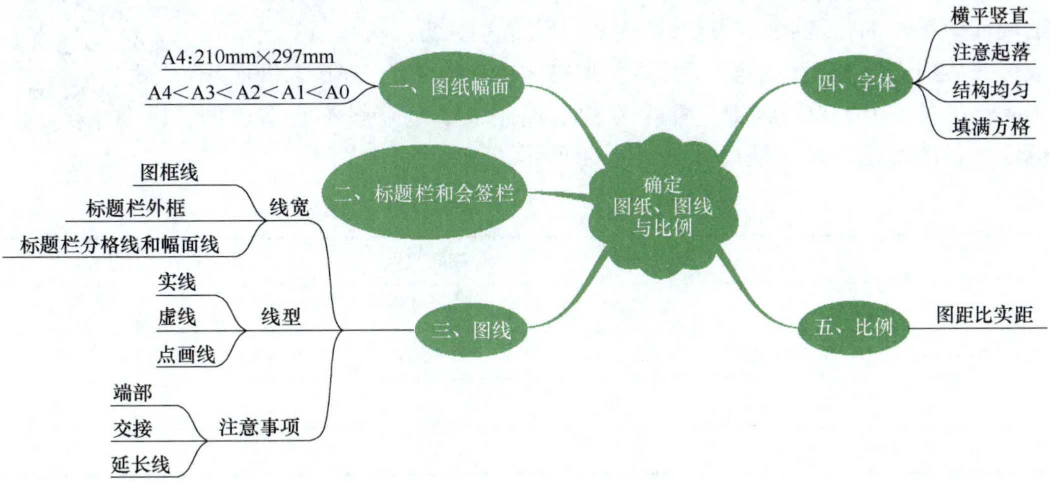

任务引入

用 A4 图纸绘制如图 1-1 所示图形，要求选用合适的比例，有图框线和作业用标题栏，标题栏内容填写完整。图中的虚线、点画线根据注意事项绘制正确。已知下部矩形的尺寸为 1500mm×300mm，中部矩形的尺寸为 1000mm×800mm，图形内部大圆半径为 150mm，小圆半径为 100mm，其余尺寸自拟。

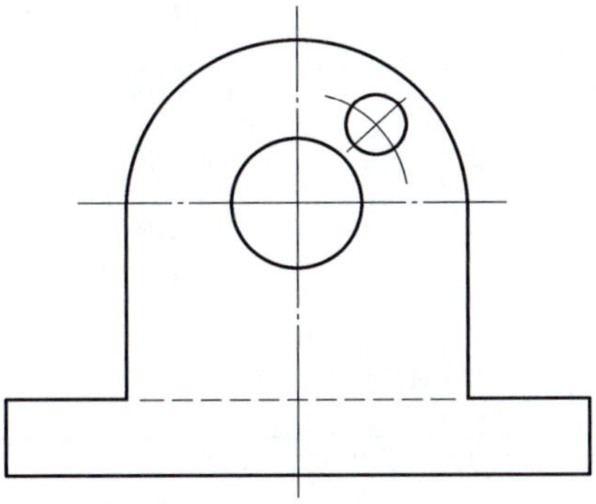

图 1-1　任务图样

任务分析

绘制该图要掌握图纸幅面、标题栏和会签栏、图线、字体、比例等内容。下面按照《房屋建筑制图统一标准》（GB/T 50001—2017）中的规定进行介绍。

《房屋建筑制图统一标准》（GB/T 50001—2017）图纸、图线、字体、比例的规定

图纸

一、图纸幅面

图纸幅面是指图纸尺寸规格的大小，是由图纸宽度与长度组成的图面。图纸幅面的代号为 A0、A1、A2、A3、A4。其中，A4 图纸是所有图纸幅面中最小的，两张 A4 图纸可构成一张 A3 图纸，两张 A3 图纸可构成一张 A2 图纸，以此类推，可以得到 A1 和 A0 的图纸，A0 图纸面积为 $1m^2$。在同一个工程设计中，每个专业所使用的图纸一般不宜多于两种幅面。各图纸幅面及图框尺寸如表 1-1 所示。

表 1-1　　幅面及图框尺寸　　单位：mm

尺寸代号	幅面代号				
	A0	A1	A2	A3	A4
$b \times l$	841×1189	594×841	420×594	297×420	210×297
c	10			5	
a	25				

表中 b 为幅面短边尺寸，l 为幅面长边尺寸，c 为图框线与幅面线间的宽度，a 为图框线与装订边间的宽度。各种图纸幅面及其幅面线、图框线、装订边如图 1-2 和图 1-3 所示。其中，A0～A3 的图纸可横式或者立式使用，A4 图纸仅可立式使用。

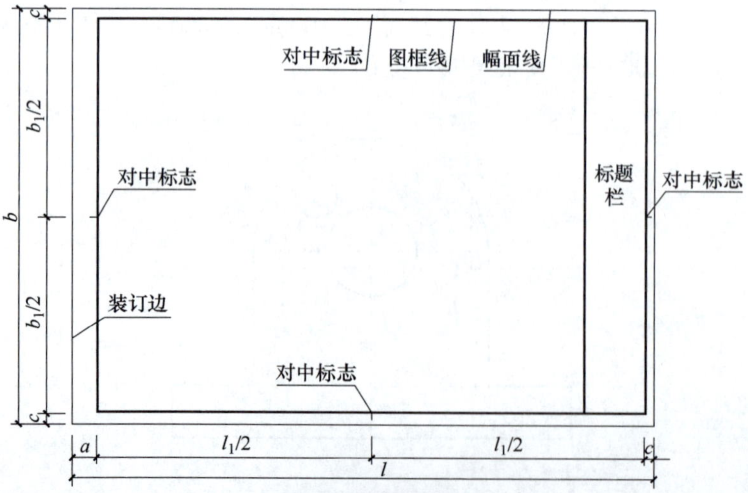

(a) A0～A3横式幅面（一）

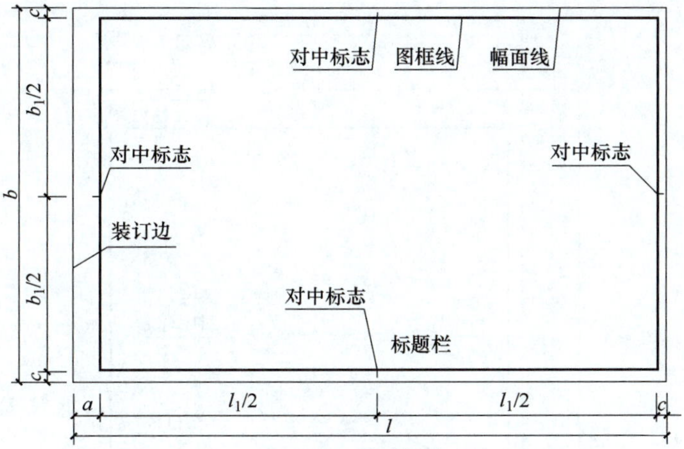

(b) A0～A3横式幅面（二）

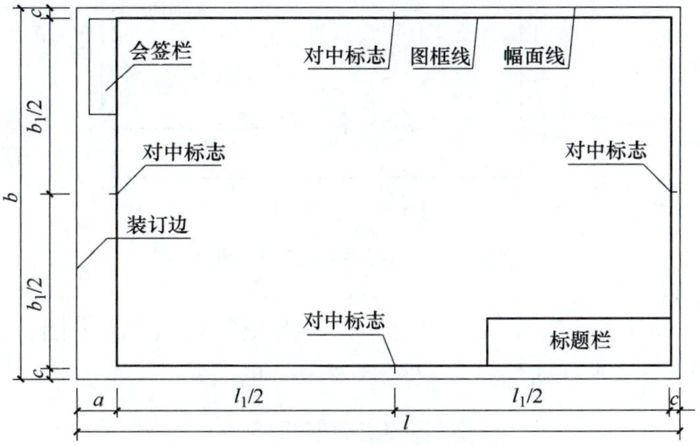

(c) A0～A1横式幅面（三）

图 1-2　A0～A3 横式幅面

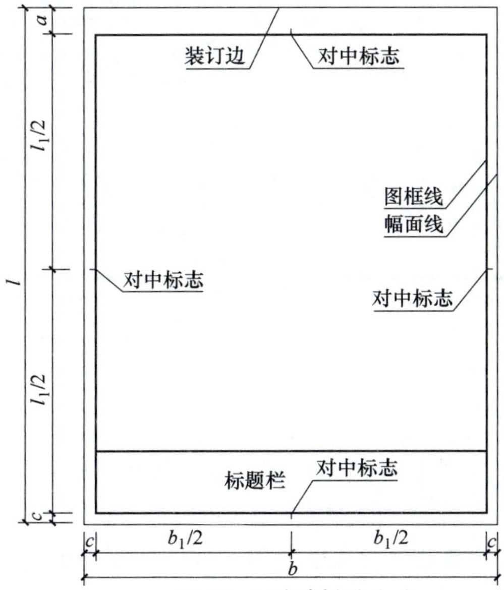

(a) A0～A4立式幅面（一）

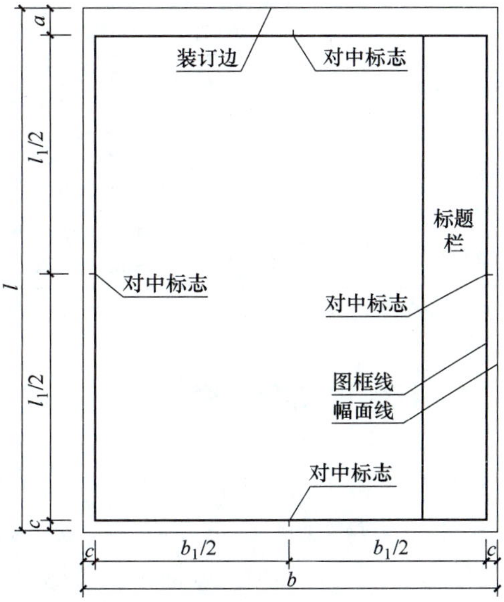

(b) A0～A4立式幅面（二）

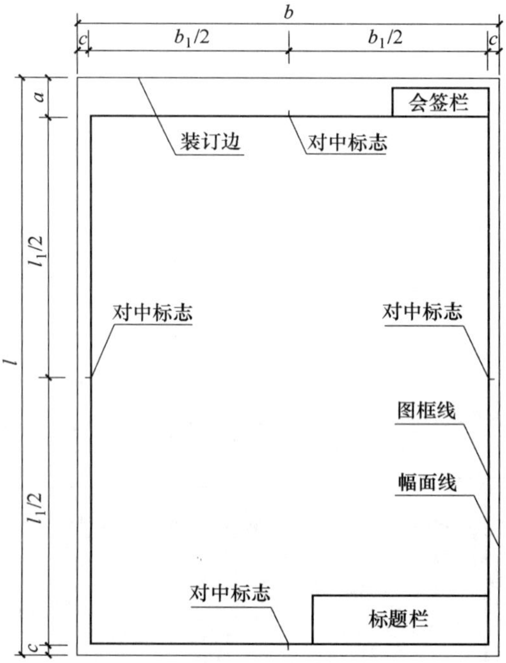

(c) A0～A2立式幅面（三）

图 1-3　A0～A4 立式幅面

图纸幅面优先选用基本幅面。必要时，允许选用加长幅面。图纸的短边尺寸不应加长，A0～A3 幅面长边尺寸可加长，但应符合表 1-2 的规定。

表 1-2　图纸长边加长尺寸　单位：mm

幅面代号	长边尺寸	长边加长后的尺寸
A0	1189	1486(A0+l/4)　1635(A0+3l/8)　1783(A0+l/2)　1932(A0+5l/8)　2080(A0+3l/4)　2230(A0+7l/8)　2378(A0+l)
A1	841	1051(A1+l/4)　1261(A1+l/2)　1471(A1+3l/4)　1682(A1+l)　1892(A1+5l/4)　2102(A1+3l/2)
A2	594	743 (A2+l/4)　891(A2+l/2)　1041(A2+3l/4)　1189(A2+l)　1338(A2+5l/4)　1486(A2+3l/2)　1635(A2+7l/4)　1783(A2+2l)　1932(A2+9l/4)　2080(A2+5l/2)
A3	420	630(A3+l/2)　841(A3+l)　1051(A3+3l/2)　1261(A3+2l)　1471(A3+5l/2)　1682(A3+3l)　1892(A3+7l/2)

注：有特殊需要的图纸，可采用 $b \times l$ 为 841mm ×891mm 与 1189mm ×1261mm 的幅面。

二、标题栏和会签栏

标题栏可位于图纸下部或右侧，如图 1-2 和图 1-3 所示。对于右侧的标题栏，其尺寸、格式和分区如图 1-4（a）所示；对于下部的标题栏，其尺寸、格式和分区如图 1-4（b）所示。在横式幅面中，若标题栏没有贯通整个长度范围，则可按照图 1-4（c）和图 1-4（d）绘制。学生练习绘图时所使用的作业用标题栏如图 1-5 所示。

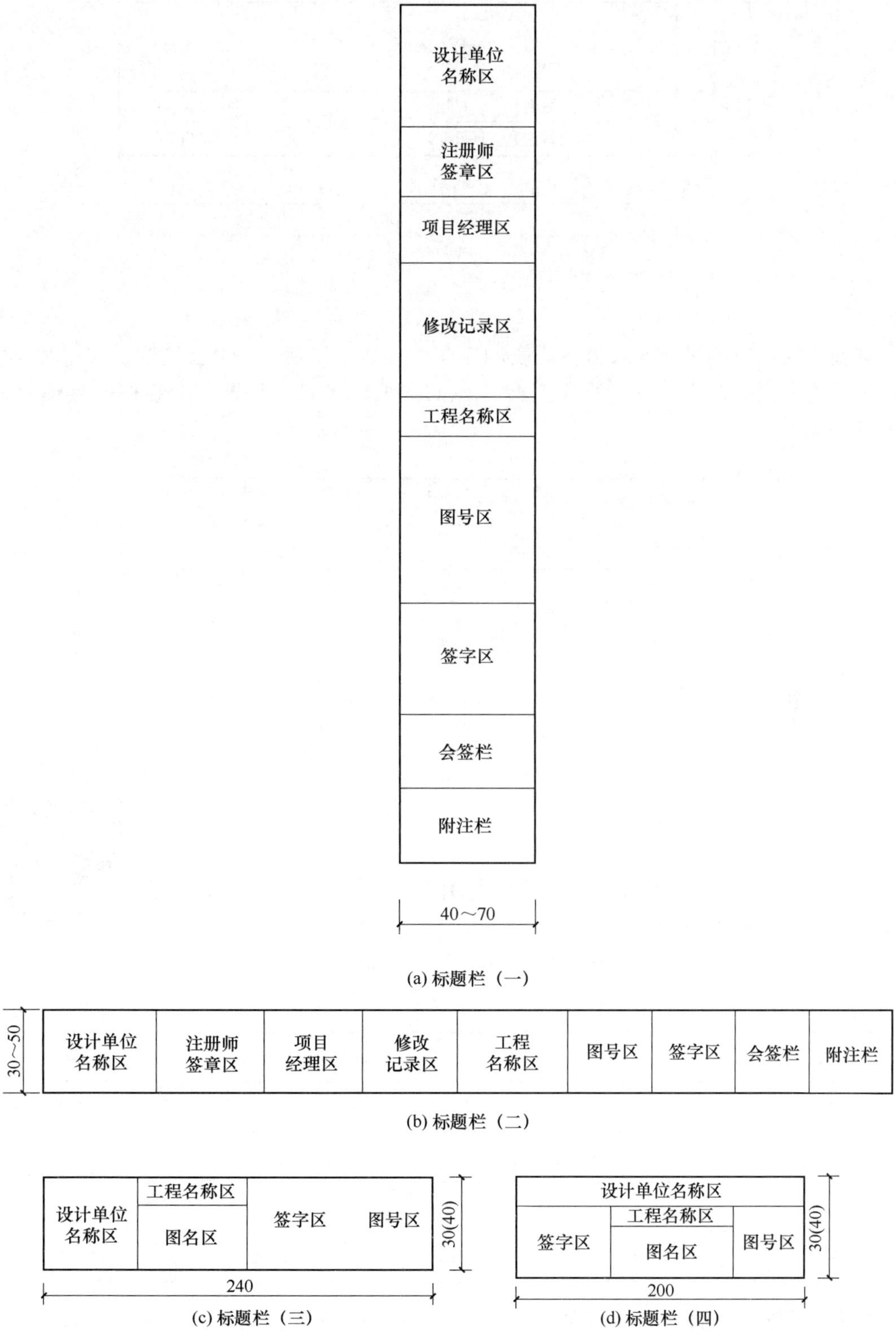
设计单位
名称区
注册师
签章区
项目经理区
修改记录区
工程名称区
图号区
签字区
会签栏
附注栏
40～70
(a) 标题栏（一）
30～50
设计单位
名称区
注册师
签章区
项目
经理区
修改
记录区
工程
名称区
图号区
签字区
会签栏
附注栏
(b) 标题栏（二）
设计单位
名称区
工程名称区
图名区
签字区
图号区
30(40)
240
(c) 标题栏（三）
设计单位名称区
签字区
工程名称区
图名区
图号区
30(40)
200
(d) 标题栏（四）

图 1-4　标题栏

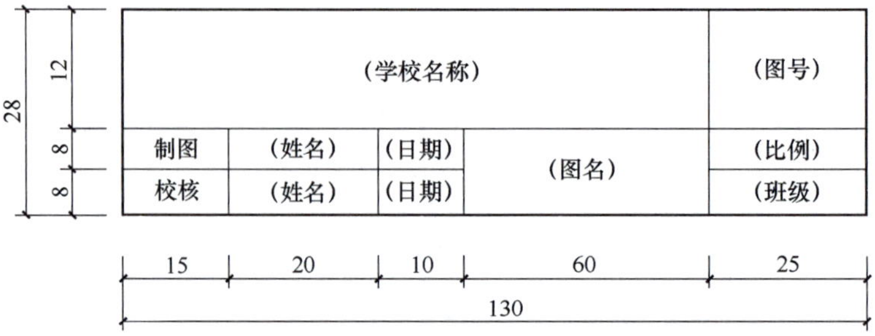

图 1-5　作业用标题栏

会签栏栏内应填写会签人员所代表的专业、姓名、日期。一个会签栏不够用时，可另加一个，两个会签栏应并列。不需要会签栏的图纸也可以不设置。会签栏的具体尺寸如图 1-6 所示。

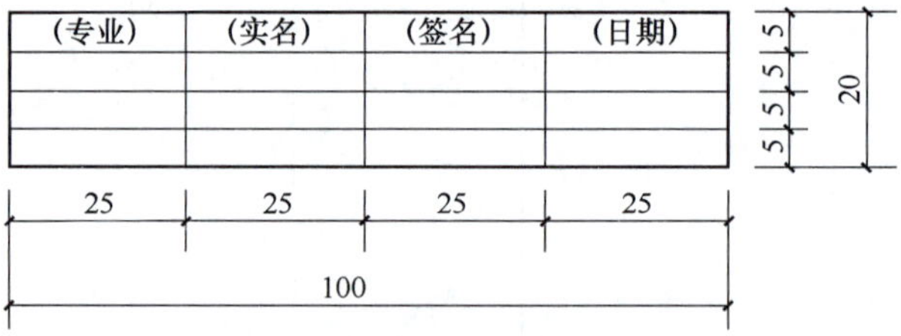

图 1-6　会签栏

三、图线

图线

图线的基本线宽 b，宜按照图纸比例及图纸性质从 1.4mm、1.0mm、0.7mm、0.5mm 线宽系列中选取。每个图样，应根据复杂程度与比例大小，先选定基本线宽 b，再选用表 1-3 中相应的线宽组。

表 1-3　　线宽组　　单位：mm

线宽比	线宽组			
b	1.4	1.0	0.7	0.5
$0.7b$	1.0	0.7	0.5	0.35
$0.5b$	0.7	0.5	0.35	0.25
$0.25b$	0.35	0.25	0.18	0.13

如有缩微要求的图纸，不宜采用 0.18mm 及更细的线宽。此外，根据消防部门对图纸的存档要求，制图时不应选用 0.18mm 及更细的线宽。

A0～A4 图纸的图框线可选择 1.0mm 线宽组，其中 A0～A1 图纸的标题栏外框为

0.5mm，标题栏分格线和幅面线为 0.25mm；A2～A4 图纸的标题栏外框为 0.7mm，标题栏分格线和幅面线为 0.35mm。

工程中不同的线型在图纸中表达的内容也不同。如表 1-4 所示，实线表示可见的轮廓线，虚线表示不可见的轮廓线，单点长画线多用于绘制中心线、对称线和轴线，折断线和波浪线表示断开的界线。

思政：奉献精神

表 1-4　线型

名称		线型	线宽	一般用途
实线	粗		b	主要可见轮廓线
	中粗		$0.7b$	可见轮廓线、变更云线
	中		$0.5b$	可见轮廓线、尺寸线
	细		$0.25b$	图例填充线、家具线
虚线	粗		b	见各有关专业制图标准
	中粗		$0.7b$	不可见轮廓线
	中		$0.5b$	不可见轮廓线、图例线
	细		$0.25b$	图例填充线、家具线
单点长画线	粗		b	见各有关专业制图标准
	中		$0.5b$	见各有关专业制图标准
	细		$0.25b$	中心线、对称线、轴线等
双点长画线	粗		b	见各有关专业制图标准
	中		$0.5b$	见各有关专业制图标准
	细		$0.25b$	假想轮廓线、成型前原始轮廓线
折断线	细		$0.25b$	断开界线
波浪线	细		$0.25b$	断开界线

在绘制各种图线时，要注意以下几点：

① 虚线、单点长画线或双点长画线的线段长度和间隔，宜各自相等，如图 1-7 所示。

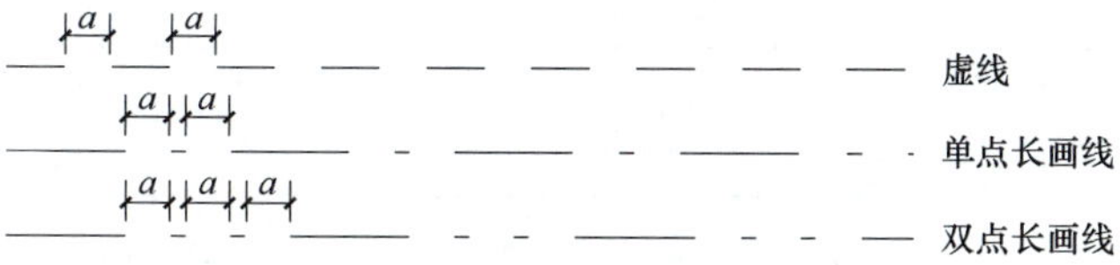

图 1-7　虚线、单点长画线或双点长画线绘制要求

② 当绘制较小图形的轴线比较困难时，可将单点长画线用实线代替，同样地，双点长画线也可用实线代替。

③ 单点长画线或双点长画线的两端，不应采用点。点画线与点画线交接或点画线与其他图线交接时，应采用线段交接。

④ 虚线与虚线交接或虚线与其他图线交接时，应采用线段交接，如图 1-8 所示。

⑤ 虚线为实线的延长线时，虚线端部应留有空隙，不得与实线相接，如图 1-9 所示。

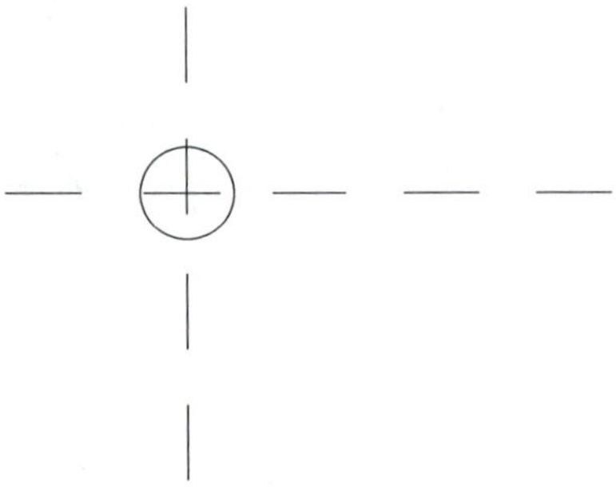

图 1-8 虚线与虚线相交的绘制要求

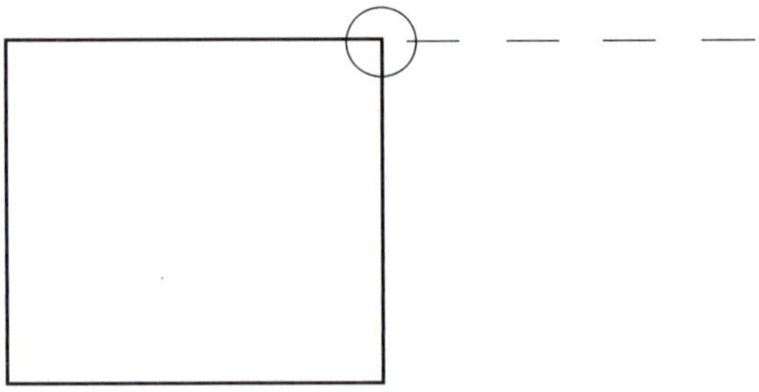

图 1-9 虚线为实线延长线的绘制要求

⑥ 图线不得与文字、数字或符号重叠、混淆，不可避免时，应首先保证文字的清晰，如图 1-10 所示。

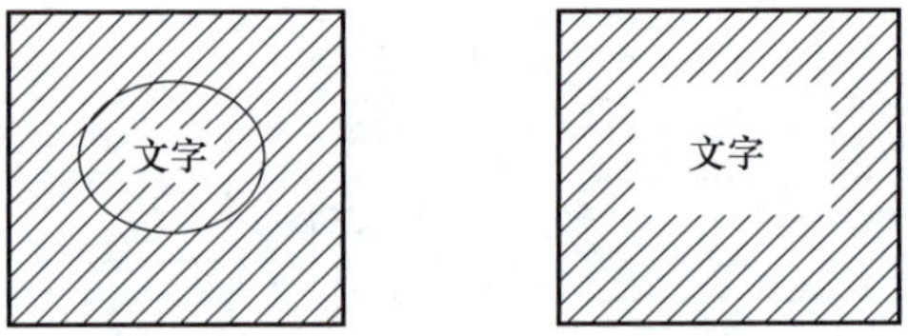

(a) 错误表示方式　　(b) 正确表示方式

图 1-10 图线与文字的绘制要求

四、字体

字体与比例

图纸上的文字、数字、字母或者符号等，均应笔画清晰、字体端正、排列整齐；标点符号应清楚正确。

图纸上的文字优先采用长仿宋字，字高可以选择 3.5mm、5mm、7mm、10mm、14mm、20mm，相应字宽如表 1-5 所示。长仿宋字的书写要领为横平竖直、注意起落、结构均匀、填满方格。

表 1-5 长仿宋字高宽关系 单位：mm

字高	3.5	5	7	10	14	20
字宽	2.5	3.5	5	7	10	14

图纸上的数字和字母的高度不应小于 2.5mm，有正体和斜体两种，在同一张图纸上必须统一。当须写成斜体字时，其斜度应从字的底线逆时针向上倾斜 75°。数量的数值注写，应采用正体阿拉伯数字，各种计量单位凡前面有量值的，均应采用国家颁布的单位符号注写。单位符号采用正体字母。

五、比例

图样的比例，应为图形与实物相对应的线性尺寸之比。绘图所用的比例应根据图样的用途与被绘对象的复杂程度，从表 1-6 中选用，并应优先采用表中常用比例。

表 1-6　　绘图比例

常用比例	1:1、1:2、1:5、1:10、1:20、1:30、1:50、1:100、1:150、1:200、1:500、1:1000、1:2000
可用比例	1:3、1:4、1:6、1:15、1:25、1:40、1:60、1:80、1:250、1:300、1:400、1:600、1:5000、1:10000、1:20000、1:50000、1:100000、1:200000

在建筑工程图中，均采用缩小的比例。比例宜注写在图名的右侧，字的基准线应取平，比例的字高宜比图名的字高小一号或二号，如图 1-11 所示。

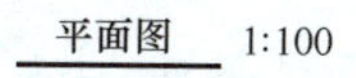

图 1-11　比例的注写

任务实施

按照任务要求，用 A4 的图纸独立完成图 1-1 所示图形的绘制，成品图如图 1-12 所示。

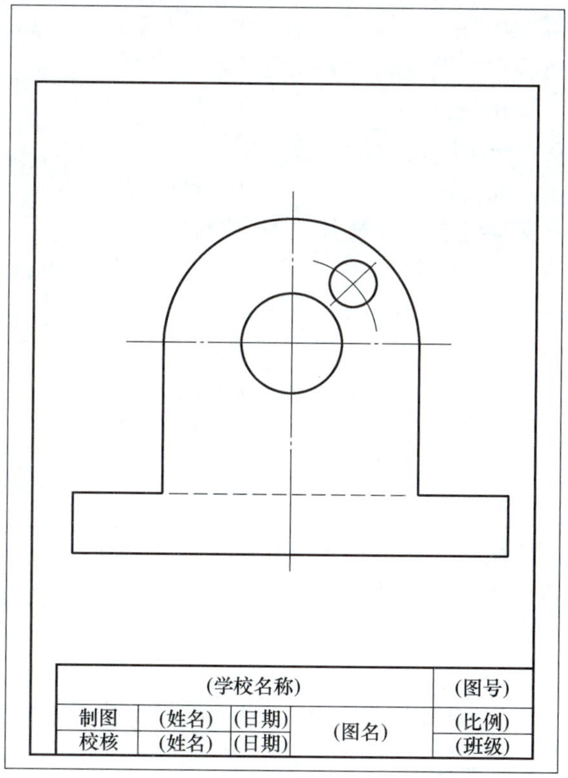

图 1-12　成品图

两人一组，从选择比例，绘制图框线、标题栏、虚线、点画线，确定各部分的尺寸等方面进行作品互评，具体评分标准如表 1-7 所示。

表 1-7　　作品评分表

活动	项目	得分
绘图 （10 分）	比例选择恰当（1 分）	
	图框线绘制正确（2 分）	
	作业用标题栏位置和尺寸正确，内容填写完整（2 分）	
	图中的虚线绘制正确（2 分）	
	图中的点画线绘制正确（1 分）	
	各部分尺寸根据比例计算正确（2 分）	
总分		

强化练习

一、单选题

1.（　　）是指图纸宽度与长度组成的图面，就是我们通常所说的图纸大小规格。

A. 图纸幅面　　B. 施工图纸　　C. 图纸大小　　D. 图纸内框

2. 图纸幅面优先采用基本幅面，必要时，允许基本幅面的（　　）边加长。

A. 长　　B. 短　　C. 长和短　　D. 长或短

3. 虚线、单点长画线或双点长画线的线段长度和间隔，宜（　　）。

A. 不相等　　B. 长短不一　　C. 各自相等　　D. 没有规定

4. 单点长画线或双点长画线的两端，应采用（　　）。

A. 点　　B. 线段　　C. 点或线段　　D. 空隙

5. 点画线与点画线交接或点画线与其他图线交接时，应采用（　　）交接。

A. 点　　B. 线段　　C. 点或线段　　D. 空隙

6. 矢量字体的宽高比宜为（　　）。

A. 0.1　　B. 0.5　　C. 0.7　　D. 1

7. 图样的比例，应为图形与实物相对应的线性尺寸之比，是（　　）比（　　）。

A. 图距 实距　　B. 实距 图距　　C. 实距 实距　　D. 图距 图距

二、判断题

1. 虚线为实线的延长线时，可以与实线相接。（　　）

2. 图纸中所标注的尺寸是指形体实际的大小，与图纸的比例无关。（　　）

任务拓展

根据《技术制图　字体》（GB/T 14691—93）的规定练习书写工程字。

中华人民共和国国家标准

技　术　制　图
字　体
Technical drawings
Lettering

GB/T 14691—93
代替GB 4457.3—84

《技术制图　字体》
（GB/T 14691—93）

任务二
利用绘图工具绘图

思维导图

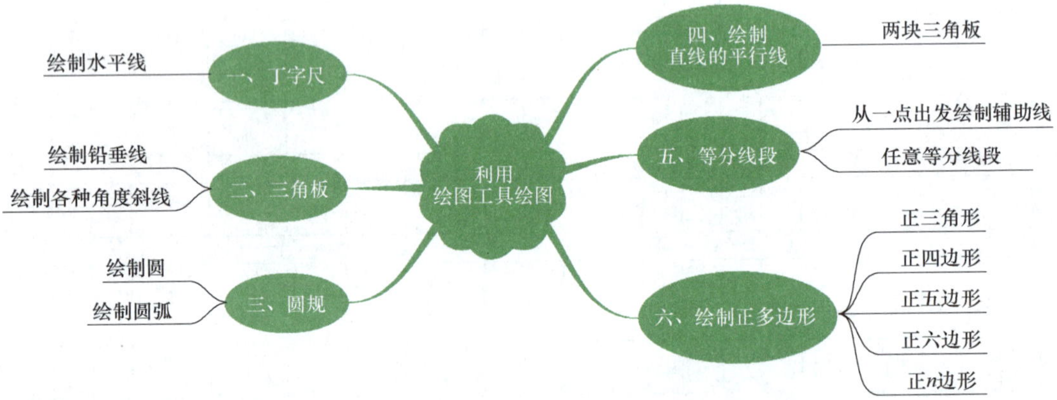

任务引入

五角星是常见的一种图形，请用绘图工具在圆内绘制一个内接五角星，圆的直径为8cm，如图1-13所示。

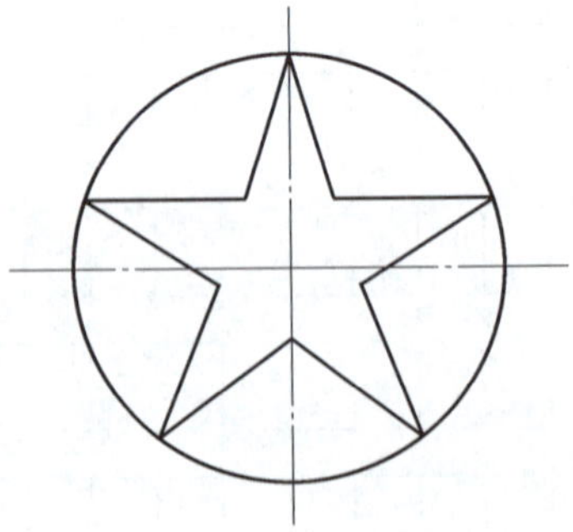

图1-13　圆内接五角星

思政：中国共青团团旗的由来

任务分析

在圆内绘制任意多边形，首先要掌握绘图工具的使用方法，比如丁字尺、三角板、圆规等，然后掌握圆内接多边形的绘制方法，便可绘制出要求的图形。

一、丁字尺

丁字尺应与图板一起使用。所用的图板应板面平整、板边平直，尤其左侧的工作边一定要垂直。用透明胶带将图纸的四角粘贴在图板上，使图纸正面朝上，平整地紧贴在图板上。

丁字尺由尺身和尺头两部分组成。如图 1-14 所示，绘图时，将丁字尺的尺头放在图板的左侧（工作边），并与边缘紧贴，上下移动即可绘制水平线。水平线绘制的方向一般为自上而下、自左向右。

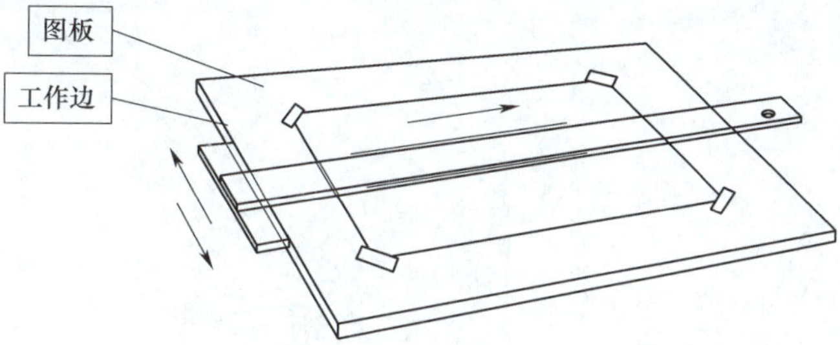

丁字尺、三角板的使用

图 1-14　丁字尺的使用方法

二、三角板

一副三角板一般有两块，一块为等腰直角三角形，另一块除直角外其余两角分别为 30°和 60°。三角板与丁字尺配合使用可绘制铅垂线，如图 1-15 所示。利用两种角度的三角板组合，也可以绘制与水平线呈 15°及其倍数的各种角度的斜线，如绘制 30°、45°、60°、75°等角度的斜线，如图 1-16 所示。

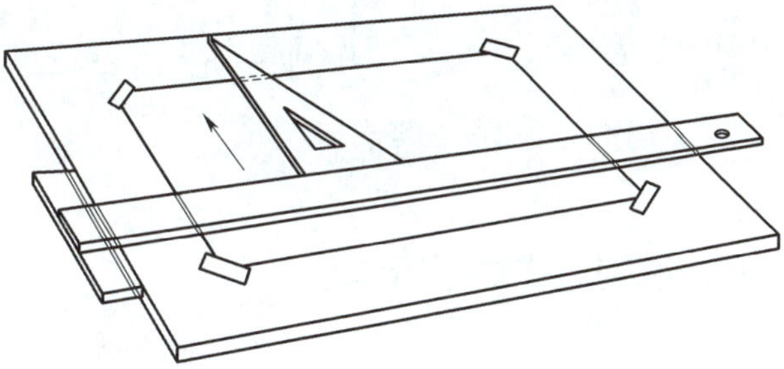

图 1-15　三角板与丁字尺配合使用绘制铅垂线

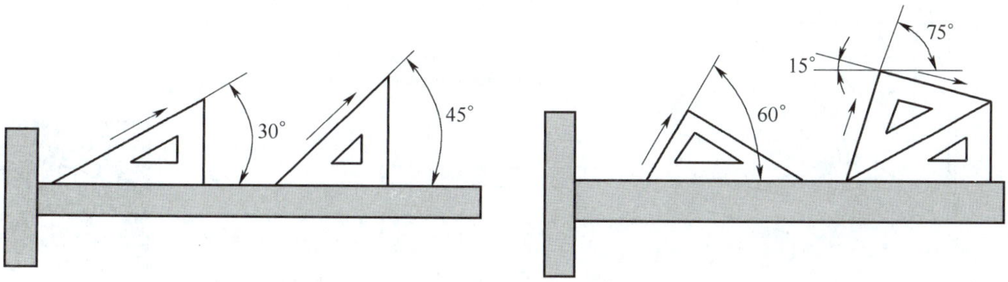

图 1-16　绘制与水平线呈 15°及其倍数的各种角度的斜线

三、圆规

圆规是用于绘制圆或圆弧的工具，一般由钢针插脚、铅芯插脚、鸭嘴笔插脚和延长杆组成，如图 1-17 所示。

使用圆规绘制圆或圆弧时，先用点画线绘制出圆的两条垂直的直径所在的直线，然后将圆规的钢针固定在两条直线的交点处，即圆心位置，使带钢针的一脚与带笔芯的一脚等长。绘制圆或圆弧时，应使用圆规按顺时针方向转动，并稍向画线方向倾斜，如图 1-18 所示。

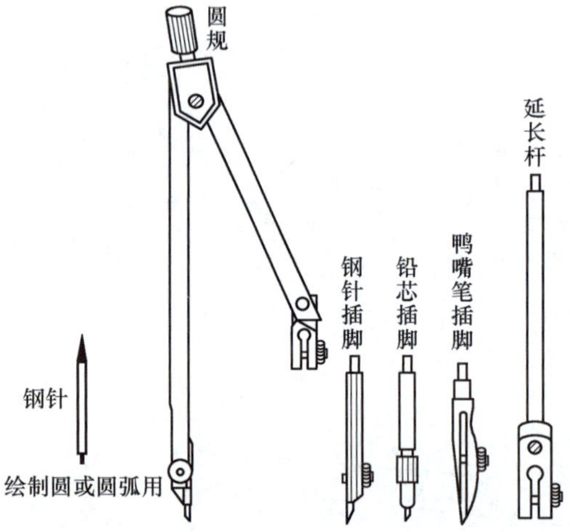

图 1-17　圆规的组成

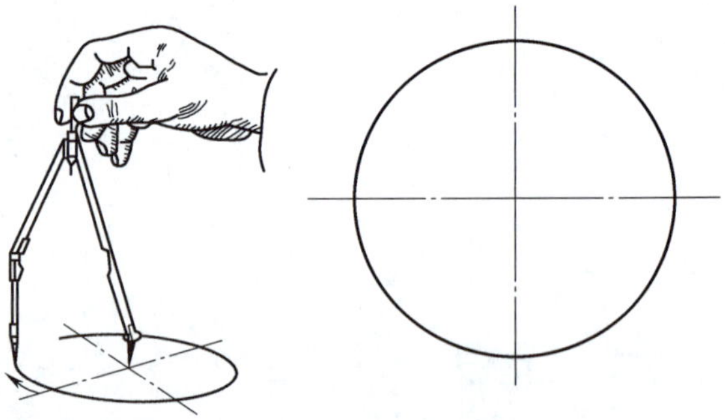

图 1-18　圆规的使用方法

四、绘制直线的平行线

已知一直线 AB 和点 C，作过点 C 且平行于 AB 的直线，如图 1-19 所示。具体的作图方法与步骤如下：

① 使三角板 1 的一直角边平行于 AB，将三角板 2 的长边紧贴三角板 1 的长边。

② 按住三角板 2，沿三角板 2 长边平推三角板 1，当三角板平行于 AB 的直角边过点 C 时，作直线 CD 即为所求的平行线。

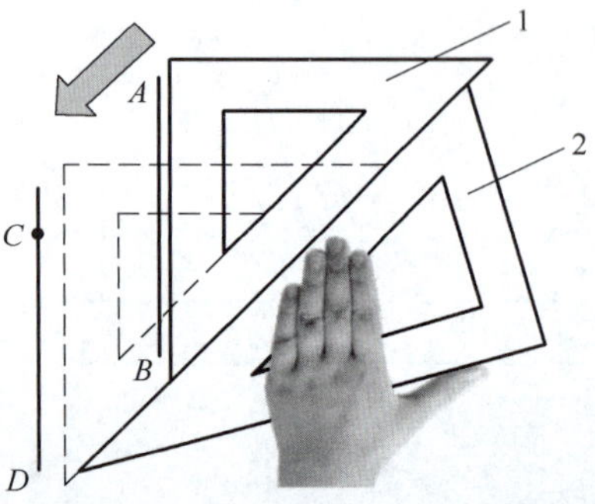

图 1-19　绘制直线平行线的方法

五、等分线段

1. 二等分线段

二等分线段是将一条已知线段分为两段相等的线段，具体的作图方法和步骤如图 1-20 所示。已知

等分线段

线段 AB，分别以点 A、点 B 为圆心，以 R 为半径（大于 1/2 AB 长度）画四条弧线，得到两个交点，分别为点 C 和点 D；连接 CD 交 AB 于 M，点 M 即为 AB 的二等分点。

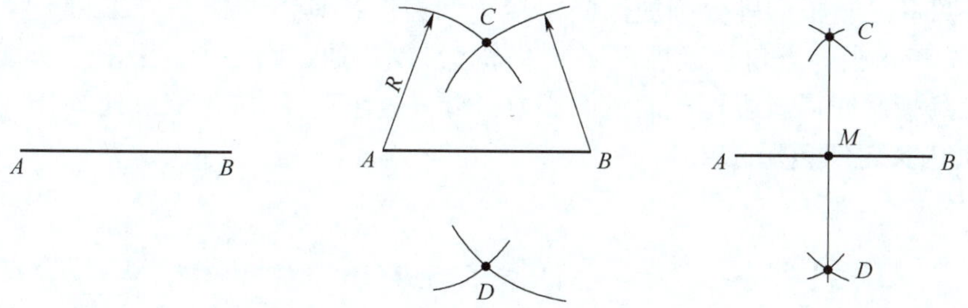

图 1-20　绘制线段二等分点的方法

2. 任意等分线段

以五等分已知线段为例，具体的作图方法和步骤如图 1-21 所示。已知线段 AB，自点 A 绘制一条任意角度的射线 AC；在 AC 上取任意等分长度的五个等分点 1、2、3、4、5，连接 $5B$，分别过 1、2、3、4 作 $5B$ 的平行线，与 AB 有四个交点，即得五等分点 1′、2′、3′、4′。

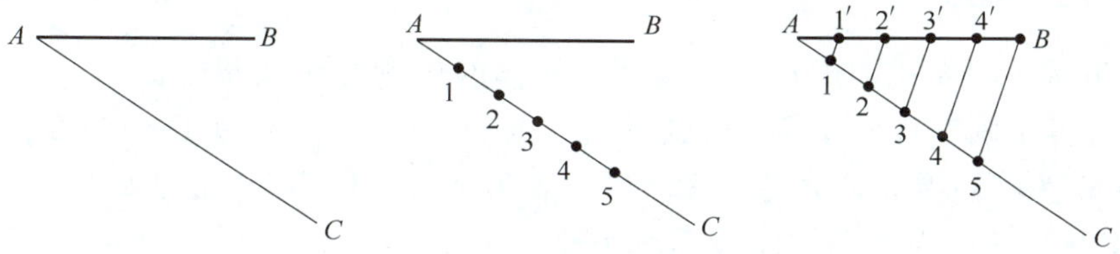

图 1-21　绘制线段五等分点的方法

六、绘制正多边形

正多边形的画法

1. 绘制正三角形

用圆规三等分圆周作圆内接正三角形，具体的作图方法和步骤如图 1-22 所示。已知圆 O 及圆上直径 AD，圆的半径为 R；以 D 点为圆心、R 为半径作弧交圆周于 B、C 两点，则 A、B、C 是圆周的三等分点；依次连接 AB、BC、CA，即得圆内接正三角形 ABC。

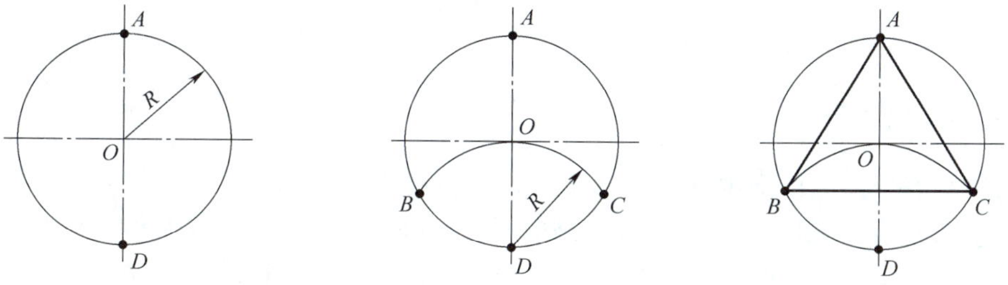

图 1-22　绘制正三角形的方法

2. 绘制正四边形

用丁字尺和三角板四等分圆周作圆内接正四边形，具体的作图方法和步骤如图 1-23 所示。将 45°三角板的直角边紧靠丁字尺工作边，斜边通过圆心 *O*，沿斜边作直径 *AC*；翻转并移动三角板后使得斜边再次通过圆心 *O*，沿斜边作直径 *BD*；依次连接 *AB*、*BC*、*CD*、*DA*，即得圆内接正四边形 *ABCD*。

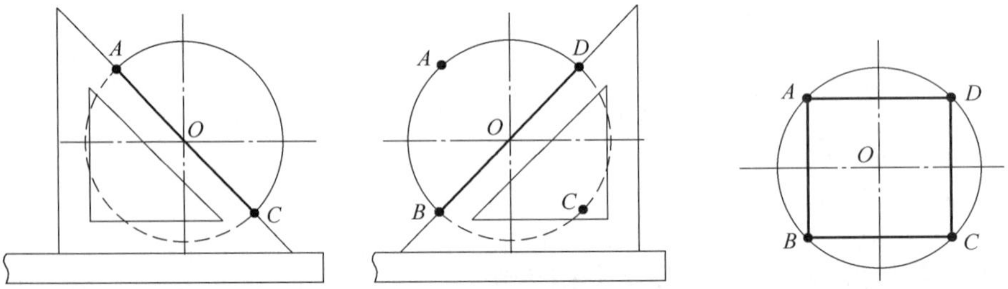

图 1-23　绘制正四边形的方法

3. 绘制正五边形

用圆规五等分圆周作圆内接正五边形，具体的作图方法和步骤如图 1-24 所示。在圆 *O* 的半径 *OB* 上画垂直平分线，得到点 *M*；以 *M*1 为半径、*M* 为圆心画弧，交半径 *OA* 于点 *N*，1*N* 即为将圆周五等分的长度。以 1 点为圆心、1*N* 为半径画弧，交圆周于 2、5 两点；分别以 2、5 点为圆心、1*N* 为半径画弧，得 3、4 两点。顺次连接 1、2、3、4、5 点，即得圆内接正五边形 12345。

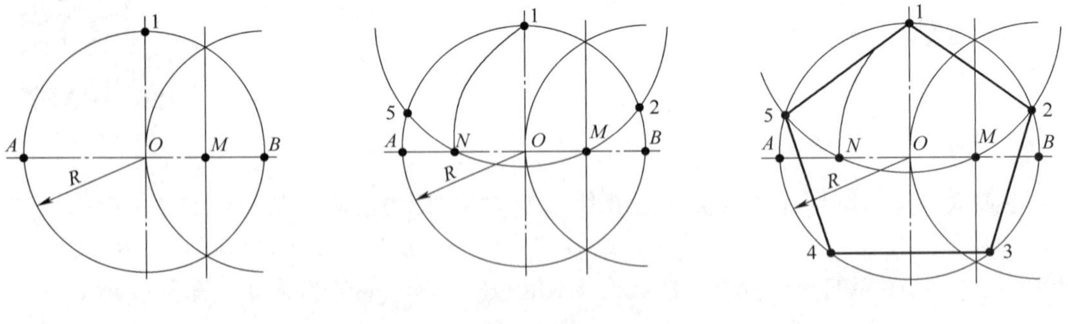

图 1-24　绘制正五边形的方法

4. 绘制正六边形

用圆规六等分圆周作圆内接正六边形，具体的作图方法和步骤如图 1-25 所示。已知圆 *O* 及圆上直径 *AD*，圆的半径为 *R*；分别以 *A*、*D* 两点为圆心、*R* 为半径作弧交圆周于 *B*、*F*、*C*、*E* 四点；依次连接 *AB*、*BC*、*CD*、*DE*、*EF*、*FA*，即得圆内接正六边形 *ABCDEF*。

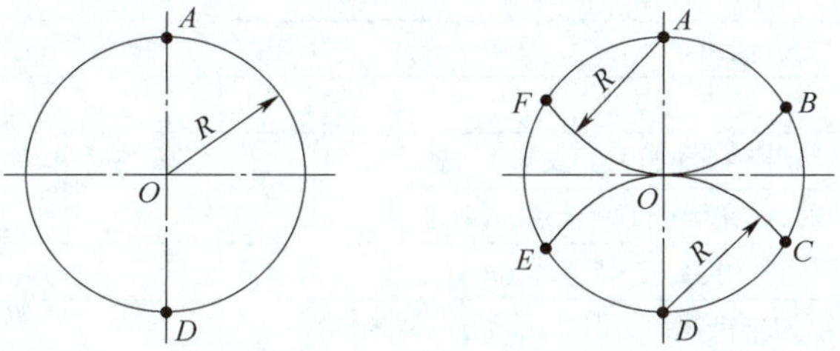

图 1-25　绘制正六边形的方法

5. 绘制正 *n* 边形

以绘制正七边形为例讲解绘制正 *n* 边形的方法，具体的作图方法和步骤如图 1-26 所示。将圆直径七等分；以 *n* 点为圆心、以圆的直径为半径画弧，与水平中心线交于 *A*、*B* 两点；点 *A* 和点 *B* 分别与直径上的奇数（或偶数）分点连线并延长与圆相交，依次连接各交点，得到正七边形。

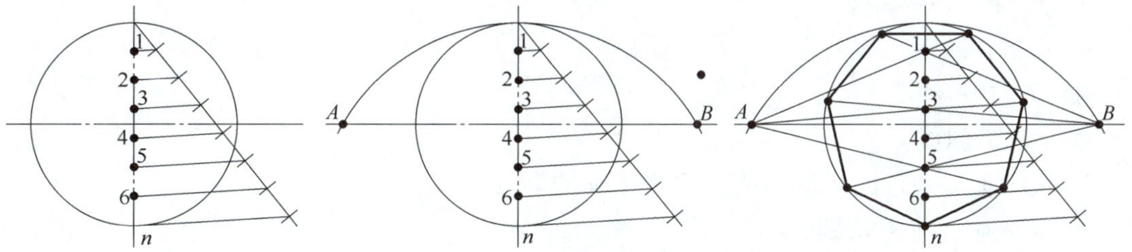

图 1-26　绘制正七边形的方法

任务实施

按照任务要求，在圆内绘制一个内接五角星，圆的直径为 8cm，具体的作图方法和步骤如图 1-27 所示。

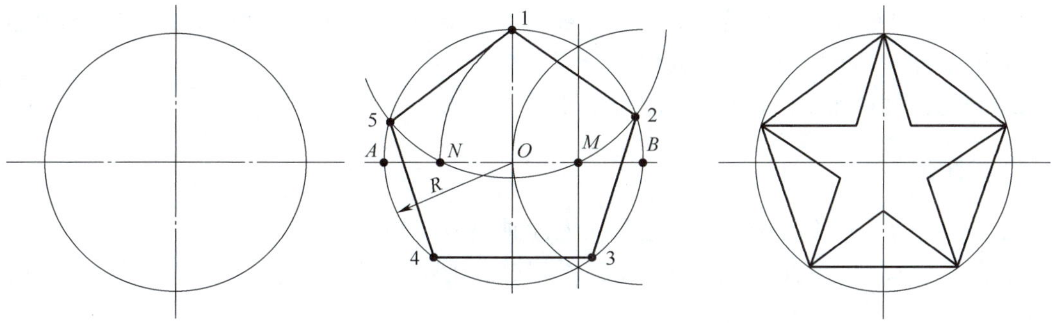

图 1-27　圆内接五角星的作图方法和步骤

两人一组，根据作图步骤进行作品互评，具体评分标准如表 1-8 所示。

表 1-8　　作品评分表

活动	项目	得分
绘图（10分）	标记圆心 O，直径 AB(1 分)	
	绘制 OB 的垂直平分线，得到点 M(1 分)	
	以 $M1$ 为半径、M 为圆心画弧，交半径 OA 于点 N(2 分)	
	以 1 点为圆心、$1N$ 为半径画弧，得到 2、5 两点(2 分)	
	分别以 2、5 点为圆心、$1N$ 为半径画弧，得 3、4 两点(2 分)	
	连接相应的点，得到五角星(2 分)	
总分		

强化练习

一、多选题

1. 一副三角板或三角板与丁字尺配合使用可绘制哪些特殊角度的斜线，下面说法中正确的有（　　）。

A. 画 30°、45°斜线

B. 画 60°斜线

C. 画 75°斜线

D. 画 15°斜线

2. 关于正 n 边形的一般画法，说法正确的有（　　）。

A. 首先画一个外接圆

B. 将外接圆直径 n 等分

C. 以第 n 等分点为圆心，以外接圆直径为半径作圆与水平中心线交于 A、B 两点

D. 点 A 和点 B 分别与奇数（或偶数）分点连线并与外接圆相交，依次连接各交点，得到正 n 边形

二、判断题

1. 任意等分一线段，可以自线段某端点任意角度引一直线；在直线上截取任意等分长度的若干个等分点，连接最后等分点和线段另一端点。分别过其他等分点作这条连线的平行线并分别与直线相交，即得线段等分点。(　　)

2. 利用圆规可作出圆内接正六边形。(　　)

三、作图题

1. 以一条 13cm 长的线段为直径，在上面画出六个外切的圆。

2. 画一条长度为 12cm 的线段，将其平均分成七份，以每一份短线段为边画出七个正三角形。

任务拓展

使用四心法绘制圆弧连接和椭圆，如图 1-28 所示。

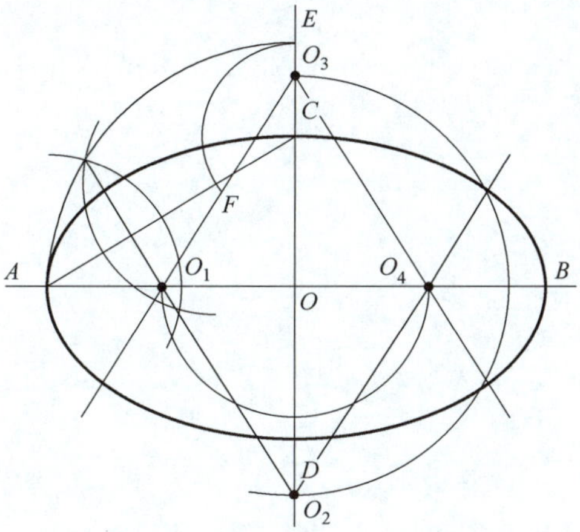

图 1-28　绘制圆弧连接和椭圆

圆弧连接与
椭圆的画法

项目二

应用投影原理绘图

任务一　绘制点的投影

任务二　绘制直线的投影

任务三　绘制平面的投影

任务四　绘制平面体的投影

任务五　绘制曲面体的投影

任务六　绘制组合体的投影

任务七　绘制轴测投影图

任务八　绘制剖面图

任务九　绘制断面图

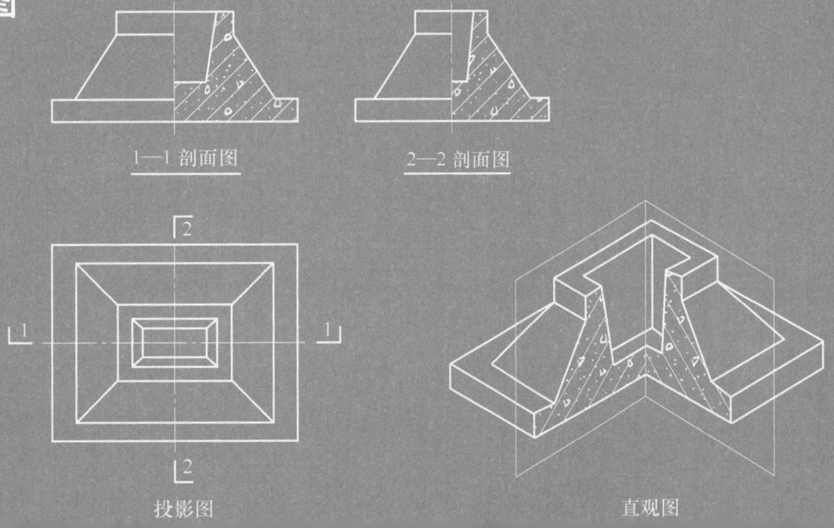

在工程中，无论建筑物多么复杂，总可以分解成简单的空间形体。点、直线、平面是组成空间形体的基本几何元素。这些基本元素在图纸中表达则需要投影原理提供理论支撑，通常采用三个相互垂直的投影面构建一个三面投影体系。在三个投影面上进行投影，可以展示出基本元素以及物体在空间中的形状和大小，为工程建设人员提供清晰、准确的信息。本项目主要介绍应用投影原理绘制点、直线、平面、平面体、曲面体、组合体的投影图，以及通过三面投影图绘制轴测投影图、剖面图和断面图。

项目目标

知识目标

1. 了解投影的基本概念、分类与应用。
2. 了解各种位置直线和平面图的名称和特点。
3. 了解轴测投影图的形成与分类。
4. 熟悉各种轴测投影图的特点和画法。
5. 熟悉剖面图和断面图的概念。
6. 掌握三面正投影的形成和投影规律。
7. 掌握棱柱、棱锥及棱台等平面体的形状特点和投影特征。
8. 掌握圆柱、圆锥、圆台及球等曲面体的形状特点和投影特征。
9. 掌握组合体三面投影的绘图方法。
10. 掌握剖面图和断面图的种类和画法。

能力目标

1. 能够绘制空间点的三面投影。
2. 能够绘制空间任意直线的三面投影及直线上点的投影。
3. 能够绘制空间平面的投影及确定平面上点和直线的投影。
4. 能够根据棱柱、棱锥及棱台的两面投影确定第三面投影。
5. 能够根据圆柱、圆锥、圆台及球的两面投影确定第三面投影。
6. 能够正确绘制组合体的三面投影图，标注组合体的定形尺寸、定位尺寸和总尺寸。
7. 能够根据工程形体的两面投影，绘制相应的正等轴测图和斜二轴测图。
8. 能够绘制移出断面图、中断断面图和重合断面图。
9. 能够根据平面实际情况，选择恰当的剖面图类型并进行绘制。

任务一
绘制点的投影

思维导图

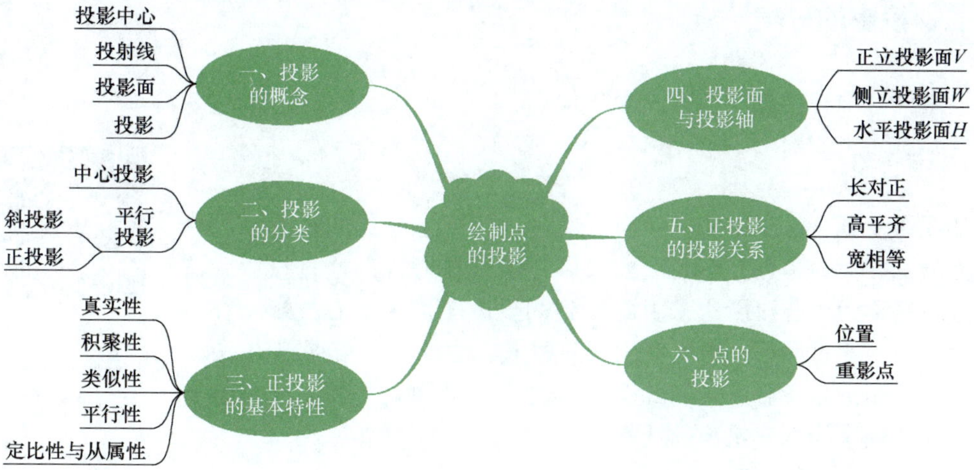

任务引入

已知空间中点 A、B、C、D 的两面投影如图 2-1 所示，请补绘第三面投影。

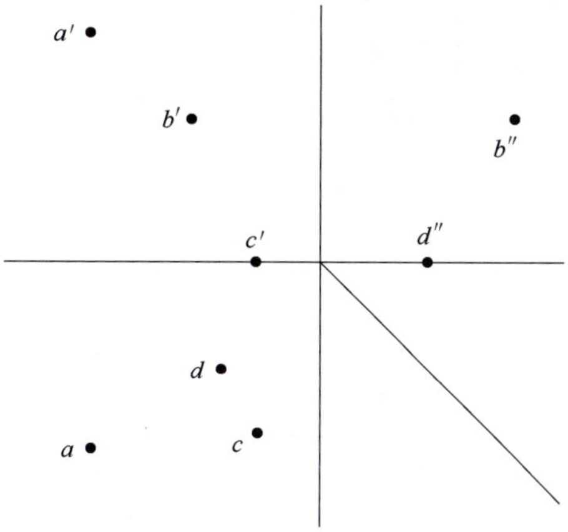

图 2-1　点的两面投影

任务分析

一、投影的概念

物体在阳光或灯光等光线的照射下，会在墙面或地面上投下影子。投影法就是将这一现象进行科学的抽象，其中光源称为投影中心，光线称为投射线，墙面或地面称为投影面，影子称为物体的投影。这种研究空间物体与其投影之间关系的方法，称为投影法。

投影的分类和性质

二、投影的分类

投影分为中心投影和平行投影两种。

1. 中心投影

如图 2-2 所示，S 为投影中心，通过三角形上各点的投射线与投影面的交点称为各点在平面上的投影，这种投射线都通过投影中心的投影法称为中心投影法，由此得到的投影图称为中心投影。在日常生活中，通过照相、电影和人眼观察得到的影像，都属于中心投影。由于用中心投影法绘制的图形符合人们的视觉习惯，立体感强，因而常用来绘制建筑物的透视图。

思政：人类非物质文化遗产——皮影戏

2. 平行投影

将投影中心 S 移到无穷远，使所有的投射线都相互平行，这种投影法称为平行投影法，由此得到的投影图称为平行投影。按投射线与投影面是否垂直，平行投影法又可分为斜投影法和正投影法。

① 斜投影法。投射线倾斜于投影面的平行投影法，如图 2-3（a）所示。

② 正投影法。投射线垂直于投影面的平行投影法，如图 2-3（b）所示。

由于正投影能准确地反映物体的形状和大小，便于测量，作图简便，所以经常采用正投影法绘制建筑图样。

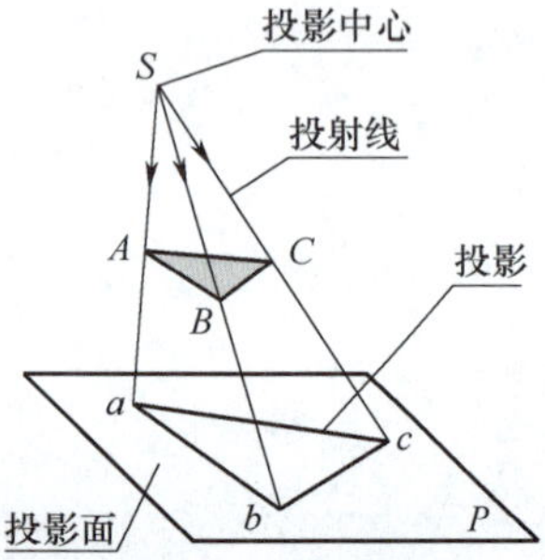

图 2-2　中心投影法

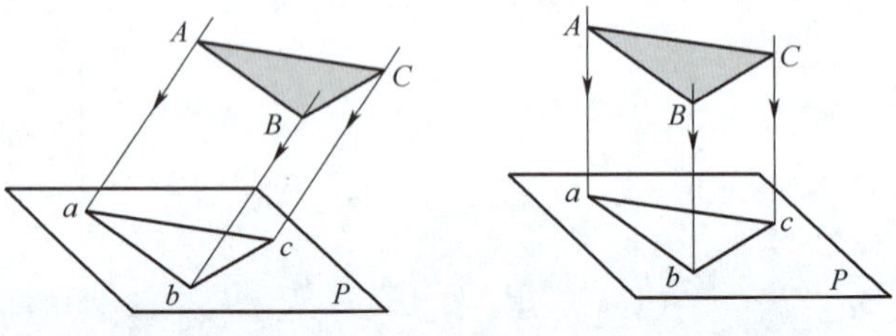

(a) 斜投影法　　(b) 正投影法

图 2-3　平行投影法

三、正投影的基本特性

1. 真实性

当直线或平面平行于投影面时，其投影反映实长或实形，这种投影特性称为真实性，如图 2-4（a）所示。

2. 积聚性

当直线或平面垂直于投影面时，其投影积聚成点或直线，这种投影特性称为积聚性，如图 2-4（b）所示。

3. 类似性

当直线或平面既不平行也不垂直于投影面时，直线的投影仍然是直线，但长度缩短（收缩性）；平面的投影是原图形的类似形，但投影面积变小，这种投影特性称为类似性，如图 2-4（c）所示。

4. 平行性

当空间两直线相互平行，则它们的同面投影必然相互平行。反之，如果两直线的各个同面投影相互平行，则两直线在空间也一定相互平行，如图 2-4（d）所示。

5. 定比性与从属性

点在直线上，则点的投影必在直线的投影上，如图 2-4（e）所示。线段上的点将线段分割成的两部分之比等于其投影之比，即 $AM:MB=am:mb$。

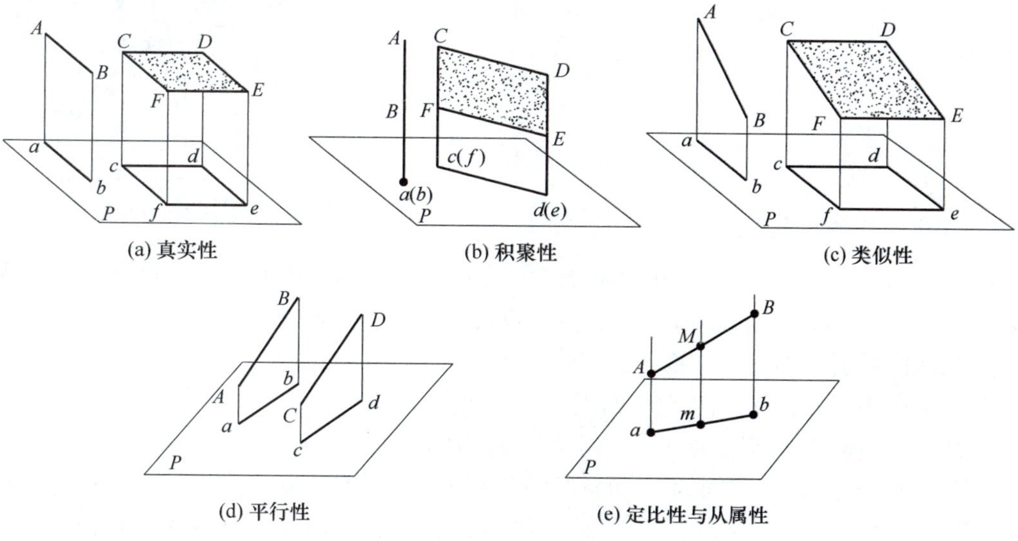

图 2-4　正投影的基本特性

四、投影面与投影轴

根据有关标准和规定，用正投影法绘制出的物体的图形，称为视图。由于正投影的积聚性，只用一个视图是不能反映物体三维空间形态的，有时不同形状的物体也可能获得同一形状的投影，如图 2-5 所示。

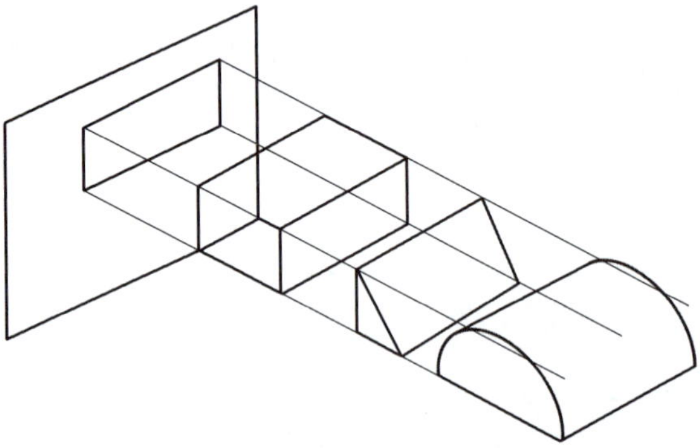

图 2-5　一个视图不能反映物体三维空间形态

为了完整地表达物体的空间形状，常常需要三个投影。为了便于使用，通常采用三个互相垂直的投影面，这三个互相垂直的投影面称为三面投影体系。

如图 2-6 所示，正立投影面简称正立面，用“V”表示；水平投影面简称水平面，用“H”表示；侧立投影面简称侧立面，用“W”表示。三个投影面之间两两的交线，称为投影轴，分别用 OX、OY、OZ 表示；三根轴的交点 O 称为原点。

现将物体放在三面投影体系中，并尽可能使物体的各主要表面平行或垂直于其中的一个投影面。保持物体不动，将物体分别向三个投影面作投影，就得到物体的三视图，如图 2-7 所示。

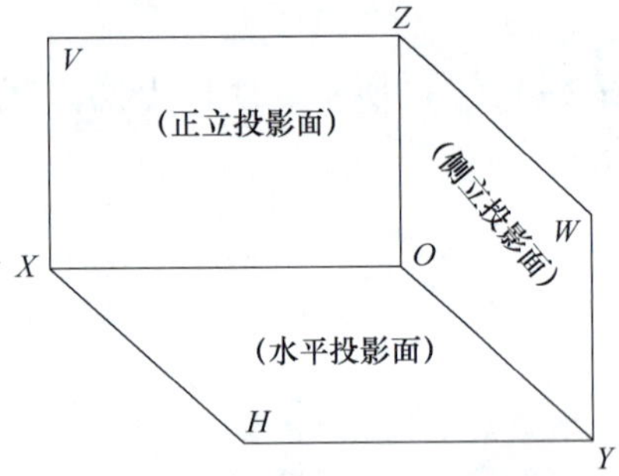

图 2-6　三面投影体系的建立

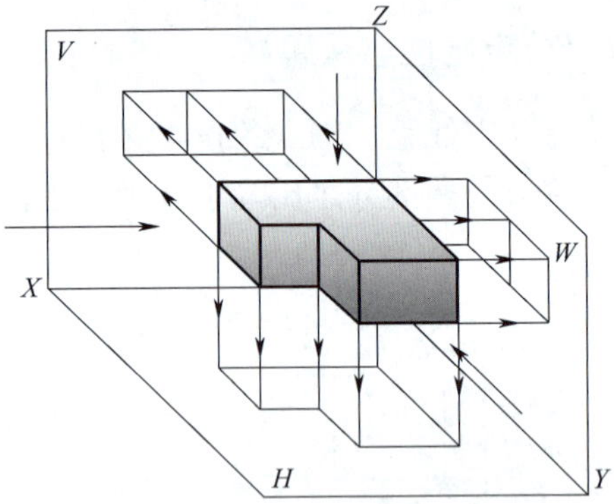

图 2-7　三视图的形成

值得注意的是，三视图是以正投影法为依据的，但在具体绘制时，通常用人的视线代替投射线，将物体向三个投影面进行投影，即从三个方向去观看。

① 从前向后看，即得在 V 面上的投影，称为主视图。

② 从上向下看，即得在 H 面上的投影，称为俯视图。

③ 从左向右看，即得在 W 面上的投影，称为侧视图或左视图。

为使三视图位于同一平面内，须将三个互相垂直的投影面展开。根据制图标准，V 面不动，将 H 面绕 OX 轴向下旋转 90°，W 面绕 OZ 轴向右旋转 90°，如图 2-8 所示。

尽管用正投影法绘制的工程图样直观性差，但其作图方便且便于度量，因此它是工程中应用最广的一种图示方法。

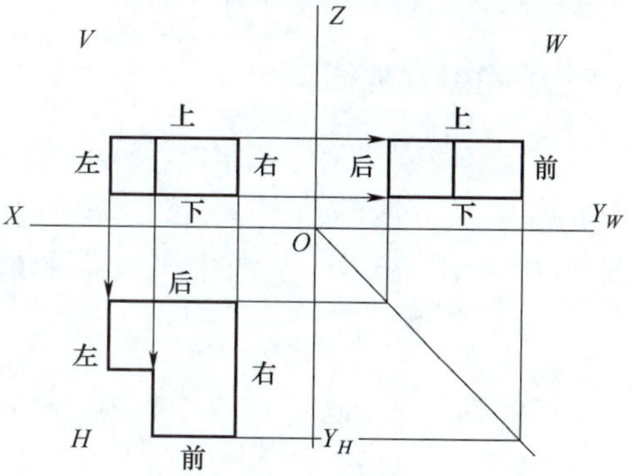

图 2-8　三面投影的展开

五、正投影的投影关系

由三视图可以看出，俯视图反映物体的长和宽；主视图反映物体的长和高；左视图反映物体的宽和高。由此可得出物体三视图的对应关系。

1. 长对正

主视图与俯视图的长度相等，且相互对正，即“长对正”。

2. 高平齐

主视图与左视图的高度相等，且相互平齐，即“高平齐”。

3. 宽相等

俯视图与左视图的宽度相等，即“宽相等”。

在三视图中，无论是物体的总长、总宽、总高，还是局部的长、宽、高，都必须符合“长对正，高平齐，宽相等”的对应关系。因此，这“三等定律”是绘制和阅读三视图必须遵循的对应关系。

当物体与投影面的相对位置确定之后，就有上、下、左、右、前、后六个确定的方向。由图 2-8 可以看出：主视图反映物体的左右、上下关系；俯视图反映物体的左右、前后关系；左视图反映物体的上下、前后关系。

六、点的投影

点的投影

1. 点的三面投影

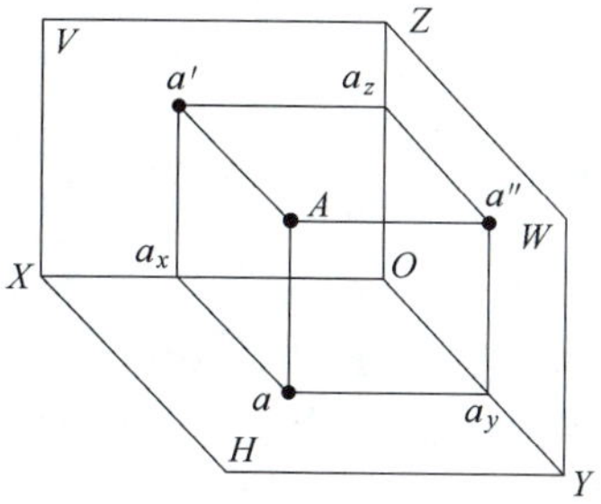

图 2-9　点的三面投影

空间一点 A 在三面投影体系中分别向三个投影面 H、V、W 作投射线，投射线在 H 面、V 面、W 面的垂足 a、a'、a'' 称为点 A 的三面投影，如图 2-9 所示。图中每两条投射线分别确定一个平面，它们与三根投影轴分别交于 a_x、a_y 和 a_z。

点的投影应遵循以下约定：

① 空间点用大写字母表示，例如 A。

② 投影用相应的小写字母表示，例如水平投影 a。

③ 正面投影用相应的小写字母带“′”表示，例如 a'。

④ 侧面投影用相应的小写字母带“″”表示，例如 a''。

2. 点的投影规律

在三面投影体系中，作出点 A 的三面投影 a、a'、a''，如图 2-10（a）所示。将三个投影面展开在一个平面上，去掉投影面边框，在 OY_H 和 OY_W 两条轴之间作出 45°辅助线，如图 2-10（b）所示。从图中可以很清楚地看到空间点 A 和三面投影 a、a'、a''的对应关系。

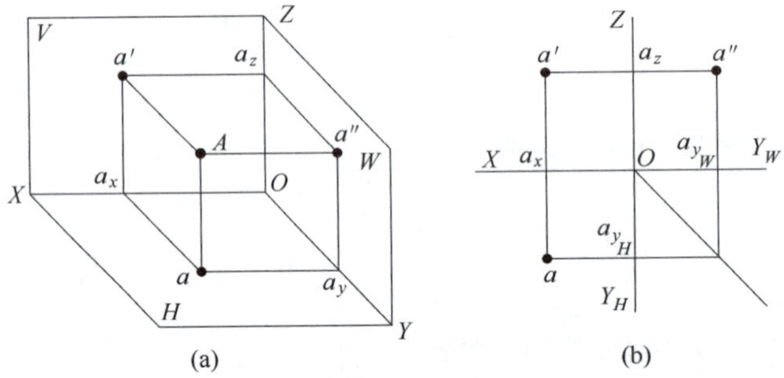

图 2-10 点和三面投影的对应关系

根据图 2-9 和图 2-10，可得出点的三面投影的规律：

① 相邻两投影面上的投影连线垂直于相应的投影轴，即：$aa' \perp OX$，$a'a'' \perp OZ$。

② 点 A 到各投影面的距离与两面投影中描述的规律一致，即 $Aa = a'a_x = a''a_{y_W}$，$Aa' = aa_x = a''a_z$，$Aa'' = aa_{y_H} = a'a_z$。

3. 点的空间坐标

根据点的坐标可以判定点的空间位置，通常点的空间位置有四种情况：

① 空间一般点。即 x、y、z 三个坐标值均不为 0。

② 投影面上的点。即 x、y、z 三个坐标值中有一个为 0，如（0、y、z）为 W 面上的点；（x、0、z）为 V 面上的点；（x、y、0）为 H 面上的点。

③ 投影轴上的点。即 x、y、z 三个坐标值中有两个为 0，如（0、0、z）为 Z 轴上的点；（0、y、0）为 Y 轴上的点；（x、0、0）为 X 轴上的点。

④ 坐标原点。即 x、y、z 三个坐标值均为 0。

4. 两点间相对位置

由空间中点的三面投影可知，点在空间中的位置可由其坐标值 A（x、y、z）表示。其中，x、y、z 分别反映点 A 到 W 面、V 面以及 H 面的距离。显然，我们可以利用两点坐标值（x、y、z）的相对大小来判断它们之间的位置关系。

如图 2-11 所示，由于 x 坐标值大的在左方、小的在右方，而 D 点的 x 坐标值大于 B 点，因此 D 点在 B 点的左方；y 坐标值大的在前方、小的在后方，而 A 点的 y 坐标值小于 B 点，因此 A 点在 B 点的后方；z 坐标值大的在上方、小的在下方，而 B 点的 z 坐标值大于 C 点，因此 B 点在 C 点的上方。

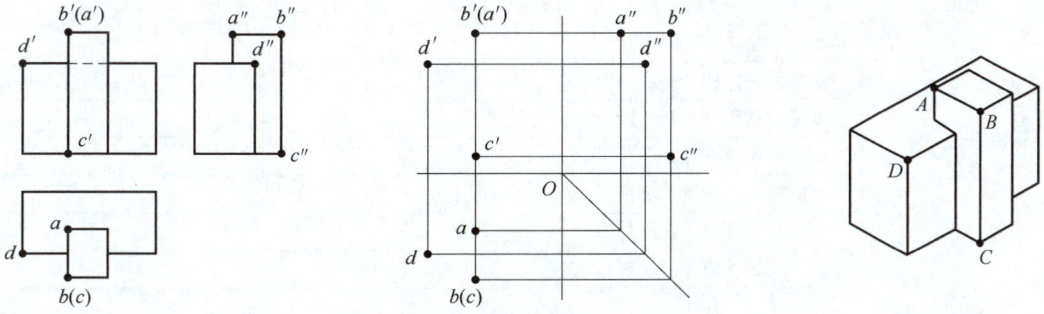

图 2-11　两点间相对位置

5. 重影点的识读

如果两点位于某一投影面的同一投射线上，则此两点在该投影面上的投影必定重合。对该投影面来说，此两点称为重影点。

重影点分为可见点与不可见点，不可见点用“(　　)”表示。如图 2-11 所示，A、B 两点位于垂直于 V 面的同一投射线上，V 面投影中 a'、b'重合成一点 $b'(a')$；B、C 两点位于垂直于 H 面的同一投射线上，H 面投影中 b、c 重合成一点 $b(c)$，它们都是重影点。而 $b'(a')$ 说明 A 点在 B 点的后方；$b(c)$ 说明 B 点在 C 点的上方。

任务实施

按照任务要求，完成图 2-1 所示空间中点 A、B、C、D 的第三面投影，完成效果如图 2-12 所示。

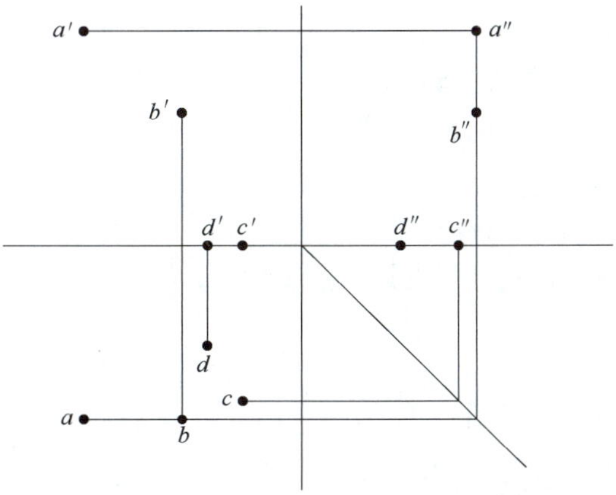

图 2-12　点的第三面投影完成效果

两人一组，从各点的位置和标记是否正确等方面进行作品互评，具体评分标准如表 2-1 所示。

表 2-1 作品评分表

活动	项目	得分
绘制点的投影（10 分）	a''的位置正确（2 分）	
	a''的标记正确（1 分）	
	b 的位置正确（1 分）	
	c''的位置正确（2 分）	
	c''的标记正确（1 分）	
	d'的位置正确（2 分）	
	d'的标记正确（1 分）	
总分		

强化练习

一、单选题

1. 如果 A 点在 W 投影面内，则（　　）。

A. A 点的 x 坐标值为 0　　B. A 点的 y 坐标值为 0

C. A 点的 z 坐标值为 0　　D. A 点的 x、y、z 坐标值都不为 0

2. 重影点是指空间点在某一投影面上的投影重合，即这两个点的空间坐标 x、y、z 中有（　　）个相等。

A. 0　　B. 1　　C. 2　　D. 3

二、多选题

1. 正投影的特性包括（　　）。

A. 真实性　　B. 积聚性

C. 类似性　　D. 平行性

E. 定比性与从属性

2. 关于点的投影，下列说法正确的是（　　）。

A. 点的三面投影不符合三面投影规律

B. 点的投影永远是点

C. 点的正面投影与水平投影的连线一定垂直于 OX 轴

D. 点的正面投影与侧面投影的连线一定垂直于 OZ 轴

三、判断题

1. 由于正投影法在建筑工程中广泛应用，因此，我们主要研究正投影法。(　　)

2. 中心投影法就是投射线互相平行的投影法。(　　)

任务拓展

如图 2-13 所示，已知 A、B、C 三点的一面投影 a、b'、c''，且 $Bb' = 10\text{mm}$，$Aa = 20\text{mm}$，$Cc'' = 5\text{mm}$。试完成各点三面投影。

绘制点的投影

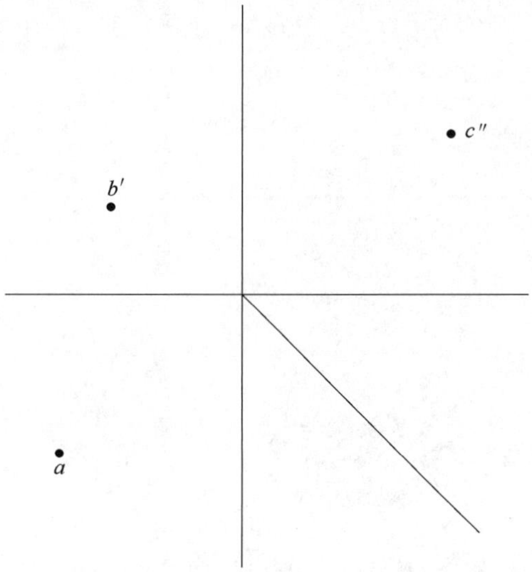

图 2-13　A、B、C 三点的一面投影

任务二
绘制直线的投影

思维导图

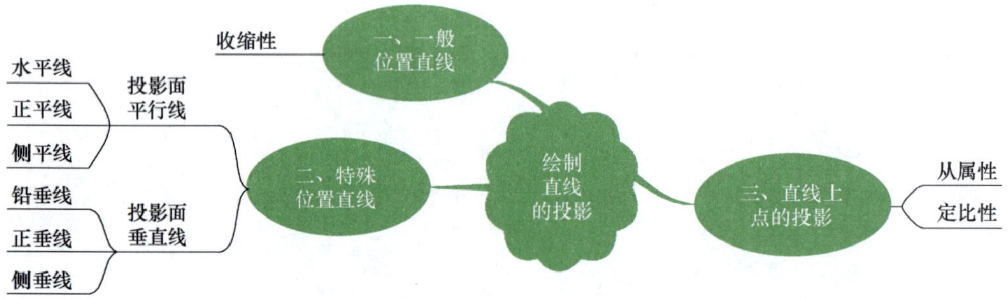

任务引入

已知空间一般直线 AB 在两个投影面上的投影分别如图 2-14（a）和图 2-14（b）所示，请分别补绘第三个投影面的投影。

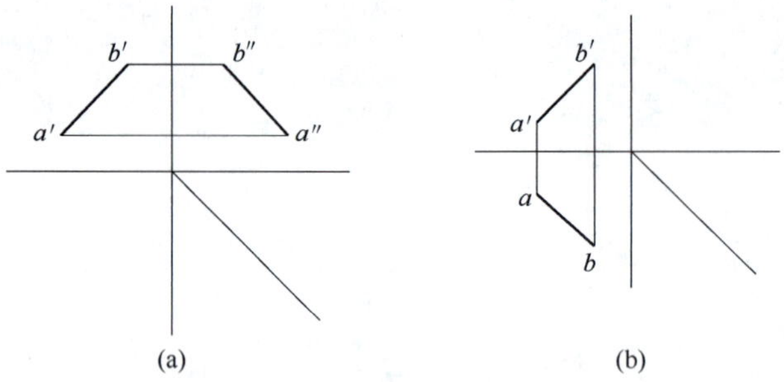

图 2-14　直线的两面投影

任务分析

一、直线的三面投影

直线的三面投影

直线是无限长的，它的空间位置可由线上两点确定。直线上两点之间的线段称为直线段（以下简称为直线）。直线的投影可由线上两点在同一个投影面上的投影（同面投影）相连得到。

例如，要作出如图 2-15 所示的直线 AB 的三面投影，可先作出其两端点 a、a'、a''和 b、

b'、b''，然后将其同面投影相连，即得直线 AB 的三面投影 ab、$a'b'$、$a''b''$。

直线与投影面的夹角称为直线对投影面的倾角。其对 H 面的倾角用 α 表示，对 V 面的倾角用 β 表示，对 W 面的倾角用 γ 表示。

思政：十大当代建筑之一——中央电视台总部大楼

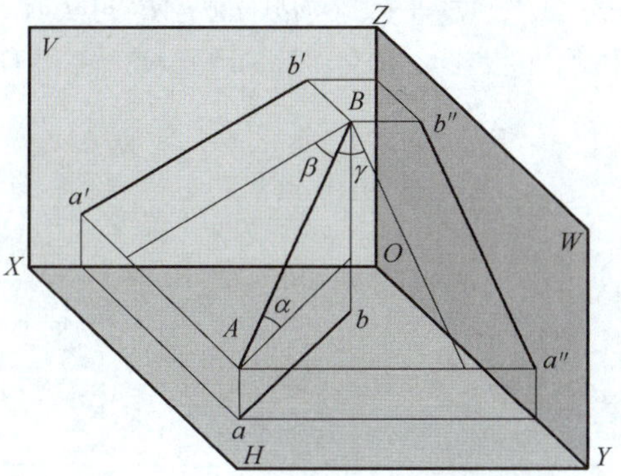

图 2-15　直线的三面投影

二、各种位置直线的投影特性

在三面投影体系中，根据直线与投影面的相对位置关系，可以将直线划分为一般位置直线、投影面平行线和投影面垂直线三类，后两种直线统称为特殊位置直线。下面介绍各种直线的投影特性。

1. 一般位置直线

如图 2-16 所示，空间直线 AB 与三个投影面均有一定夹角，即与三个投影面都倾斜，这样的直线称为一般位置直线。一般位置直线的投影特性为：其三面投影 ab、$a'b'$、$a''b''$ 相对于投影轴均为斜线，且均小于直线 AB 的实长（收缩性）；没有积聚性，投影与相应投影轴之间的夹角不反映直线对投影面倾角的真实大小。

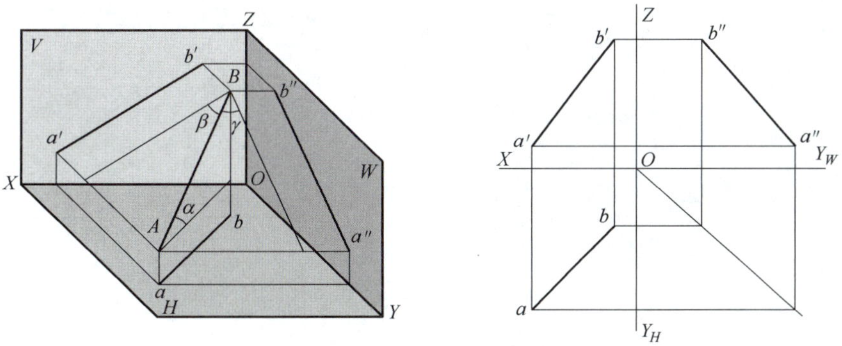

图 2-16　一般位置直线

2. 投影面平行线

与一个投影面平行，与另两个投影面倾斜的空间直线称为投影面平行线。投影面平行线的投影特性为：直线在与其平行的投影面上的投影反映该直线的实长，该投影与相应投影轴的夹角反映直线与另两个投影面的倾角。

（1）水平线

如图 2-17 所示，水平线 AB 的水平投影 ab 反映 AB 的实长，β、γ 的大小反映倾角的真实大小，正面投影 $a'b'$ 和侧面投影 $a''b''$ 分别平行于 OX 轴和 OY_W 轴，但 $a'b'$、$a''b''$ 不反映 AB 的实长。

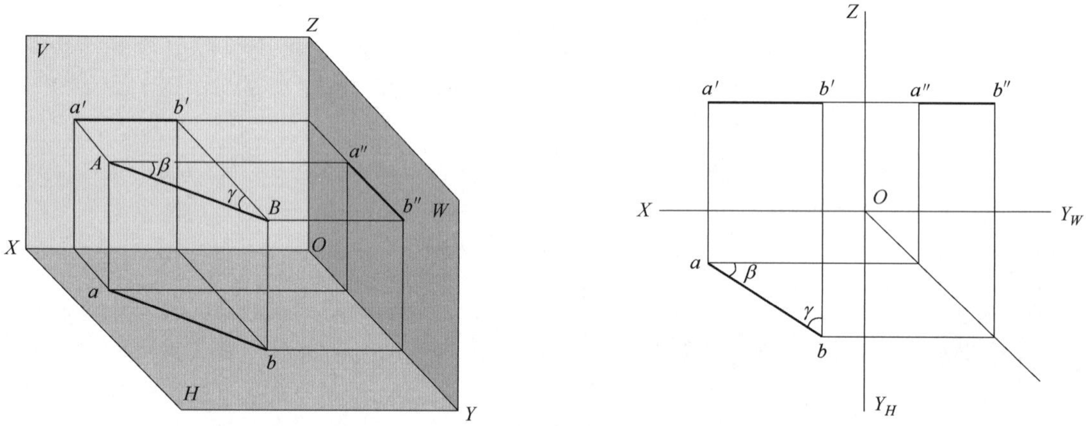

图 2-17　水平线

（2）正平线

如图 2-18 所示，正平线 AB 的正面投影 $a'b'$ 反映 AB 的实长，α、γ 的大小反映倾角的真实大小，水平投影 ab 和侧面投影 $a''b''$ 分别平行于 OX 轴和 OZ 轴，但 ab、$a''b''$ 不反映 AB 的实长。

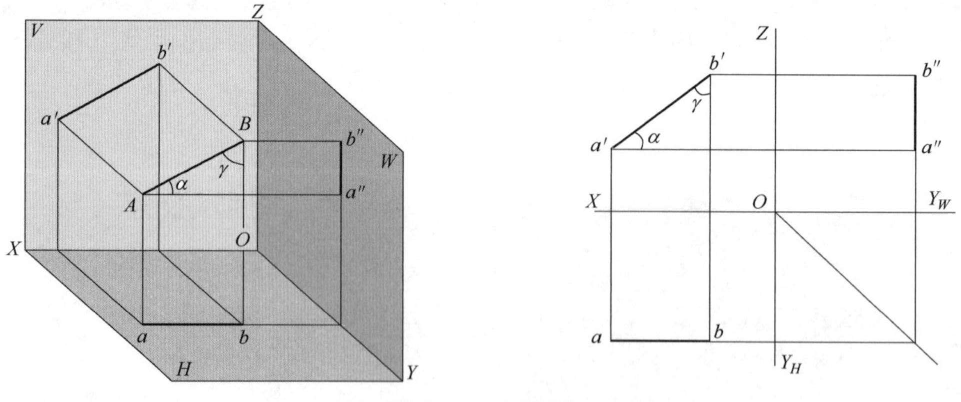

图 2-18　正平线

（3）侧平线

如图 2-19 所示，侧平线 AB 的侧面投影 $a''b''$ 反映 AB 的实长，α、β 的大小反映倾角的真实大小，水平投影 ab 和正面投影 $a'b'$ 分别平行于 OY_H 轴和 OZ 轴，但 ab、$a'b'$ 不反映 AB 的实长。侧平线在另两个投影面上的投影分别平行于相应的投影轴。

投影面平行线的投影为“一斜两直线”。“一斜”是指该投影面平行线的投影与投影轴倾斜的直线，且此倾斜直线反映空间直线的实长；“两直线”是指该投影面平行线在另两个投影面上的投影为与相应投影轴平行的直线。

当空间直线的投影为“一斜两直线”时，空间直线为“斜线”投影所在投影面的平行线。

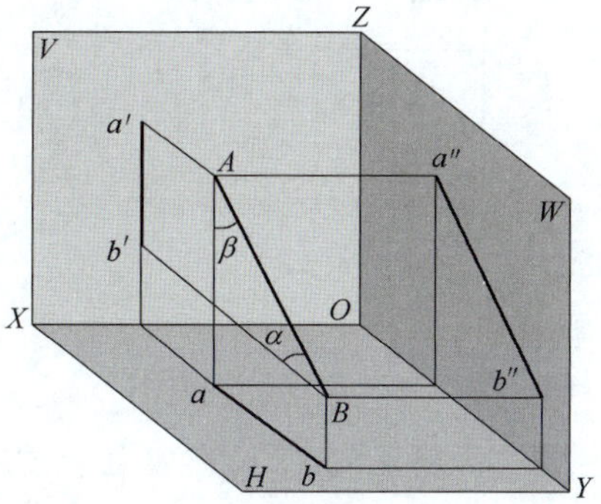

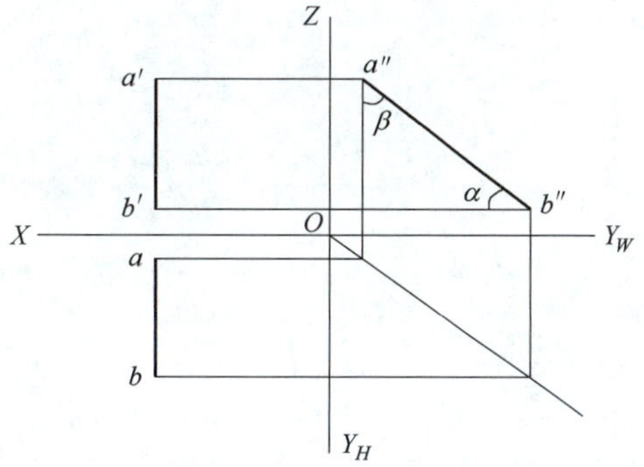

图 2-19　侧平线

3. 投影面垂直线

与任意一个投影面垂直的空间直线称为投影面垂直线，投影面垂直线必然与另两个投影面平行。投影面垂直线的投影特性为：直线在其垂直的投影面上的投影积聚成一点，在另两个投影面上的投影垂直于相应的投影轴。

（1）铅垂线

如图 2-20 所示，铅垂线 *AB* 在 *H* 面上的投影积聚成一个点 *a*(*b*)；在 *V* 面上的投影 *a′b′*垂直于 *OX* 轴且反映 *AB* 的实长；在 *W* 面上的投影 *a″b″*垂直于 OY_W 轴且反映 *AB* 的实长。

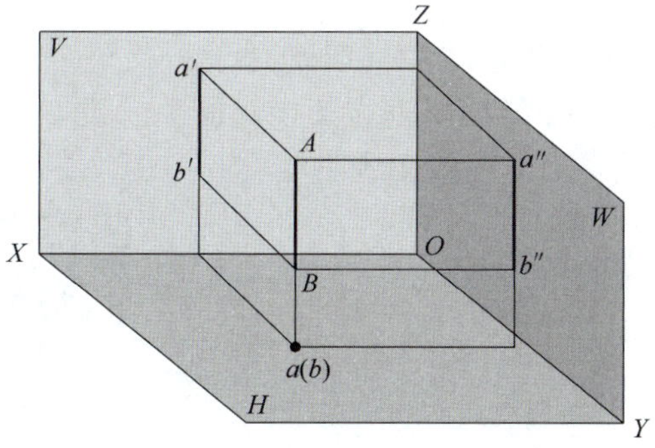

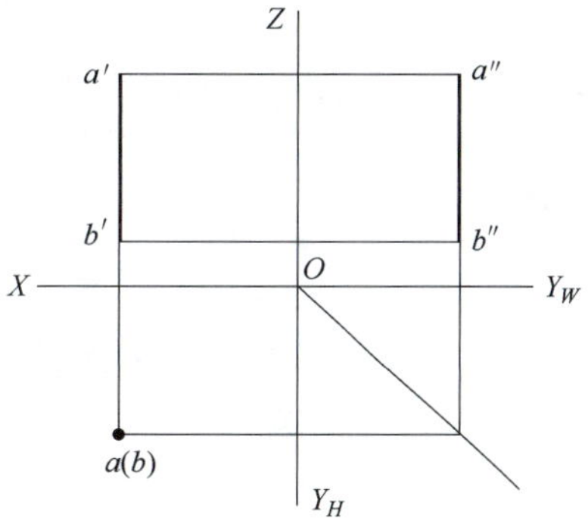

图 2-20　铅垂线

（2）正垂线

如图 2-21 所示，正垂线 *AB* 在 *V* 面上的投影积聚成一个点 *a′*(*b′*)；在 *H* 面上的投影 *ab* 垂直于 *OX* 轴且反映 *AB* 的实长；在 *W* 面上的投影 *a″b″*垂直于 *OZ* 轴且反映 *AB* 的实长。

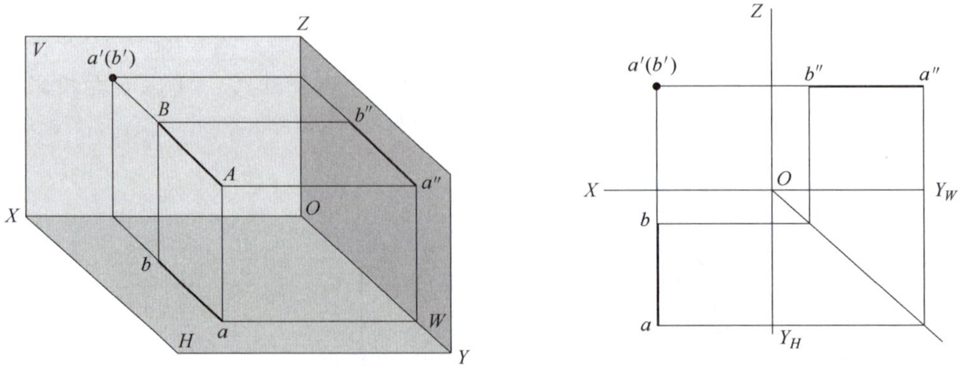

图 2-21　正垂线

（3）侧垂线

如图 2-22 所示，侧垂线 AB 在 W 面上的投影积聚成一个点 a''（b''）；在 H 面上的投影 ab 垂直于 OY_H 轴且反映 AB 的实长；在 V 面上的投影 $a'b'$垂直于 OZ 轴且反映 AB 的实长。

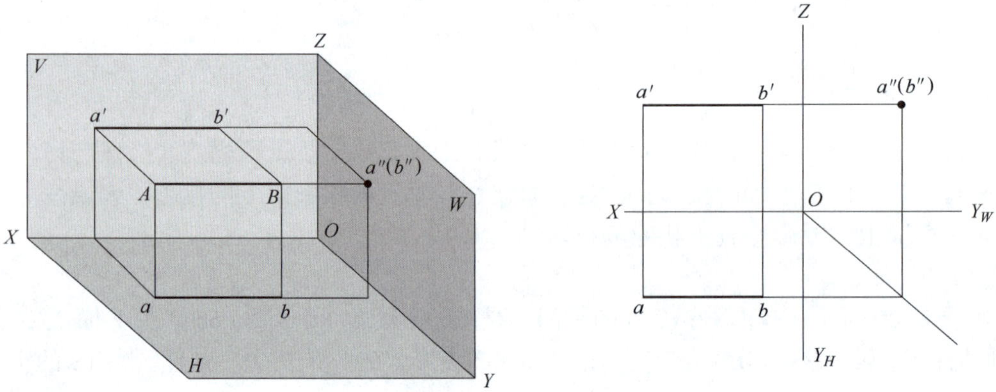

图 2-22　侧垂线

投影面垂直线的投影为“一点两直线”，且“两直线”同时平行于不属于“点”所在投影面的投影轴。“一点”是指投影面垂直线的投影在所垂直的投影面上的投影积聚成一个点；“两直线”是指投影面垂直线在另两投影面上的投影为直线。

当空间直线的投影为“一点两直线”时，空间直线为“点”所在投影面的垂直线。

三、点在直线上的特性

点与直线的相对位置可分为点在直线上和点不在直线上两种。

点在直线上，则点的各个投影在该直线的同面投影上，即从属性。如图 2-23 所

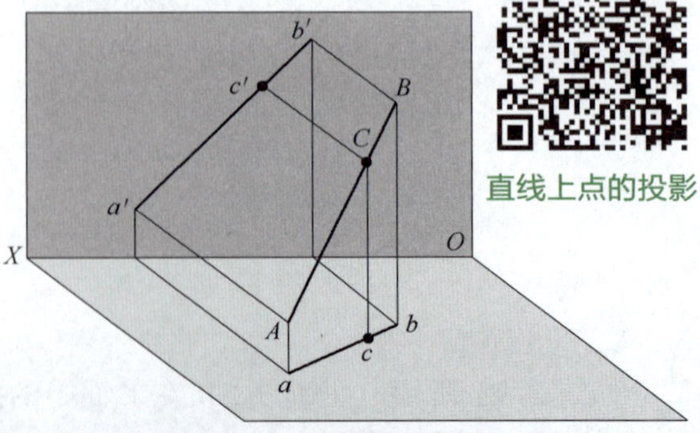

图 2-23　点在直线上的特性

直线上点的投影

示，点 C 在直线 AB 上，则点 C 的投影一定在直线的投影上。即若 $C \in AB$，则 $c \in ab$，$c' \in a'b'$，$c'' \in a''b''$。

点将直线分割成的两段的比值恒等于点的投影将直线的投影分割成的两段的比值，即定比性。如图 2–23 所示，若 $C \in AB$，则 $AC/CB = ac/cb = a'c'/c'b' = a''c''/c''b''$。

四、两直线的相对位置

空间两直线的相对位置有平行、相交和交叉三种。

① 两直线平行。其同面投影必平行，且两平行线段的长度之比等于其投影长度之比。

② 两直线相交。其同面投影必相交，且交点的投影符合点的投影规律。

③ 两直线交叉。异面两直线的相对位置为交叉。

任务实施

按照任务要求，分别完成图 2–14（a）和图 2–14（b）所示空间直线 AB 的第三面投影，完成效果分别如图 2–24（a）和图 2–24（b）所示。

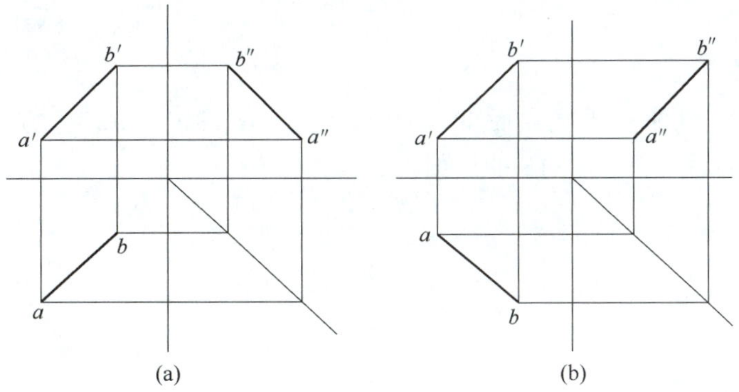

图 2–24　直线的三面投影完成效果

两人一组，从确定直线的两点 A 和 B 的投影的位置和标记是否正确等方面进行作品互评，具体评分标准如表 2–2 所示。

表 2–2　作品评分表

活动	项目	得分
绘制直线的投影（10 分）	a 的位置正确（1 分）	
	b 的位置正确（1 分）	
	a 的标记正确（1 分）	
	b 的标记正确（1 分）	
	a''的位置正确（2 分）	
	b''的位置正确（2 分）	
	a''的标记正确（1 分）	
	b''的标记正确（1 分）	
总分		

强化练习

单选题

1. 某直线在 V 面上的投影反映直线的实长，该直线为（　　）。

A. 水平线　　B. 侧平线　　C. 正平线　　D. 铅垂线

2. 若点在直线上，则点的（　　）个面的投影在直线对应的投影上。

A. 0　　B. 1　　C. 2　　D. 3

3. 三角形平面的三个投影均为缩小的类似形，该平面为（　　）。

A. 水平面　　B. 正平面　　C. 侧平面　　D. 一般位置平面

4. 已知空间两条直线的正面投影平行，水平投影重合，则空间两条直线的相对位置为（　　）。

A. 相交　　B. 平行　　C. 交叉　　D. 无法判断

5. 当两条交叉线的公垂线为一铅垂线时，这两条直线的位置是（　　）。

A. 两条一般位置直线　　B. 两条水平线

C. 两条侧平线　　D. 两条正平线

任务拓展

已知空间直线 AB 平行于侧立面 W，$AB=20\text{mm}$，$\alpha=30°$，a'、a''的位置如图 2-25 所示，点 B 在点 A 的后上方，求 AB 的三面投影。

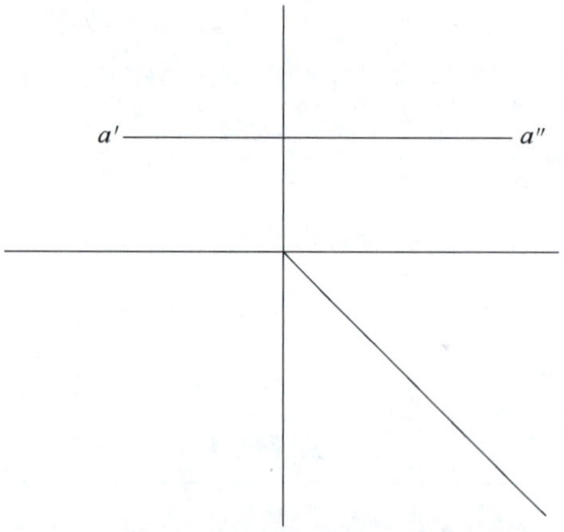

图 2-25　点 A 的两面投影

绘制直线的投影

任务三
绘制平面的投影

思维导图

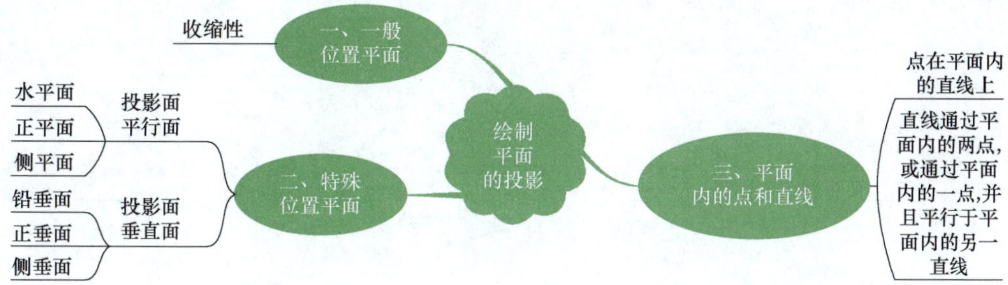

任务引入

空间直线 *EF* 在空间平面 *ABC* 内，已知该空间平面 *ABC* 在正立面和水平面的投影以及直线 *EF* 在正立面的投影如图 2-26 所示，请补全该直线在水平面的投影。

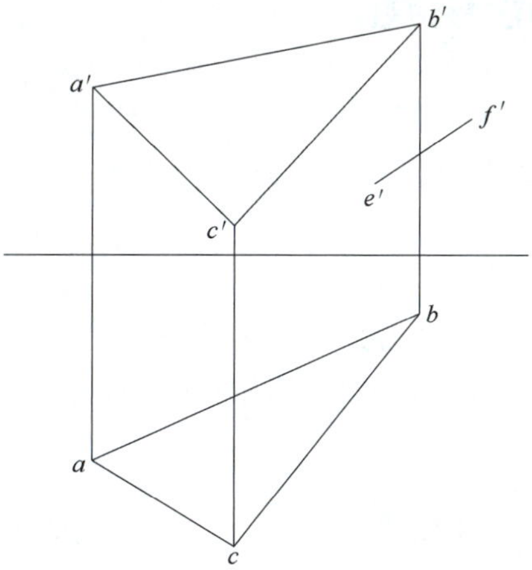

图 2-26　平面内直线的投影

任务分析

无论是点和直线的三面投影，还是平面的三面投影，都遵循“长对正，高平齐，宽相等”的三面投影规律，这一规律是由我国的工程图学专家赵学田提出的。本任务将学习该规律下

思政：工程图学专家——赵学田人物事迹

平面的三面投影。

绘制平面的投影

一、平面的表示方法

通过以下五种几何元素的方式可表达一平面：

① 不在同一直线上的三个点，如图 2-27（a）所示。

② 一直线和直线外一点，如图 2-27（b）所示。

③ 两相交直线，如图 2-27（c）所示。

④ 两平行直线，如图 2-27（d）所示。

⑤ 任意平面图形，如图 2-27（e）所示。

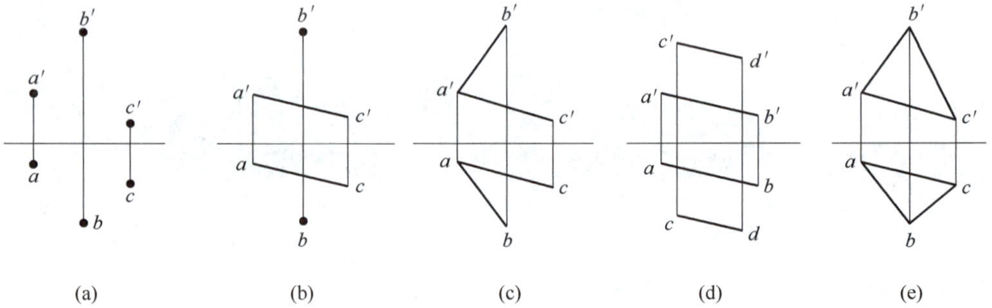

图 2-27　几何元素表示平面

二、各种位置平面的投影特性

空间平面对某一投影面的相对位置有三种情况，即一般位置平面、投影面平行面和投影面垂直面，后两种平面统称为特殊位置平面。下面介绍各种平面的投影特性。

1. 一般位置平面

如图 2-28 所示，对三个投影面都处于倾斜位置的平面称为一般位置平面。以平面图形表示的一般位置平面的三个投影都是原平面图形的类似形。

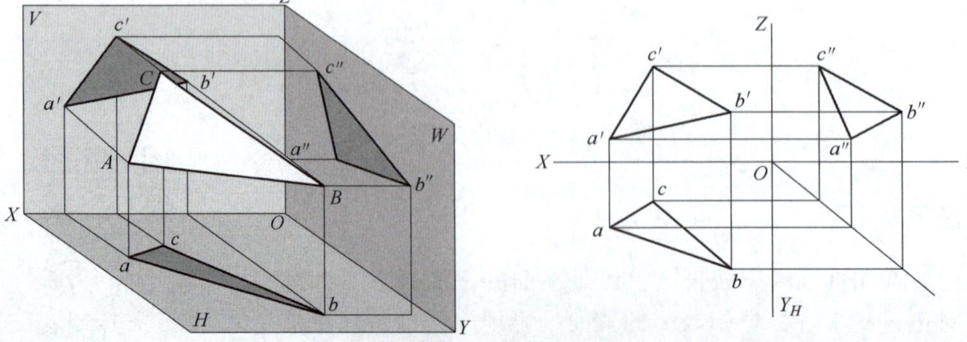

图 2-28　一般位置平面

一般位置平面的投影特性如下：

① 各投影都是原平面图形的类似形，均不反映平面的实形。

② 平面的各投影无积聚性，投影图中不能直接反映平面对投影面的倾角。

2. 投影面平行面

（1）水平面

如图 2-29 所示，平面 *ABC* 平行于 *H* 面，则平面 *ABC* 称为水平面。水平面 *ABC* 的水平投影 *abc* 反映平面的实形，另两个投影 *a′b′c′*、*a″b″c″*积聚成一条直线，且分别平行于 *OX* 轴、OY_W 轴。

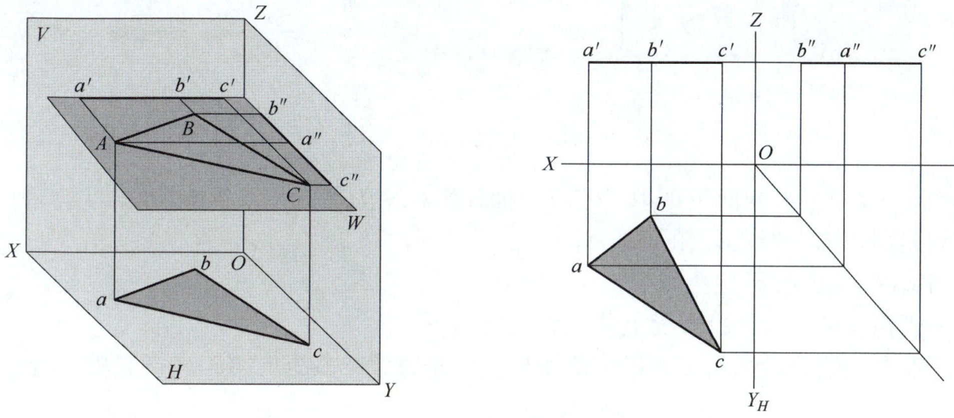

图 2-29 水平面

（2）正平面

如图 2-30 所示，平面 *ABC* 平行于 *V* 面，则平面 *ABC* 称为正平面。正平面 *ABC* 的正面投影 *a′b′c′*反映平面的实形，另两个投影 *abc*、*a″b″c″*积聚成一条直线，且分别平行于 *OX* 轴、*OZ* 轴。

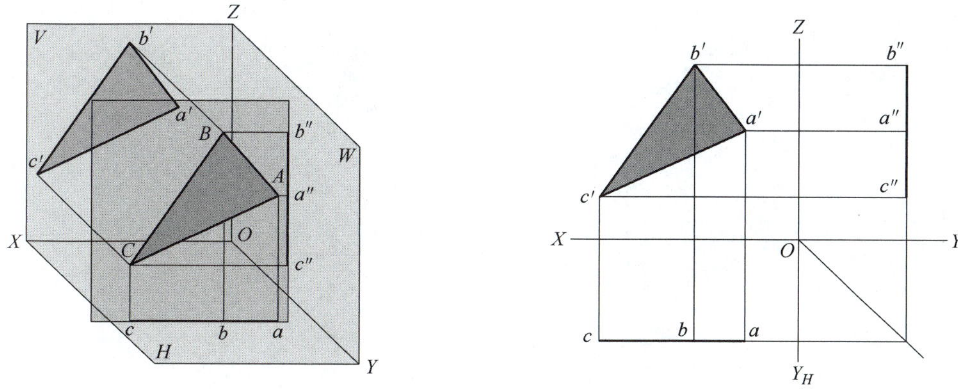

图 2-30 正平面

（3）侧平面

如图 2-31 所示，平面 *ABC* 平行于 *W* 面，则平面 *ABC* 称为侧平面。侧平面 *ABC* 的侧面投影 *a″b″c″*反映平面的实形，另两个投影 *a′b′c′*、*abc* 积聚成一条直线，且分别平行于

OZ 轴、OY_H 轴。

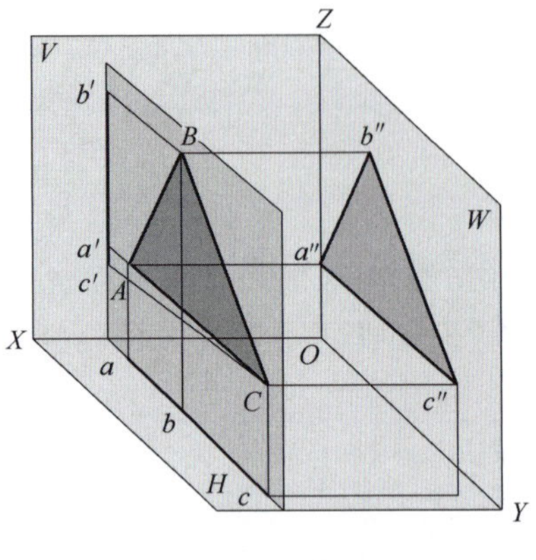

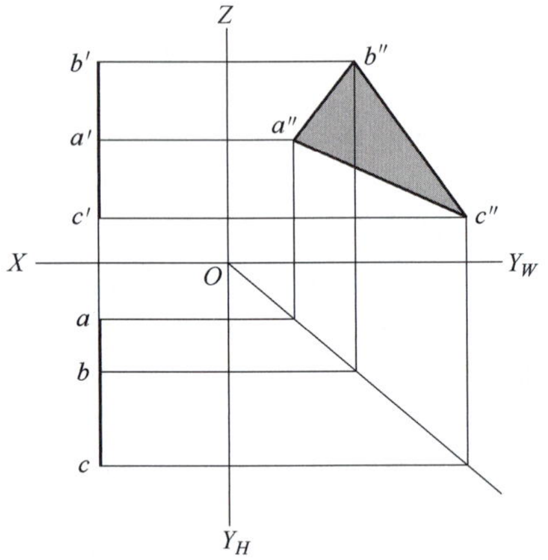

图 2-31　侧平面

事实上，在平面的两面投影中，若有一面投影积聚为平行于某投影轴的直线，则此平面必为该投影轴相邻的投影面的平行面。

投影面平行面的投影特性如下：

① 平面在其所平行的投影面上的投影反映实形。

② 平面在其他两投影面上的投影均积聚成一条直线，其方向与相应投影轴平行。

3. 投影面垂直面

（1）铅垂面

如图 2-32 所示，平面 ABC 垂直于 H 面，则平面 ABC 称为铅垂面。铅垂面 ABC 的水平投影 abc 积聚成一条直线，且反映倾角 β、γ 的真实大小，另两个投影 $a'b'c'$、$a''b''c''$为类似形。

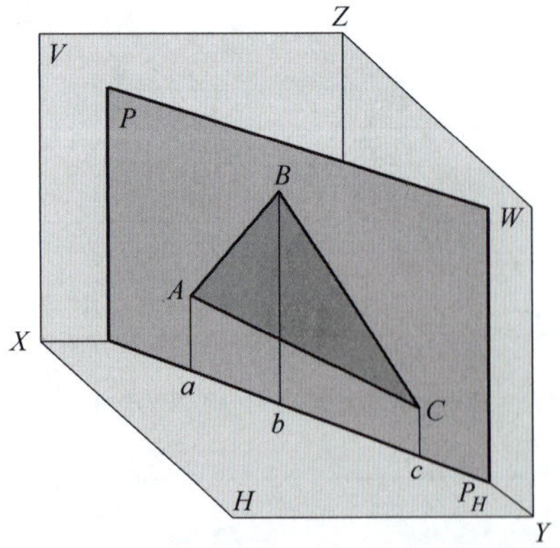

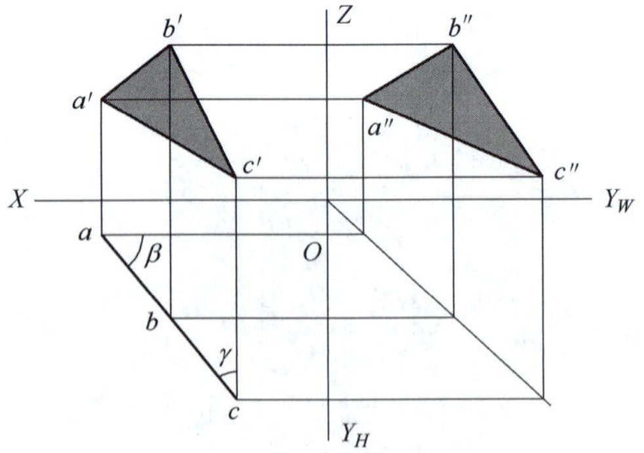

图 2-32　铅垂面

（2）正垂面

如图 2-33 所示，平面 ABC 垂直于 V 面，则平面 ABC 称为正垂面。正垂面 ABC 的正面投影 $a'b'c'$积聚成一条直线，且反映倾角 α、γ 的真实大小，另两个投影 abc、$a''b''c''$为类似形。

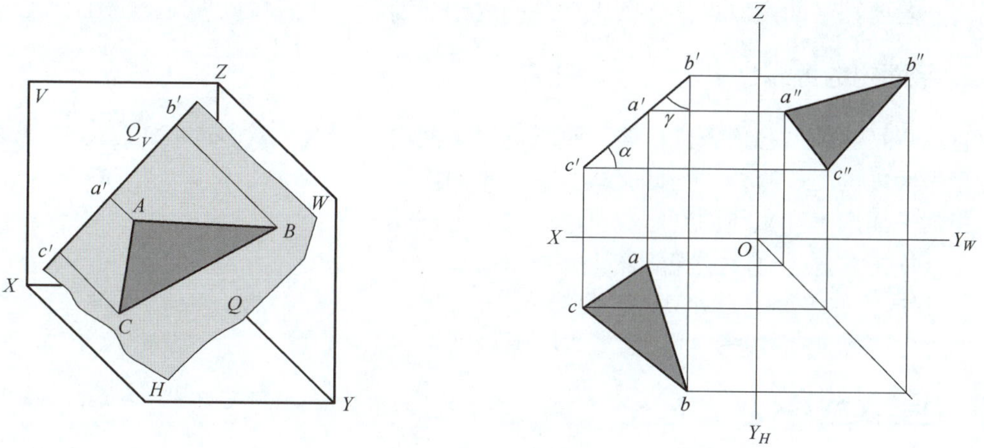

图 2-33　正垂面

（3）侧垂面

如图 2-34 所示，平面 ABC 垂直于 W 面，则平面 ABC 称为侧垂面。侧垂面 ABC 的侧面投影 $a''b''c''$积聚成一条直线，且反映倾角 α、β 的真实大小，另两个投影 abc、$a'b'c'$为类似形。

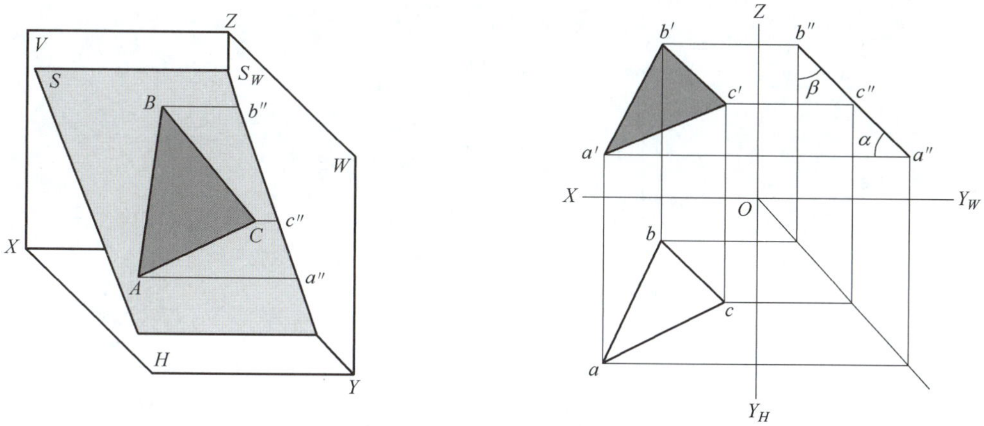

图 2-34　侧垂面

投影面垂直面的投影特性如下：

① 平面在其所垂直的投影面上的投影积聚成一条直线，其与相应投影轴的夹角分别反映平面对其他两投影面的倾角。

② 平面在其他两投影面上的投影均为原图形的类似形。

三、平面内的点和直线

平面上点和直线的投影

1. 平面内的点

点在平面内的几何条件：若点位于平面内的任一直线上，则此点在平面内。若要在平面内取点，必须先在平面内作辅助线，然后在该直线上取点。

2. 平面内的直线

直线在平面内的几何条件：若一直线通过平面内的两点，或通过平面内的一点，并且平行于平面内的另一直线，则此直线必在该平面内。

根据平面内点和直线的判定，可以解决以下三类问题：

① 判别已知点、直线是否属于已知平面。

② 完成已知平面上点和直线的投影。

③ 完成多边形的投影。

任务实施

按照任务要求，完成图 2-26 所示空间直线 *EF* 在水平面的投影，完成效果如图 2-35 所示。

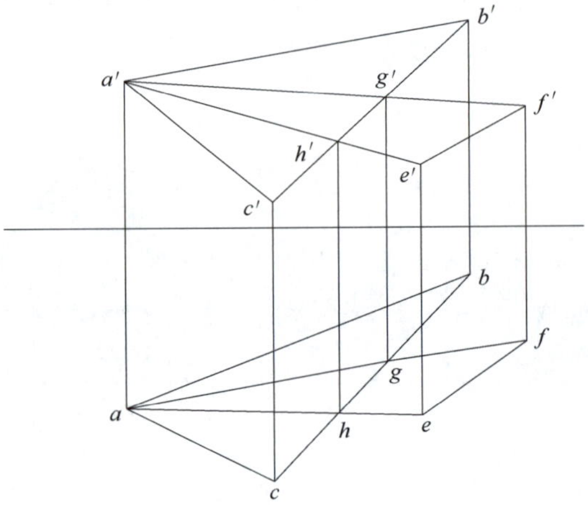

图 2-35　平面内直线的水平投影完成效果

两人一组，从辅助线的选择、辅助点的标记和位置等方面进行作品互评，具体评分标准如表 2-3 所示。

表 2-3　作品评分表

活动	项目	得分
绘制平面内直线的投影（10 分）	辅助线的选择正确（2 分）	
	辅助点的标记正确（2 分）	
	辅助点投影的位置正确（2 分）	
	点 *e*、*f* 的投影位置正确（2 分）	
	连成直线（2 分）	
总分		

强化练习

单选题

1. 三角形平面的三个投影均为缩小的类似形，该平面为（　　）。

A. 水平面　　B. 正平面　　C. 侧平面　　D. 一般位置平面

2. 在正平面的三面投影中，能反应正平面实形的投影是（　　）。

A. 水平投影　　B. 正面投影　　C. 侧面投影　　D. 都不反映实形

3. 水平面的（　　）汇聚为直线。

A. 水平投影　　B. 正面投影　　C. 侧面投影　　D. 正面投影和侧面投影

4. 某正垂面为四边形，它的水平投影为（　　）。

A. 直线　　B. 三角形　　C. 四边形　　D. 点

5. 侧平面也是（　　）。

A. 正垂面　　B. 正平面　　C. 侧垂面　　D. 水平面

任务拓展

如图 2-36 所示，已知空间平面图形在正立面的投影，请补全其在水平面的投影。

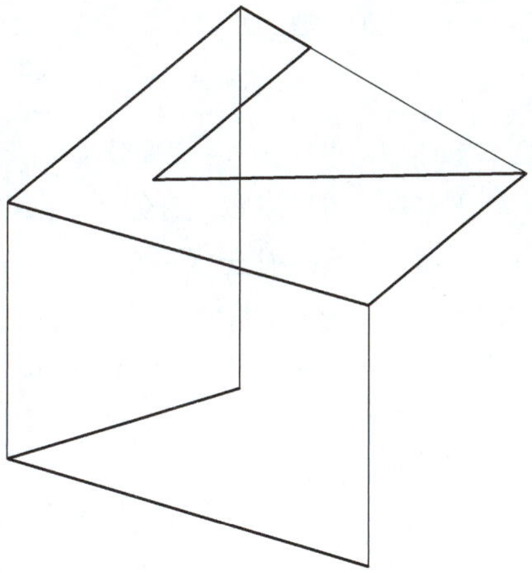

绘制平面的投影

图 2-36　平面内直线的投影

任务四
绘制平面体的投影

思维导图

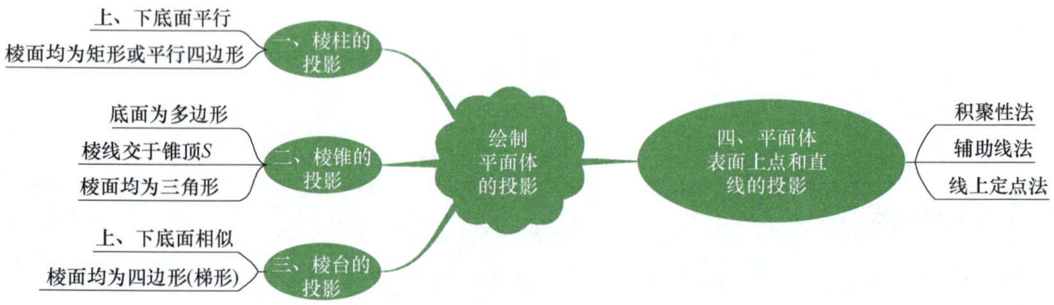

任务引入

在建筑工程中，会接触到各种形状的建筑物（如房屋、纪念碑）及其构配件（如基础、梁、柱等），其形状虽然复杂多样，但经过仔细分析，不难看出它们一般都是由一些简单的几何体经过叠加、切割或相交等形式组合而成的。

由若干个平面围成的基本几何体称为平面体。已知空间正三棱锥及其表面上的折线 *ABCD* 在正立面和水平面的投影如图 2-37 所示，请绘制出 *W* 面上的投影，并补全正三棱锥表面上的折线 *ABCD* 的另两面投影。

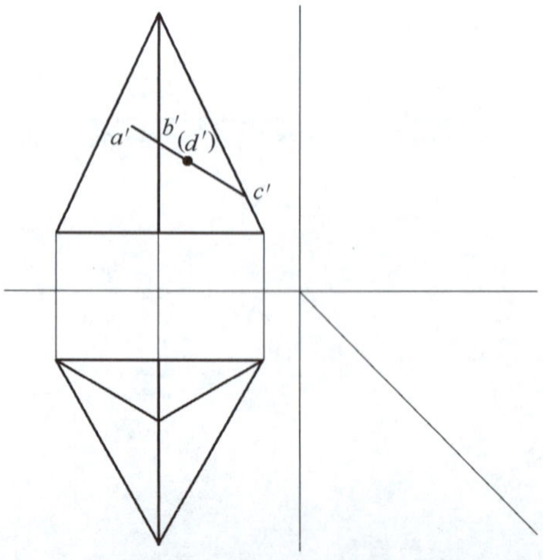

图 2-37　正三棱锥及其表面上折线的两面投影

任务分析

在平面体中，平面与平面的交线称为平面体的棱线，侧表面称为棱面，上、下表面分别称为顶面和底面（也可称为上、下底面，水平放置时也可称为端面）。平面体通常可分为棱柱、棱锥、棱台等。

思政：中国馆　绘制平面体的投影

一、棱柱的投影

棱柱由两个相互平行的底面和若干个棱面围成。相邻两棱面的交线称为侧棱线，简称棱线。棱柱的棱线相互平行。棱柱分为直棱柱（侧棱与底面垂直）和斜棱柱（侧棱和底面倾斜）。棱柱上、下底面是两个形状相同且互相平行的多边形，各个棱面都是矩形或平行四边形。上、下底面是正多边形的直棱柱，称为正棱柱。

1. 形体分析

以图 2-38（a）所示的正六棱柱为例，其表面包括上、下底面（全等的正六边形）和六个棱面（矩形），棱线与两底面垂直。

2. 安放位置

安放形体时要考虑两个因素：一是要使形体处于稳定状态；二是要考虑形体的工作状况。为了作图方便，应尽量使形体的表面平行或垂直于投影面。为此，将图 2-38（a）所示正六棱柱的上、下底面平行于 H 面放置，并使其前、后两个棱面平行于 V 面。

3. 投影分析

图 2-38（b）所示为正六棱柱的三面投影。因为其上、下底面是水平面，前、后两个棱面为正平面，其余四个棱面是铅垂面，所以它的水平投影是正六边形。由于水平投影是上、下底面的投影，能够反映实形，故正六边形的六个边分别是六个棱面的水平积聚投影；正六边形的六个顶点分别是六条棱线的水平积聚投影。正六棱柱的前、后棱面是正平面，它的正面投影能够反映实形；其余四个棱面是铅垂面，它们的正面投影是其类似形。正六棱柱的正面投影是三个并排的矩形线框，中间的矩形线框为前、后棱面的重合投影，左、右两侧的矩形线框为其余四个棱面的两个重合投影。这三个矩形线框合成的线框的上、下两边是上、下底面的积聚投影。正六棱柱的侧面投影是两个并排的矩形线框，是四个铅垂棱面的重合投影。

4. 投影的作图步骤

正六棱柱投影的作图步骤如下：

① 布置图面，作出中心线、对称线等作图基准线。

② 作出水平投影，即反映上、下底面实形的正六边形。

③ 根据正六棱柱的高，按投影关系作出正面投影。

④ 根据正面投影和水平投影，按投影关系作出侧面投影。

⑤ 检查并描深图线，完成作图。

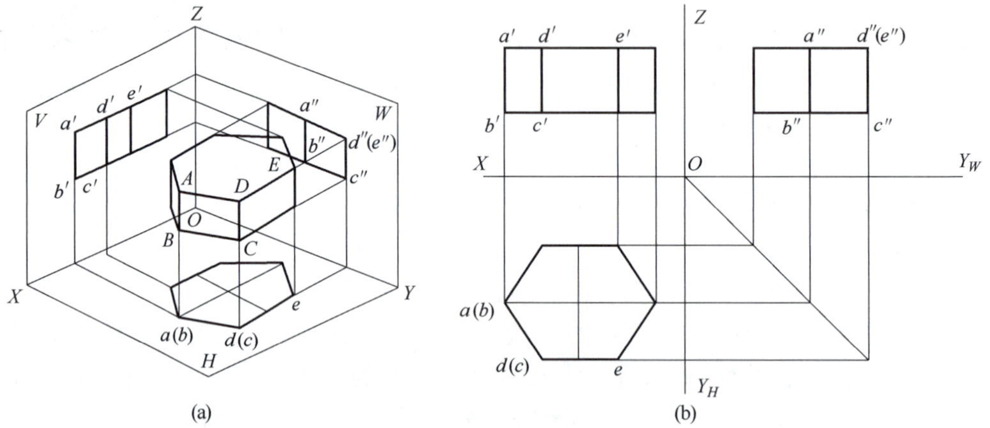

图 2-38　正六棱柱及其投影

任何平面体的三面投影都必须严格遵守“长对正，高平齐，宽相等”的投影规律。图 2-39（a）所示为一水平放置的正三棱柱（可视为双坡屋顶），它的两个棱面垂直于 *W* 面，一个棱面平行于 *H* 面，两个端面平行于 *W* 面。按照“长对正，高平齐，宽相等”的投影规律作出投影，其正面投影为矩形的类似形；水平投影为可见的两个矩形的类似形和一个不可见的矩形的实形；侧面投影为三角形的实形，如图 2-39（b）所示。

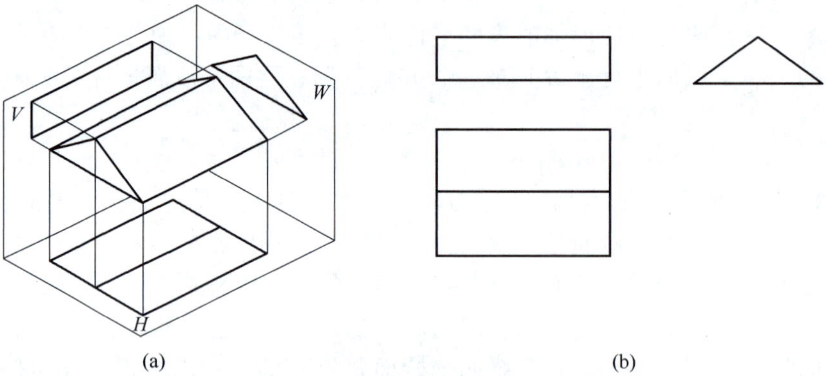

图 2-39　正三棱柱及其投影

二、棱锥的投影

棱锥由一个底面和若干个三角形棱面围成。所有棱面相交于一点，称为锥顶，常记为 *S*。棱锥相邻两棱面的交线称为棱线，所有的棱线都交于锥顶 *S*。棱锥的底面为多边形，且底面的边数 = 棱面数 = 棱线数。

1. 形体分析

以图 2-40（a）所示的正三棱锥为例，其底面是正三角形，棱线交于一点 *S*，棱面均为三角形。

2. 安放位置

将图 2-40（a）所示的正三棱锥的底面△*ABC* 平行于 *H* 面放置。

3. 投影分析

图 2-40（b）所示为正三棱锥的三面投影。因为其底面为正三角形且水平放置，所以水平投影能够反映底面的实形；左、右两个棱面是一般位置平面，它们的三面投影都是类似的三角形；后面的棱面是侧垂面，其侧面投影积聚为直线，水平投影和正面投影均为类似的三角形；底面的一条底边为侧垂线，另外两条为水平线。

4. 投影的作图步骤

正三棱锥投影的作图步骤如下：
① 作出底面△*ABC* 的各个投影。
② 作出锥顶 *S* 的各个投影。
③ 连接各棱线。
④ 检查并描深图线，完成作图。

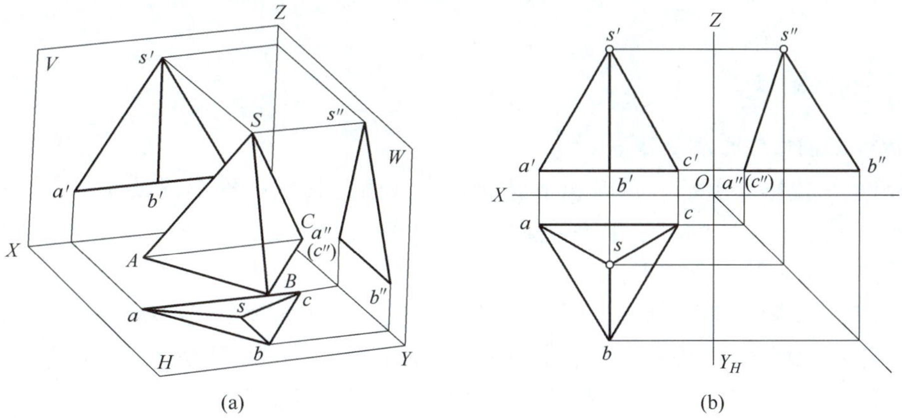

图 2-40　正三棱锥及其投影

三、棱台的投影

用平行于棱锥底面的平面切割棱锥后，底面与截面之间剩余的部分称为棱台。截面与原底面称为棱台的上、下底面，其余各平面称为棱台的棱面，相邻侧面的公共边称为棱线，上、下底面之间的距离为棱台的高。棱台包括三棱台、四棱台、五棱台等。

1. 形体分析

以图 2-41（a）所示的三棱台为例，其上、下底面为相似的三角形，棱面为四边形（梯形）。

2. 安放位置

将图 2-41（a）所示的三棱台的底面△*DEF* 平行于 *H* 面放置，并使 *BC*、*EF* 均平行于 *OX* 轴。图 2-41（b）所示为三棱台的三面投影。

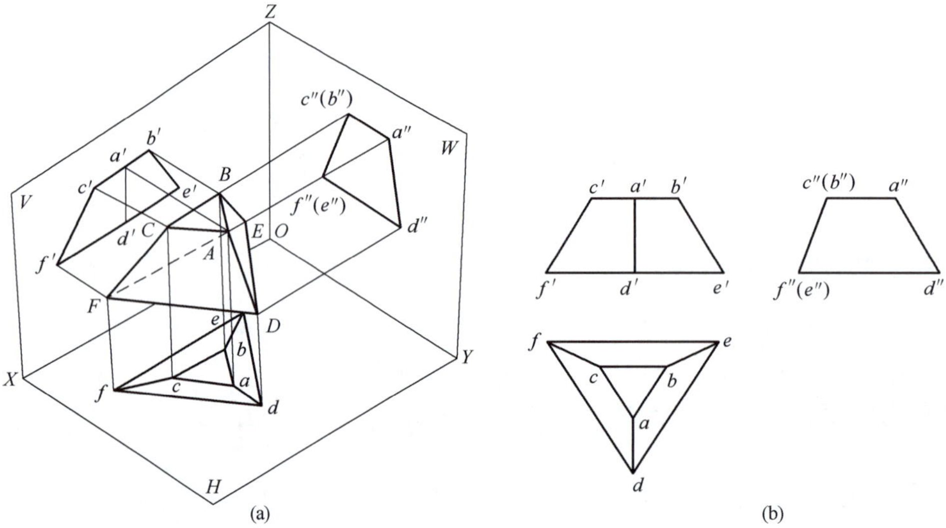

图 2-41　三棱台及其投影

3. 投影的作图步骤

三棱台投影的作图步骤如下：

① 作出水平投影。由于上底面和下底面为水平面，其水平投影反映实形，为两个相似的三角形。其余各棱面倾斜于水平投影面，其水平投影不反映实形，是以上、下底面水平投影相应边为底边的三个梯形。

② 作出正面投影。三棱台上、下底面的正面投影积聚成平行于 *OX* 轴的直线；棱面 *ACFD* 和棱面 *ABED* 为一般位置平面，其正面投影仍为梯形；棱面 *BCFE* 为侧垂面，其正面投影不反映实形，仍为梯形，并与另外两个棱面的正面投影重叠。

③ 作出侧面投影。三棱台上、下底面的侧面投影分别积聚成平行于 OY_W 轴的直线；棱面 *BCFE* 的侧面投影积聚成倾斜于 *OZ* 轴的直线；棱面 *ACFD* 与棱面 *ABED* 的侧面投影重合成一个梯形。

四、平面体表面上点和直线的投影

1. 常见平面体的投影特性

由于平面体的各表面都是平面图形，各平面图形均由棱线围成，棱线又由其端点确定，因此，平面体的投影是由围成它的各平面图形的投影表示的，其实质是作各棱线与端点的投影。平面体的投影通常由一些封闭的多边形组合而成。

2. 平面体表面上点和直线的投影

平面体表面上点和直线的投影，实质上是平面上点和直线以及直线上点的投影。因此，其投影特性为：

① 平面体表面上点和直线的投影应符合平面上点和直线以及直线上点的投影特性。

② 可见棱面、底面上的点和直线，以及可见棱线上的点都是可见的；反之是不可见的。

平面体表面上点和直线的投影

在平面体表面上取点或取直线时，应由已知点的投影位置及其可见性，对该点所属的表面进行分析、判断。若该表面有积聚性，可利用积聚性的投影直接作出相应投影；若该表面没有积聚性，则过已知点在该表面内引辅助线求出相应投影。

3. 平面体表面上点和直线的投影作图方法

（1）位于特殊位置平面上的点或直线——积聚性法

根据投影规律，若已知点所属的表面有积聚性，则可利用积聚投影直线作出点的另一投影。

如图 2-42 所示，已知三棱柱的三面投影及其表面上点 M 和点 N 的正面投影 m' 和 n'，求作它们的另两个投影。

分析：根据已知条件，点 M 必在三棱柱前右侧的棱面上（因 m' 可见）；而点 N 必在三棱柱的后棱面上（因 n' 不可见）。如图 2-42 所示，利用棱柱各棱面水平投影的积聚性，分别过 m' 和 n' 作 OX 轴的垂线，与它们所属表面的水平投影分别交于 m 和 n，则 m、n 就是点 M 和点 N 的水平投影。然后即可按投影规律求出这两点的侧面投影 m'' 和 n''。点 M 和点 N 的水平投影和侧面投影如图 2-42 所示。

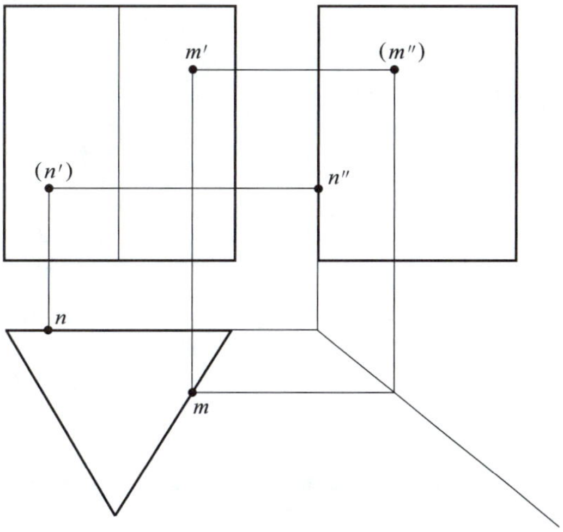

图 2-42　位于特殊位置平面上点的投影（积聚性法）

（2）位于一般位置平面上的点或直线——辅助线法

根据投影规律，作棱锥表面上点的投影时，可以在锥体表面上过点作任意一条直线作为解题的辅助线。为了作图方便，通常可以作过点和锥顶的直线，或过点作平行于棱锥底面的直线。

如图 2-43 所示，已知三棱锥的三面投影及其表面上点 K 的正面投影 k' 和点 L 的水平投影 l，求作它们的另两个投影。

分析：根据已知条件，点 K 和点 L 分别位于三棱锥的 SAB 和 SBC 棱面上。由于这两个棱面都是一般位置平面，它们的各个投影没有积聚性。因此，需要在棱锥的棱面上作出过已知点的辅助线，然后再作出辅助线上该点的各投影。点 K 的水平投影和侧面投影、点 L 的正面投影和侧面投影如图 2-43 所示。

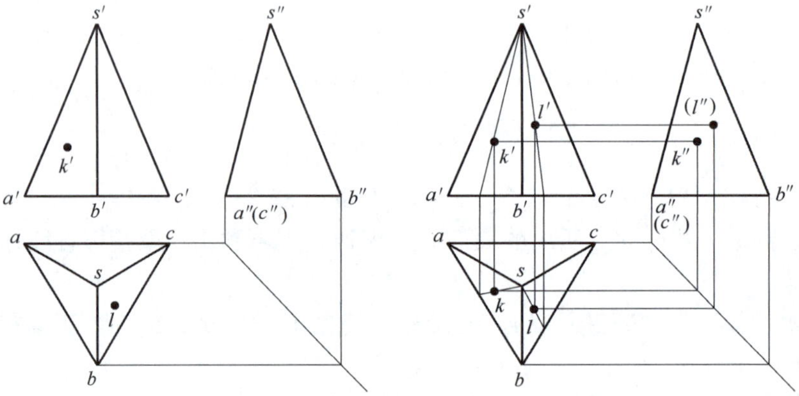

图 2-43　位于一般位置平面上点的投影（辅助线法）

（3）位于棱线或边线上的点或直线——线上定点法

如图 2-44 所示，已知四棱柱棱线上一点 K，求作它的三面投影。

分析：根据点在直线上的定比性与从属性即可求出点 K 的三面投影。其三面投影如图 2-44 所示。

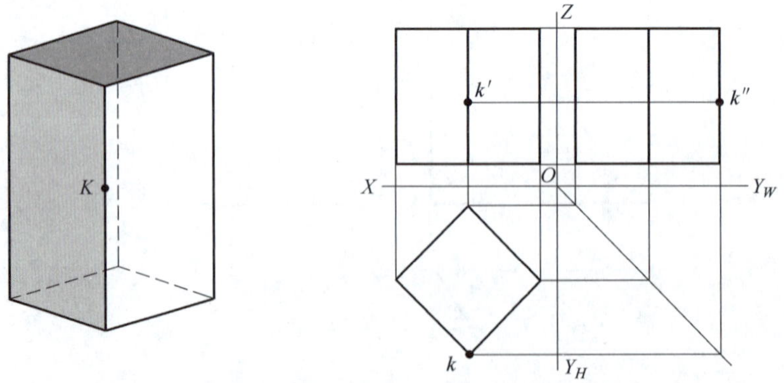

图 2-44　位于棱线或边线上点的投影（线上定点法）

任务实施

按照任务要求，绘制图 2-37 所示正三棱锥的侧面投影，并完成正三棱锥表面上折线的水平投影和侧面投影，完成效果如图 2-45 所示。

绘制平面体表面上折线的投影

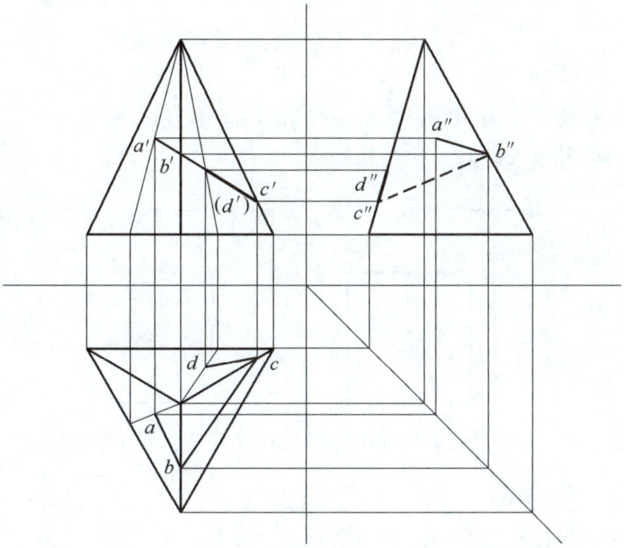

图 2-45　正三棱锥及其表面上折线的三面投影完成效果

两人一组，从平面体表面上各点投影的位置和标记是否正确、直线可见性判断等方面进行作品互评，具体评分标准如表 2-4 所示。

表 2-4　作品评分表

活动	项目	得分
绘制平面体表面上点和直线的投影（10 分）	平面体的侧面投影正确（2 分）	
	a 和 a''的位置和标记正确（2 分）	
	b 和 b''的位置和标记正确（1 分）	
	c 和 c''的位置和标记正确（1 分）	
	d 和 d''的位置和标记正确（1 分）	
	直线 ab、bc、cd 顺次连接（2 分）	
	直线 $b''c''$为虚线（1 分）	
总分		

强化练习

填空题

1. 作平面体的投影图，其关键在于作出平面体上的________、________和________的投影。

2. 当长方体在三个投影面之间的方向位置放正时，每条棱线都垂直于________，平行于________。

3. 棱锥的底面是________，各个棱面都是有一个公共顶点的________。

任务拓展

单选题

1. 图 2-46 所示为从不同角度观察同一个正方体得到的图像，该正方体的六个面分别被标记为 1~6，则不可能相对的两个面是（　　）。

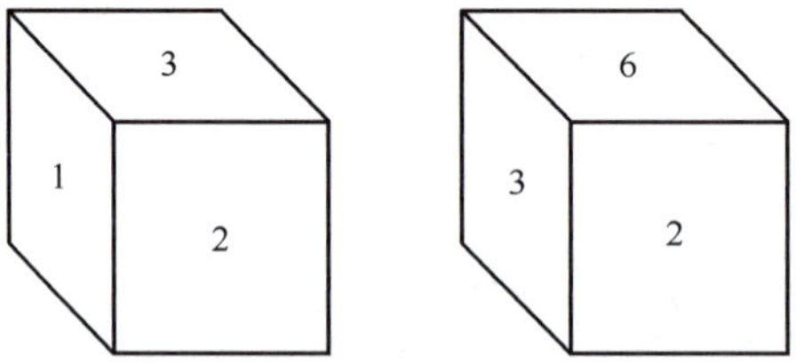

图 2-46　从不同角度观察同一个正方体得到的图像

A. 1 和 6　　B. 2 和 5　　C. 3 和 4　　D. 4 和 5

2. 从所给的四个选项中，选择最合适的一个填入图 2-47 中的问号处，使之呈现一定的规律性。

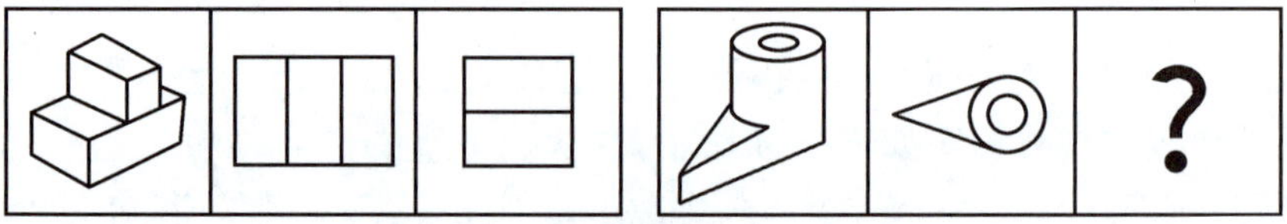

图 2-47　按一定规律排列的图形

A. 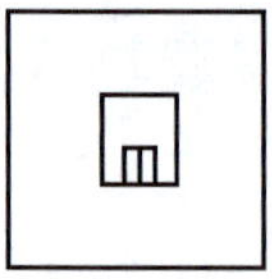 B. 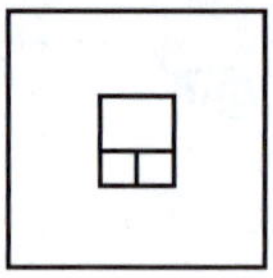 C. 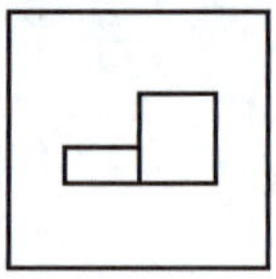 D. 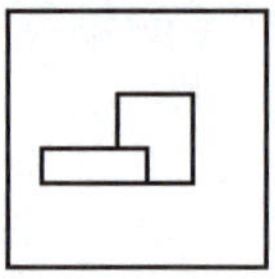

任务五
绘制曲面体的投影

思维导图

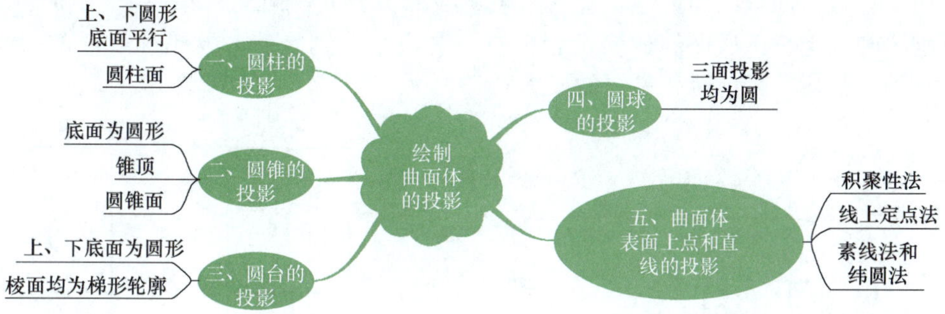

任务引入

本次任务是绘制图 2-48 所示曲面体的三面投影以及确定曲面体表面上点的投影。

(a) 圆柱　　(b) 圆锥

图 2-48　曲面体及其表面上的点

思政：国家大剧院和哈尔滨大剧院

任务分析

从建筑起源开始，几何就和建筑有着密切的联系，而曲面因其特殊性与建筑的关系就更为密切。我国的国家大剧院和哈尔滨大剧院等在外形上都采用了曲面的设计。曲面体是由曲面或曲面与平面包围而成的立体。常见的曲面体有圆柱、圆锥、圆台、圆球等。

一、圆柱的投影

绘制曲面体的投影

1. 圆柱的组成和几何特征

圆柱由圆柱面和两个底面围成，可看作是由一个矩形平面绕着它的一条边回转而成。如图 2-49 所示，圆柱面可看作是由直线 AA_1 绕与它平行的轴线 OO_1 旋转而成。其中，AA_1 称为母线，母线旋转到任意位置称为素线。

2. 圆柱的投影

当圆柱的轴线垂直于水平面时，分别向三个投影面作投影，得到的投影如图 2-50 所示。

在图 2-50 中，水平投影是一个圆，能够反映上、下底面的实形（圆形），并且为重合投影；圆柱面的投影积聚在该圆周上。正面投影是一个矩形，上、下边线分别为圆柱上、下底面的积聚投影；左、右边线分别是左、右轮廓素线的投影（由于圆柱面是光滑表面，所以主视方向只画出最左、最右两条素线的投影）。侧面投影是一个矩形，上、下边线分别为圆柱上、下底面的积聚投影；左、右边线分别是后、前轮廓素线的投影（左视方向只画出最后、最前两条素线的投影）。

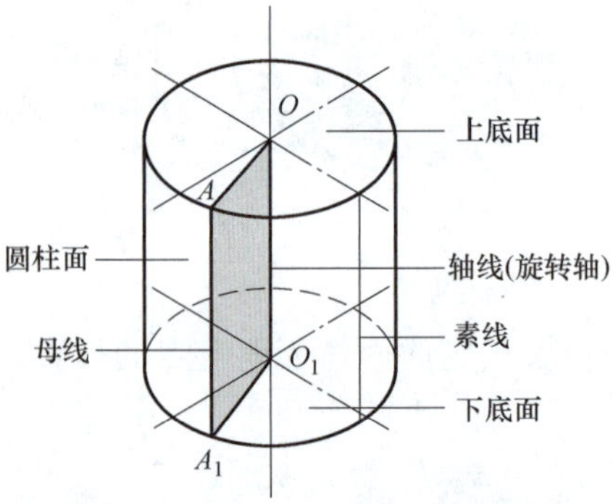

图 2-49　圆柱的组成和几何特征

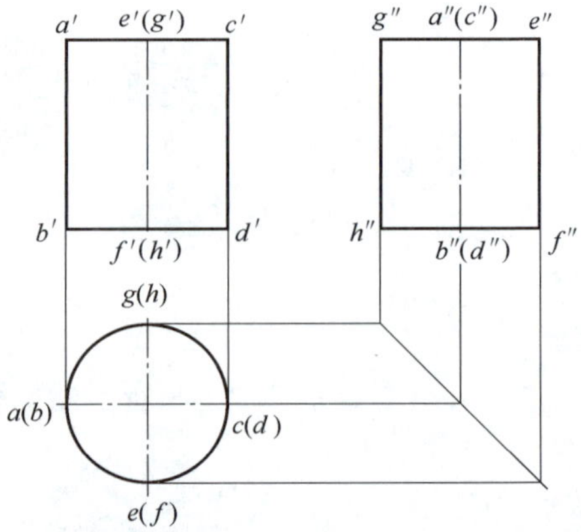

图 2-50　圆柱的投影

二、圆锥的投影

1. 圆锥的组成和几何特征

圆锥由圆锥面和底面（圆形）围成。如图 2-51 所示，圆锥面可看作是由母线绕与它相交的轴线旋转而成。

2. 圆锥的投影

当圆锥正常放置时，其轴线是铅垂线，底面是水平面，其投影如图 2-52 所示。

在图 2-52 中，水平投影是一个圆，它是圆锥面和底面的重合投影，能够反映底面的实形，圆心是锥顶的投影。正面投影和侧面投影是两个全等的等腰三角形，三角形的底边是圆锥底面的积聚性投影，两腰为不同位置轮廓素线的投影。其中，正面投影的两腰是圆锥面左、右轮廓素线的投影；侧面投影中的两腰是圆锥面前、后轮廓素线的投影。

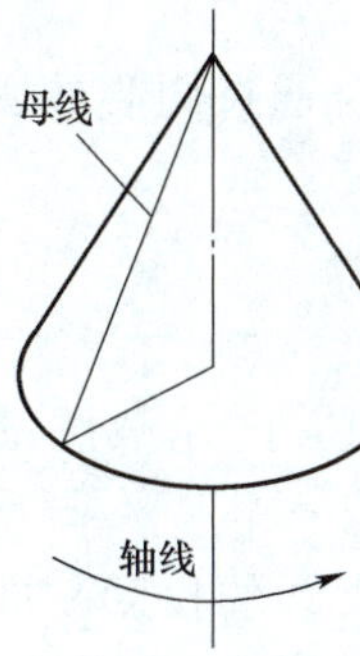

图 2-51　圆锥的组成和几何特征

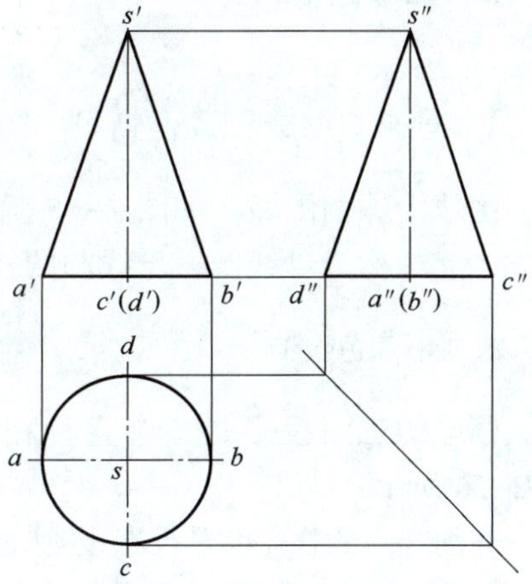

图 2-52　圆锥的投影

三、圆台的投影

1. 圆台的组成和几何特征

用平行于圆锥底面的平面切割圆锥后，底面与截面之间剩余的部分称为圆台。如图 2-53 所示，圆台可以看作圆锥被平面削去尖端部分。

2. 圆台的投影

参考圆锥的投影，可知圆台的投影特征为“两个梯形线框对应于两圆形线框（同心圆）”。圆台的投影如图 2-54 所示。

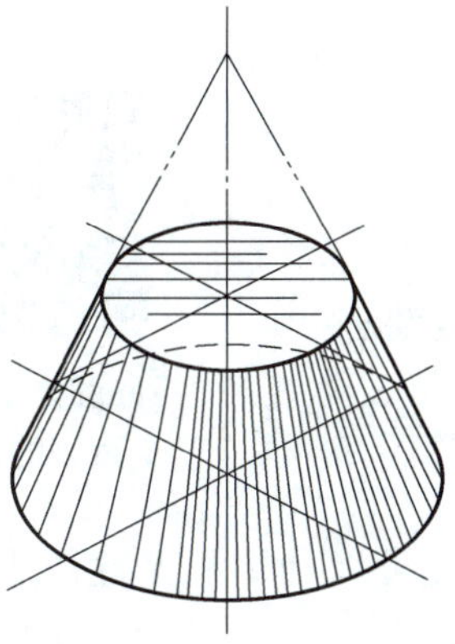

图 2-53　圆台的组成和几何特征

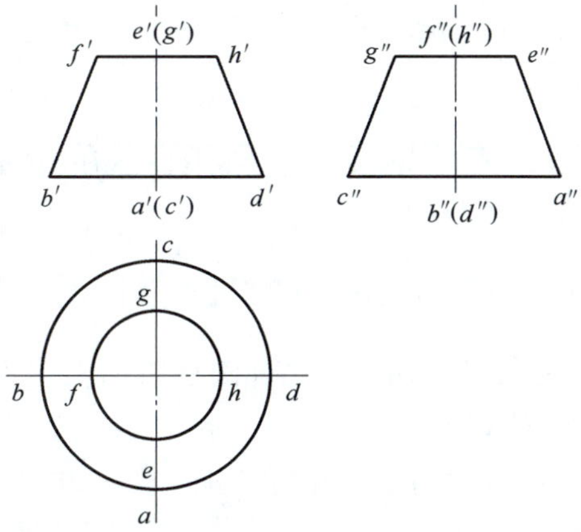

图 2-54　圆台的投影

四、圆球的投影

1. 圆球的组成和几何特征

圆球由球面围城。如图 2-55 所示，圆球可以看作一个圆围绕通过圆心的固定轴回转而成，此圆称为母线圆，母线圆的任一位置即为圆球表面的素线。

2. 圆球的投影

圆球的三面投影是三个直径相等的圆，分别是球面上不同方向轮廓圆的投影，如图 2-56 所示。

在图 2-56 中，水平投影的圆 a 是球面上平行于 H 面的最大圆的投影，即上半球面（水平投影可见）与下半球面（水平投影不可见）的分界线。正面投影的圆 b' 是球面上平行于 V 面的最大圆的投影，即前半球面（正面投影可见）与后半球面（正面投影不可见）的分界线。侧面投影的圆 c'' 是平行于 W 面的最大圆的投影，即左半球面（侧面投影可见）与右半球面（侧面投影不可见）的分界线。

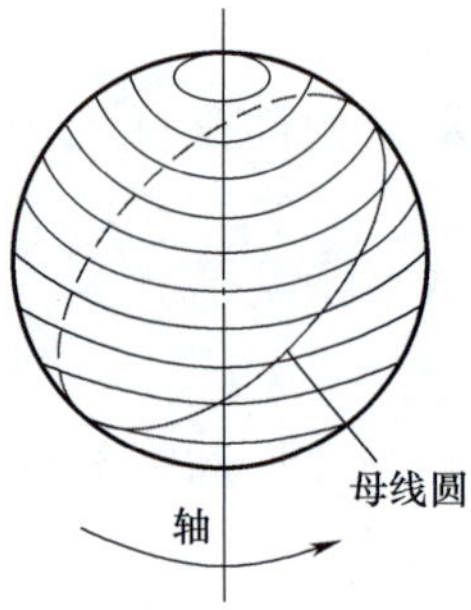

图 2-55　圆球的组成和几何特征

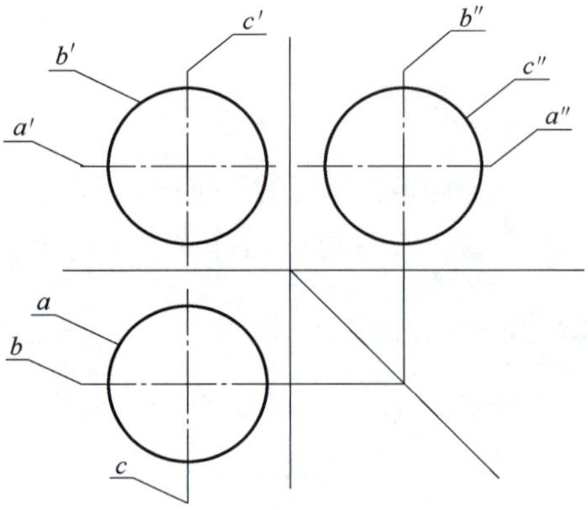

图 2-56　圆球的投影

五、曲面体表面上点和直线的投影

曲面体上点和直线的投影

1. 位于有积聚性的曲面体表面上的点或直线——积聚性法

如图 2-57 所示，已知圆柱表面上一点 K 的正面投影 k'，求作点 K 的另两个投影。

点所在位置和可见性分析：由于点 K 在圆柱面上，因此可以利用积聚性法求解。先作出它的水平投影，再用“二补三”的投影规律作出侧面投影。

作图步骤如下：

① 从 k' 的位置向水平投影方向作投射线与前半个圆周相交，得到水平投影 k，如

图 2-58（a）所示。

② 用“二补三”的投影规律，从 k' 和 k 的位置向侧面作投影，找到侧面投影 k''，如图 2-58（b）所示。

③ 因为点 K 在右半个圆柱上，所以 k'' 不可见，如图 2-58（c）所示。

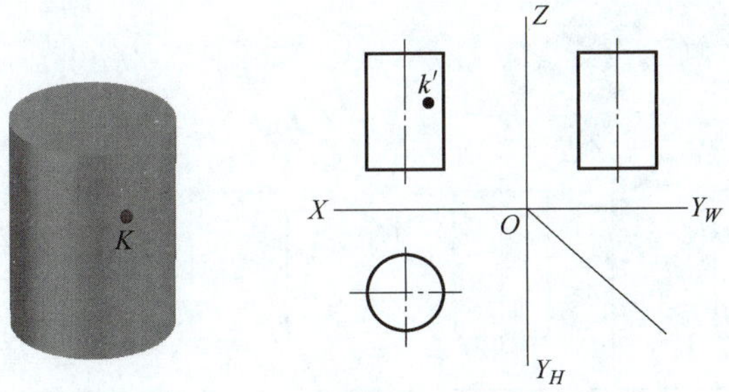

(a) 直观图　　(b) 已知投影图

图 2-57　圆柱表面上一点的直观图和已知投影图（积聚性法）

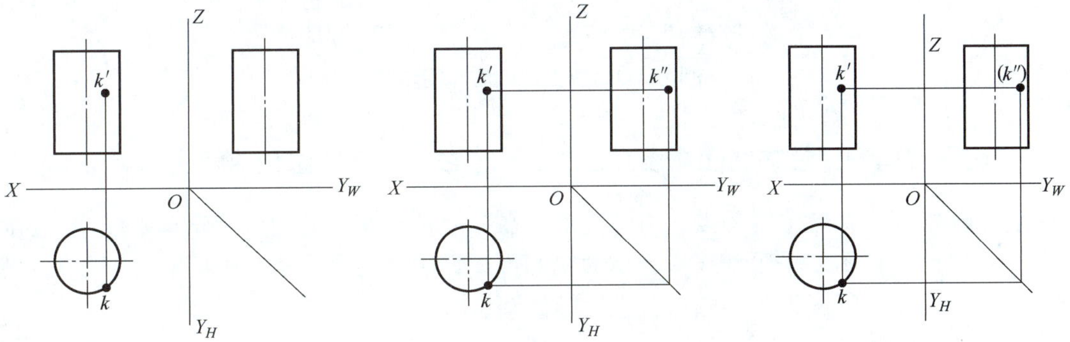

(a) 求出水平投影 k　　(b) 求出侧面投影 k''　　(c) 判断可见性

图 2-58　积聚性法作图步骤

2. 位于曲面体轮廓素线上的点或直线——线上定点法

如图 2-59 所示，已知圆柱表面上一点 G 的正面投影 g'，求作点 G 的另两个投影。

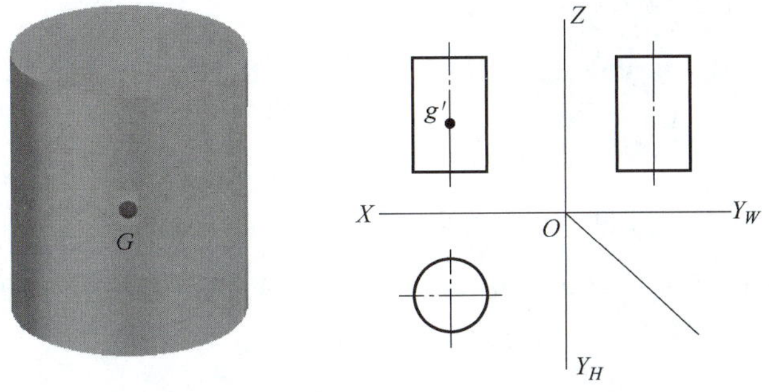

(a) 直观图　　(b) 已知投影图

图 2-59　圆柱表面上一点的直观图和已知投影图（线上定点法）

点所在位置和可见性分析：由于点 G 在最前轮廓素线上，因此可以利用线上定点法求解。先作出它的水平投影，再用“二补三”的投影规律作出侧面投影。

作图步骤如下：

① 由于 G 是最前轮廓素线上的点，因此其水平投影 g 在竖向点画线与圆周的前面交点处，如图 2-60（a）所示。

② 根据投影关系，侧面投影 g''在轮廓线上，如图 2-60（b）所示。

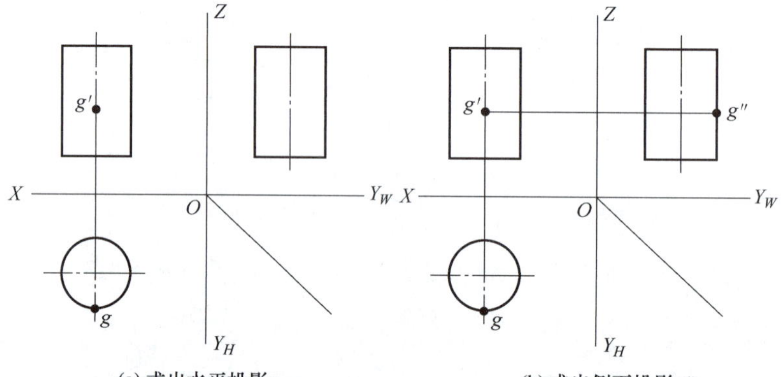

(a) 求出水平投影g　(b) 求出侧面投影g''

图 2-60　线上定点法作图步骤

3. 位于没有积聚性的曲面体表面上的点或直线——素线法和纬圆法

对于圆锥面上一般位置的点，由于圆锥面在三个投影面上的投影都没有积聚性，因此必须采用辅助线作图。采用素线作为辅助线的作图方法称为素线法；采用垂直于轴线的圆作为辅助线的作图方法称为纬圆法，也称辅助圆法。

如图 2-61 所示，已知圆锥表面上一点 M 的正面投影 m'，试用素线法和纬圆法求出点 M 的另两个投影。

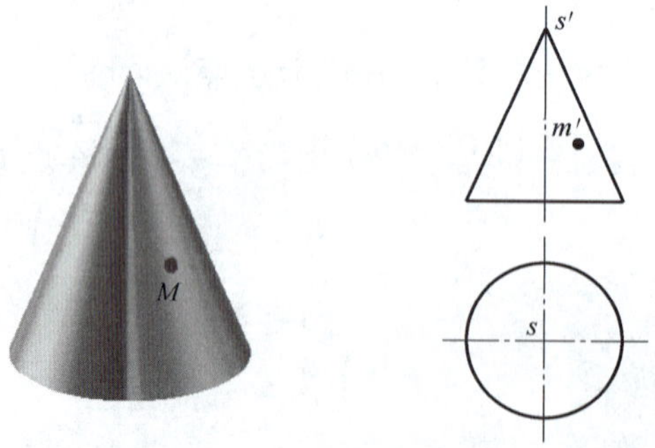

(a) 直观图　(b) 已知投影图

图 2-61　圆锥表面上一点的直观图和已知投影图（素线法和纬圆法）

（1）素线法

作图步骤如下：

如图 2-62（a）所示，连接 s'和 m'并延长交底面于 l'，作出辅助线 $s'l'$；自 l'向下作垂线，交水平投影前半个圆周于 l，连接 sl；再由 m' 向下作垂线，与 sl 相交，即可求出水平投影 m。根据三面投影关系求出 l''，作出辅助线 $s''l''$，再求出 m''。

（2）纬圆法

作图步骤如下：

如图 2-62（b）所示，在正面投影中作出过已知点的纬圆的投影，由于纬圆所在平面是水平面，因此其在正投影面积聚为一条线；在正面投影上过 m' 作水平线，交 $s'a'$ 于 l'，则对应的 M 点和 L 点都是纬圆上的点；为了作出纬圆在水平面上的投影，自 l' 向下作投射线得到 l，以 s 为圆心，以 l 为圆上一点作纬圆，然后自 m' 向下作投射线与纬圆相交于两点，由于点 M 在前半个圆锥面上，因此在两个交点中选择前面的交点作为水平投影 m。然后根据“二补三”的投影规律求出侧面投影 m''。

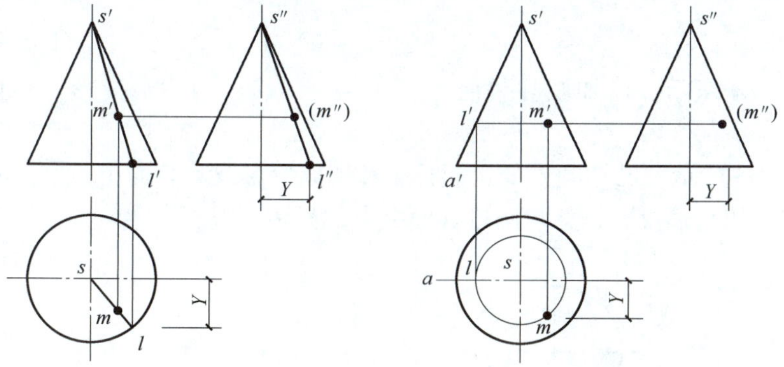

图 2-62　素线法和纬圆法作图步骤

任务实施

按照任务要求，绘制图 2-48 所示曲面体的投影，并作出曲面体表面上点的投影，完成效果如图 2-63 所示。

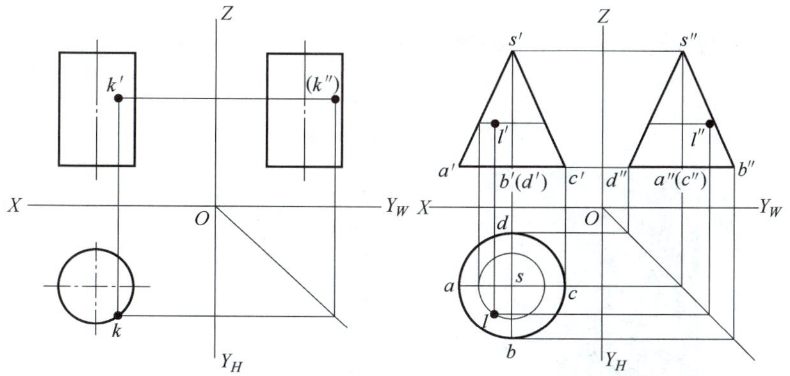

图 2-63　曲面体及其表面上点的投影完成效果

两人一组，从纬圆的绘制、投影点位置的判断及投影点的标注等方面进行作品互评，具体评分标准如表 2-5 所示。

表 2-5　　作品评分表

活动	项目	得分
绘制曲面体及其表面上点的投影（10 分）	纬圆的绘制正确（2 分）	
	根据可见性判断投影点的位置（2 分）	
	投影点的标注正确（2 分）	
	点的第三面投影的位置正确（2 分）	
	点的第三面投影的标注正确（2 分）	
总分		

强化练习

作图题

1. 如图 2-64 所示，已知圆柱表面上点 A、B、C、D 的一个投影，求它们的另两个投影。

2. 如图 2-65 所示，已知圆锥的正面投影和侧面投影及其表面上点 A、B、C、D 的一个投影，求圆锥的水平投影，并求圆锥表面上点的另两个投影。

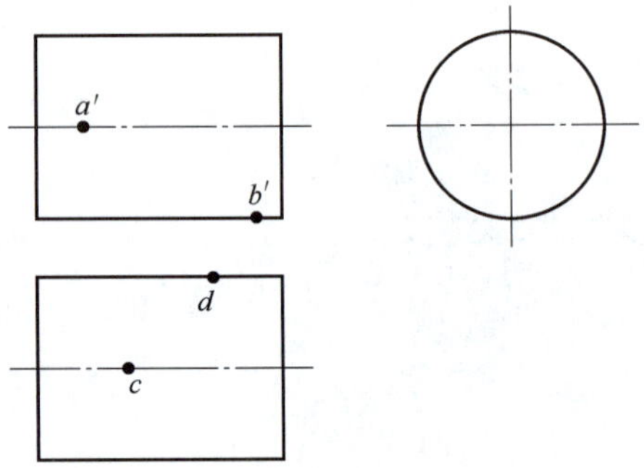

图 2-64　绘制圆柱表面上点的投影

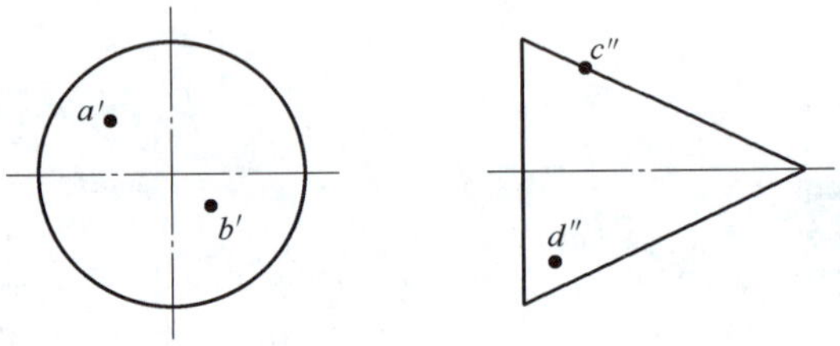

图 2-65　绘制圆锥及其表面上点的投影

3. 如图 2-66 所示，已知圆柱表面上线 EGF 的正面投影 $e'g'f'$，求它们的另两个投影。

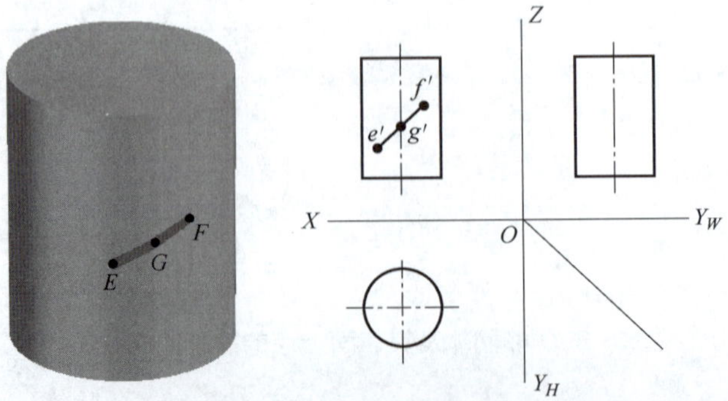

图 2-66　绘制曲面体表面上线的投影

任务拓展

图 2-67 所示为一圆柱截交线直观图及部分投影图，求作圆柱截交线的投影。

绘制圆柱截交线投影

(a) 直观图　　(b) 部分投影图

图 2-67　圆柱截交线直观图及部分投影图

任务六
绘制组合体的投影

思维导图

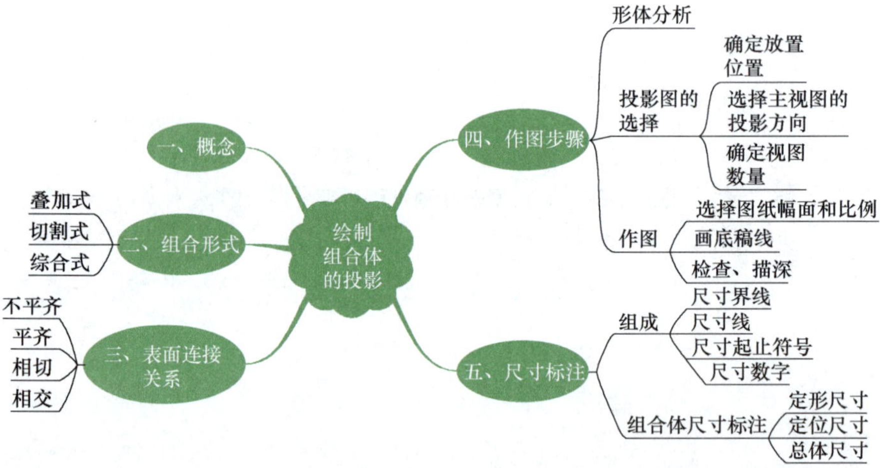

任务引入

本次任务是绘制图2-68所示窨井组合体的投影并进行尺寸标注。

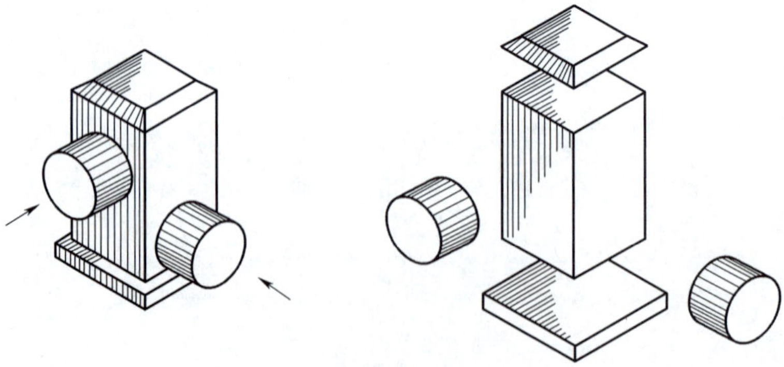

图2-68 窨井组合体

任务分析

建筑基本形体包括柱体、锥体、球体等简单的几何体，任何复杂的建筑形体均可简化为基本形体的组合。组合后，建筑物有丰富多样的空间效果，建筑物在功能上得到最大程度的满足。其外部形象和标志性特征直接决定了建筑物在城市环境中的形象和辨识度。

组合体的投影图绘制

一、组合体的组合形式

从形体构成来看，组合体可以分为叠加式组合体、切割式组合体和综合式组合体（既有叠加，又有切割）。

1. 叠加式组合体

叠加式组合体由一些基本体叠加而成。如图 2-69 所示，组合体由三个四棱柱和一个四棱台叠加而成。

2. 切割式组合体

切割式组合体是由一个基本体经过切割而成的形体，如图 2-70 所示。

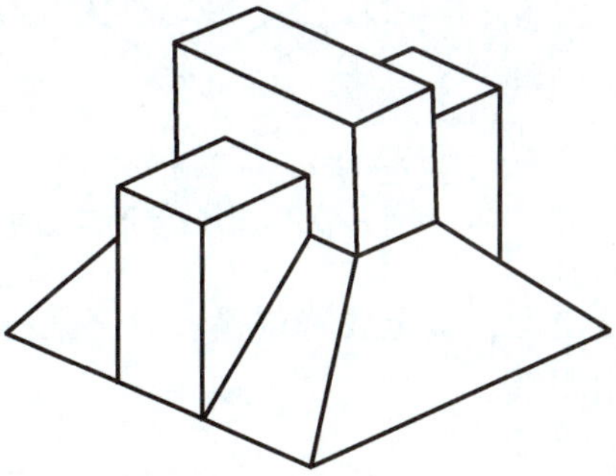

图 2-69　叠加式组合体

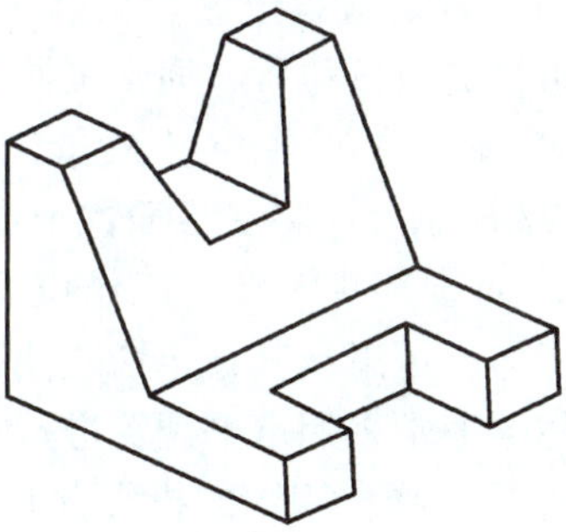

图 2-70　切割式组合体

3. 综合式组合体

综合式组合体中既有叠加，又有切割，如图 2-71 所示。

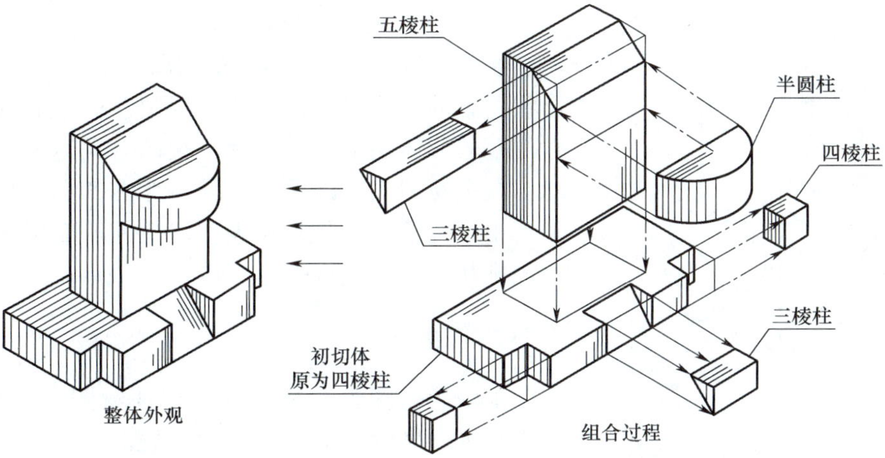

图 2-71　综合式组合体

二、组合体的投影

1. 形体分析

将一个复杂形体分解成若干简单形体，并分析这些简单形体的形状、相对位置、组合方式、交线情况，从而形成对整个组合体的完整概念。作图前，首先要对组合体进行形体分析，这一步骤能够确保正确、快速地画好组合体的视图，从而进行后续的作图、看图和标注尺寸等工作。

如图 2-72 所示，该组合体由五个基本形体组成，包括两个棱柱、一个棱台和两个圆柱。

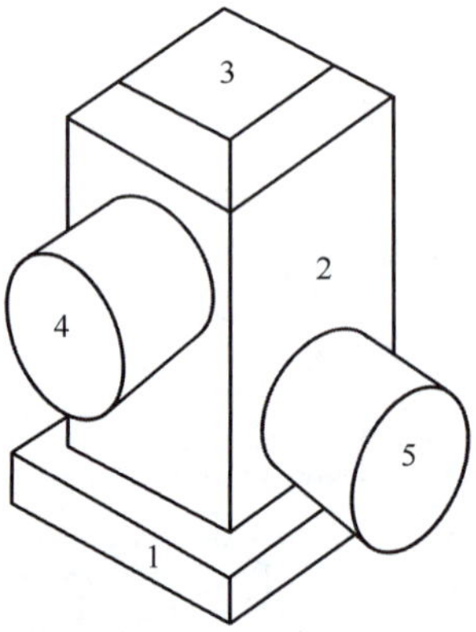

1，2—棱柱；3—棱台；4，5—圆柱。

图 2-72　组合体形体分析

2. 投影图的选择

（1）确定放置位置

形体的放置位置，通常按照下列顺序确定：

① 按正常工作位置放置，以便于阅读和施工。如图 2-73 所示，应将底板面置于水平位置。

② 对于某些无确定工作位置且没有固定加工制作方式的形体，可以从其稳定性或使视图反映实形的角度出发，确定放置位置。对于某些细长类形体，通常采用水平位置进行放置，以便合理利用图纸。

（2）选择主视图的投影方向

主视图应能最大限度地反映组合体的结构形状特征、各部分相对位置及各部分之间的连接关系。此外，还应使其余两个视图的绘制方便、虚线尽量少、布图合理等。从上述要求考虑，如图 2-73 所示，该轴承座形体选取 *B* 方向作为主视图的投影方向时，其余两个视图没有虚线；选取 *A* 方向作为主视图的投影方向时，左视图有虚线。所以应该选择 *B* 方向作为主视图的投影方向。

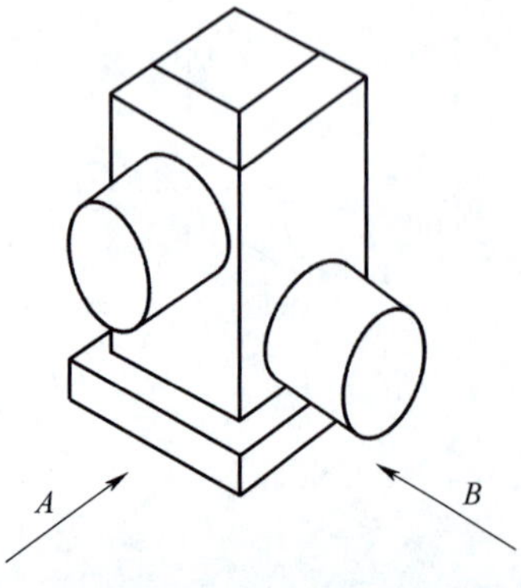

图 2-73　确定放置位置并选择主视图的投影方向

（3）确定视图数量

通常情况下，一般取三个视图表达一个基本体，形状简单的物体也可以取两个视图，如果需要标注尺寸，有的形体甚至只需要一个视图。表达一个组合体时，在主视图确定以后，还需要考虑各简单形体形状及其相互位置有哪些未能表达清楚，从而确定还需要通过哪几个视图进行表达。

3. 作图

正确的作图方法和步骤是保证绘图质量的关键。在绘制组合体时，应分清主次，先画主要部分，后画次要部分。在处理每一组成部分时，应先画能反映该部分形状特征的视图，后画其他视图。为了确保准确性，必须严格按照投影关系，将三个视图配合起来，画出每个组成部分的投影。

(1) 选择图纸幅面和比例

根据实物的长、宽、高和选定的图纸幅面（符合国家和行业制图标准的有关规定）确定比例。比例确定后，需要算出三个视图所占的面积，并在视图间预留适当的空隙，用于后续标注尺寸。

(2) 布置视图

根据已定的图纸幅面、比例以及各视图各个方向的最大尺寸，定出各个视图的位置。

(3) 作图步骤

① 画底稿线。先画各视图的轴线、中心线或主要轮廓线。

② 逐个画出各基本体的各个视图。可以先画主要部分，后画次要部分；先画形体外部，后画形体内部。

③ 检查无误后，标注尺寸，最后描深。

三、组合体表面连接关系

1. 不平齐

两个基本体组合在一起，当它们的相邻表面不平齐时，两表面之间存在分界线，在三视图中必须画出该线。如图 2-74 所示，上面四棱柱四周表面和底板的棱面 B 不在同一平面内，因此二者是不平齐的，在主视图中应画出两个形体表面的分隔线。

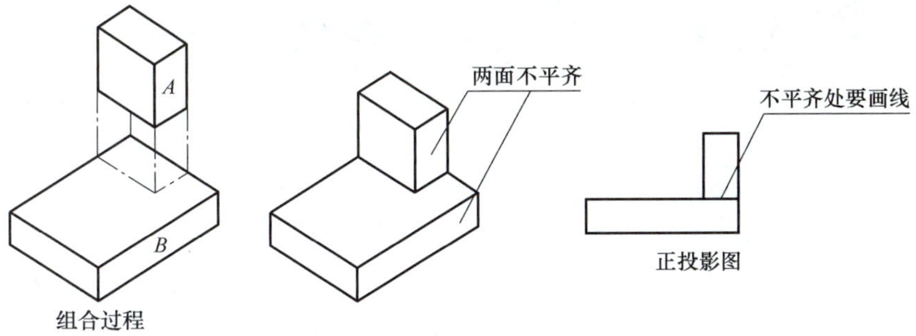

图 2-74　两基本体相邻表面不平齐

2. 平齐

两个基本体组合在一起，当它们的某些相邻表面平齐时，两表面之间不存在分界线，在三视图中不应画出该线，如图 2-75 所示。

3. 相切

当两个基本体的表面圆滑过渡时，相切处不存在轮廓线，故相切处不应画线，如图 2-76 所示。

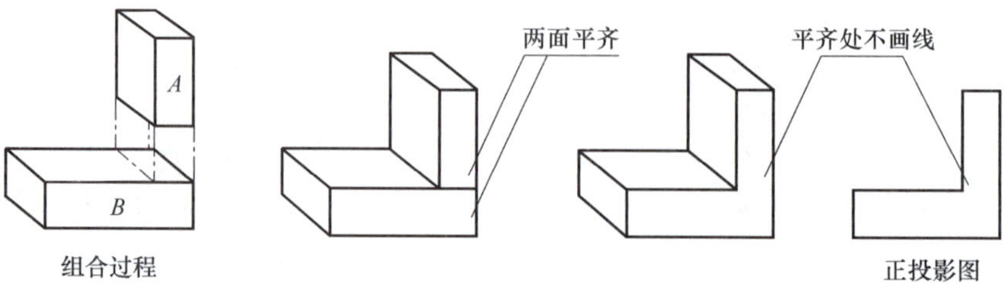

图 2-75　两基本体相邻表面平齐

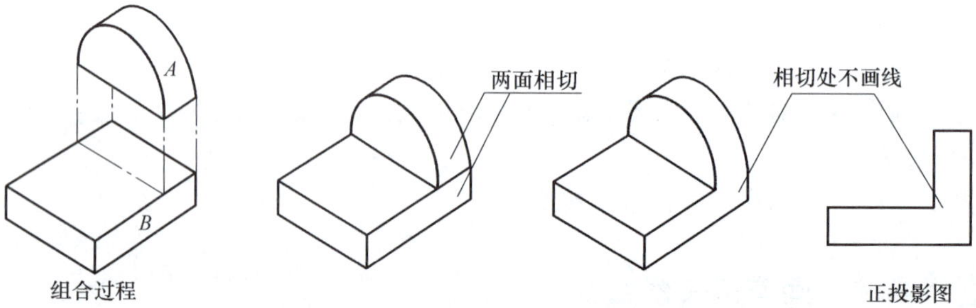

图 2-76　两基本体相邻表面相切

4. 相交

当两个基本体的相邻表面相交时，由于相交处产生交线，因此作图时必须画出交线的投影，如图 2-77 所示。

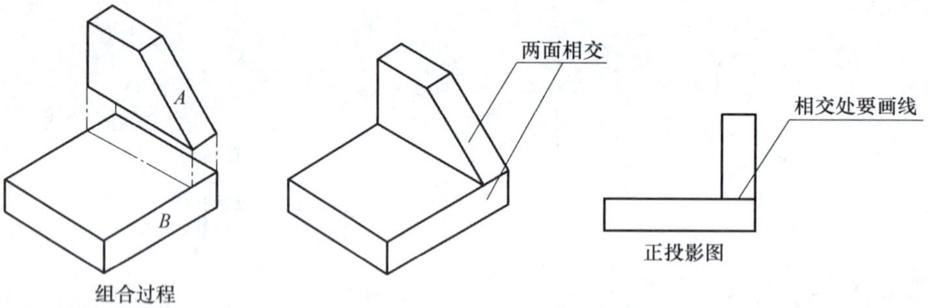

图 2-77　两基本体相邻表面相交

四、组合体的尺寸标注

组合体的尺寸标注

组合体的视图只能表示形体的形状，而形体的大小和各组成部分的相对位置则由视图上标注的尺寸确定。尺寸是生产制作和施工的依据，标注尺寸时，任何疏忽都可能造成重大的损失。组合体视图尺寸标注的思路和组合体的画法相似，应根据每一组成部分的形状，逐一进行标注。

组合体的尺寸标注应符合国家标准和行业制图标准的有关规定。各组成部分的形状、大小及相对位置的尺寸标注应完整，读图时应能直接读出各部分的尺寸，无须临时计算。

完整的尺寸应包括定形尺寸、定位尺寸和总体尺寸，所有尺寸在视图中的位置应明显，尺寸布置应整齐，以便于阅读。

1. 尺寸标注组成

图样中标注的尺寸一般应包括尺寸界线、尺寸线、尺寸起止符号和尺寸数字，如图 2-78 所示。尺寸界线应用细实线绘制，一般应与被注长度垂直，其一端应离开图样轮廓线不小于 2mm，另一端宜超出尺寸线 2～3mm。尺寸线也用细实线绘制，并与被注长度平行。有时图样轮廓线也可用作尺寸界线，但是图样上的任何图线都不得用作尺寸线。尺寸线与尺寸界线的交点是尺寸的起止点，一般用中粗斜短线绘制，其倾斜方向应与尺寸界线呈顺时针 45°，长度宜为 2～3mm。

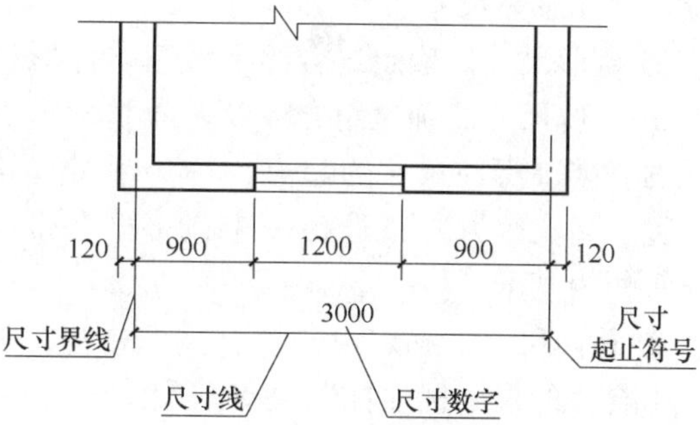

图 2-78　尺寸标注组成

2. 基本体的尺寸标注

标注组合体的尺寸时，应先进行基本体的尺寸标注。基本体的尺寸标注如图 2-79 所示。

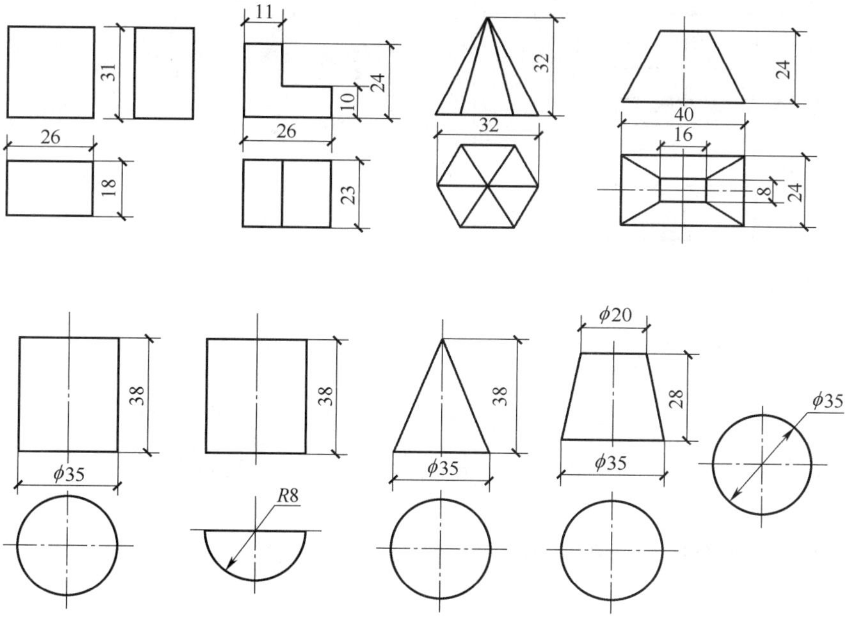

图 2-79　基本体的尺寸标注

由图 2-79 可以看出，柱体、台体要标注底面形状尺寸和上、下底面间的垂直距离；锥体要标注底面形状尺寸和底面到锥顶的距离；圆球只需标注球面的直径即可。

3. 组合体的尺寸标注

组合体是由若干基本体按一定的方式组合而成的，标注尺寸时应根据形体分析的原则，逐个标出各基本体的定形尺寸和定位尺寸，然后标出组合体的总体尺寸。

进行组合体尺寸标注时，为了确保标注尺寸齐全，应全面考虑并准确标注定形尺寸、定位尺寸和总体尺寸。

① 定形尺寸。确定组合体上各基本体形状大小的尺寸。

② 定位尺寸。确定组合体各基本体之间相对位置的尺寸。确定定位尺寸时，应选择合适的基准（标注尺寸的起点，称为尺寸基准）。进行尺寸标注时，应在各个方向（即长、宽、高三个方向）选择一个或多个基准，通常将较大的平面、对称平面、轴线、中心线等作为基准。

③ 总体尺寸。确定组合体总长、总宽、总高的尺寸。

组合体的尺寸标注如图 2-80 所示。

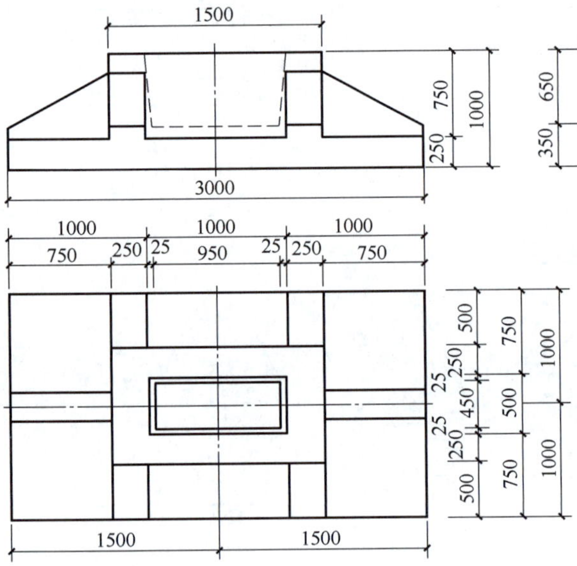

图 2-80　组合体的尺寸标注

任务实施

按照任务要求，绘制图 2-68 所示窨井组合体的投影，并进行尺寸标注，完成效果如图 2-81 所示。

两人一组，从组合体投影的绘制及尺寸标注等方面进行作品互评，具体评分标准如表 2-6 所示。

表 2-6　作品评分表

活动	项目	得分
组合体投影的绘制和尺寸标注（10 分）	组合体投影的绘制正确（3 分）	
	尺寸标注数值正确（2 分）	

续表

活动	项目	得分
组合体投影的绘制和尺寸标注（10 分）	尺寸标注位置正确（2 分）	
	尺寸标注完整（3 分）（漏掉一处扣 0.5 分）	
总分		

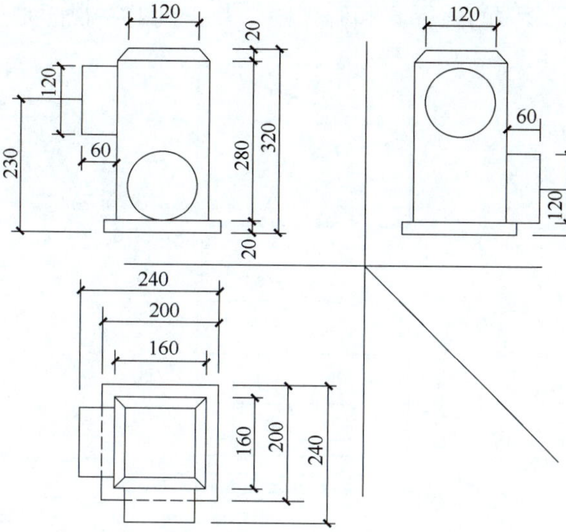

图 2-81　窨井组合体的投影及尺寸标注完成效果

强化练习

单选题

1. 组合体的组合方式包括叠加式、切割式、（　　）。

A. 综合式　　B. 挖切式　　C. 附加式　　D. 单一式

2. 绘制组合体视图时，应先进行（　　）。

A. 尺寸分析　　B. 线形分析　　C. 视图选择　　D. 形体分析

3. 根据图 2-82 所示形体的主视图和俯视图，其正确的左视图是（　　）。

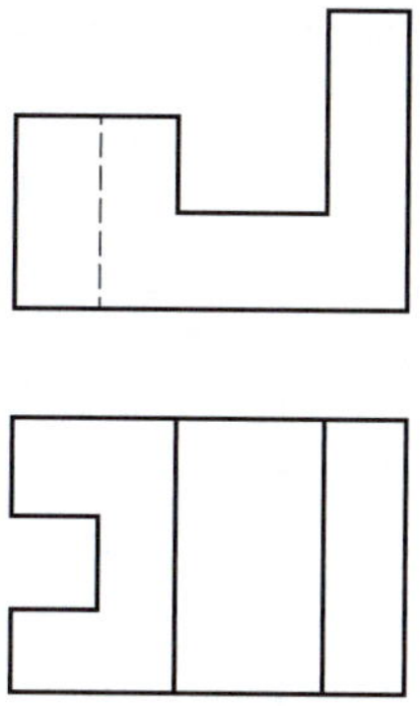

图 2-82　形体的主视图和俯视图

A.
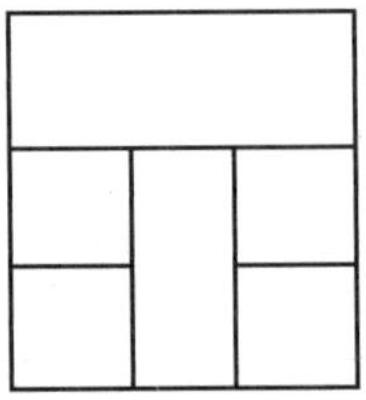
B.
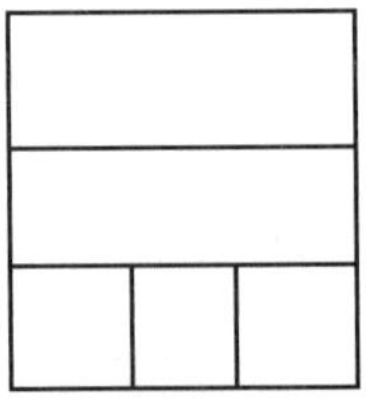
C.
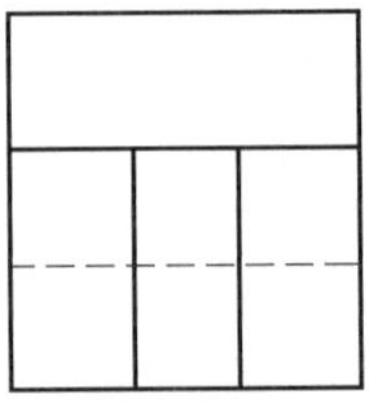
D.
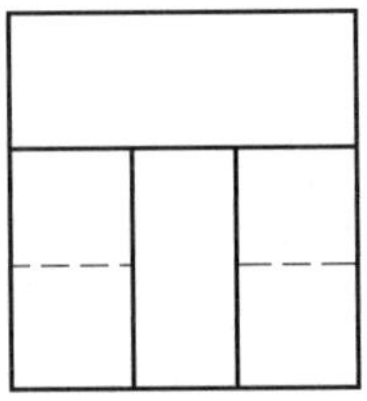

4. 根据图 2-83 所示形体的主视图和俯视图，其正确的左视图是（　　）。

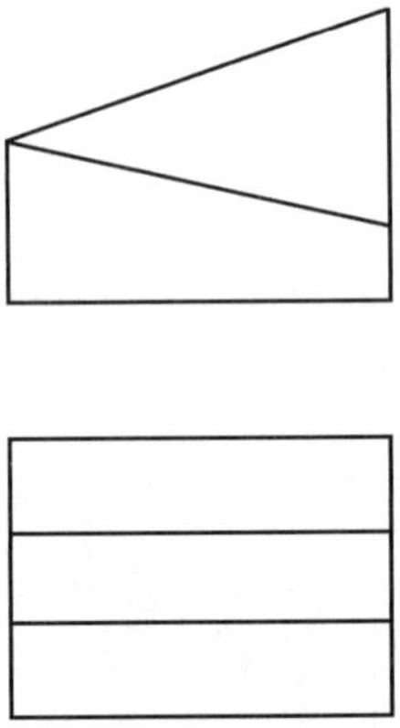

图 2-83　形体的主视图和俯视图

A.
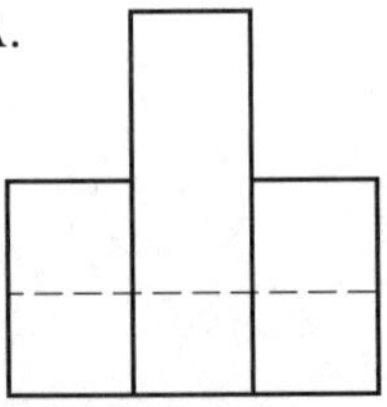
B.
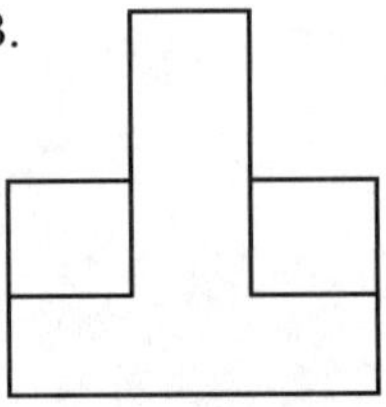
C.
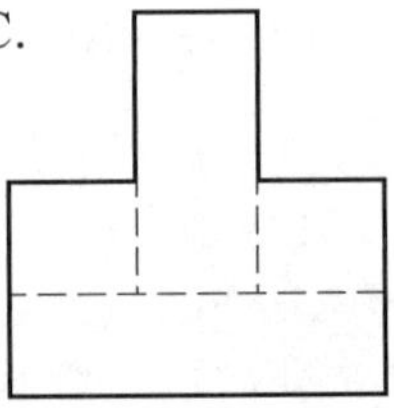
D.
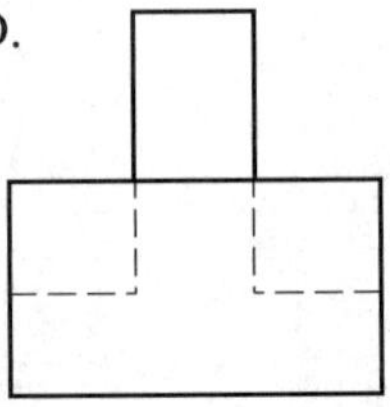

5. 根据图 2-84 所示形体的主视图和俯视图，其正确的左视图是（　　）。

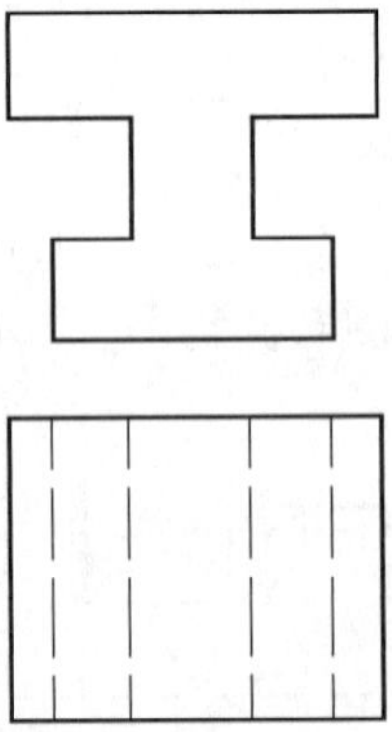

图 2-84　形体的主视图和俯视图

A.
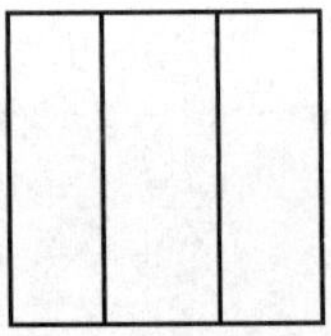
B.
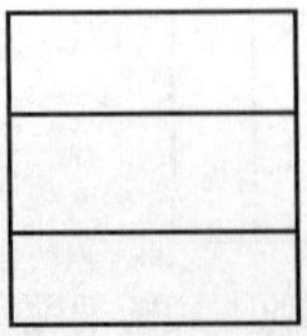
C.
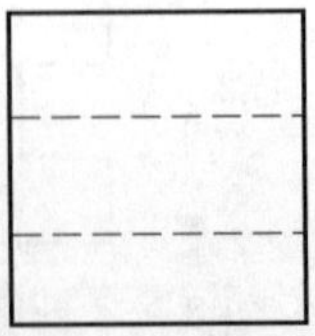
D.
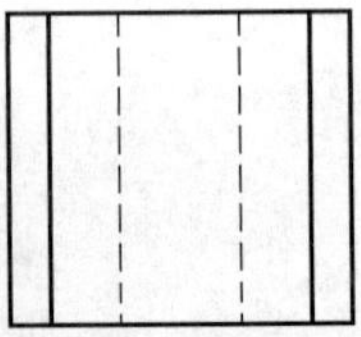

任务拓展

画出图 2-85 所示组合体的三视图并标注尺寸。

绘制组合体的投影

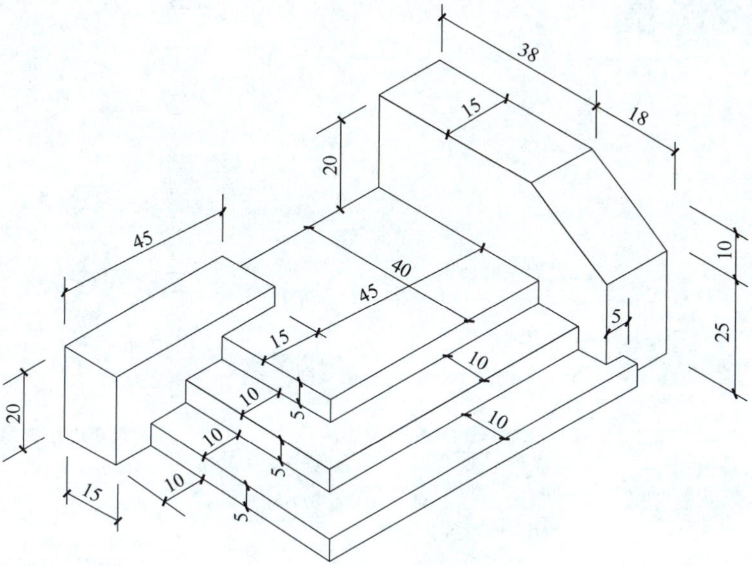

图 2-85　组合体三维视图

任务七
绘制轴测投影图

思维导图

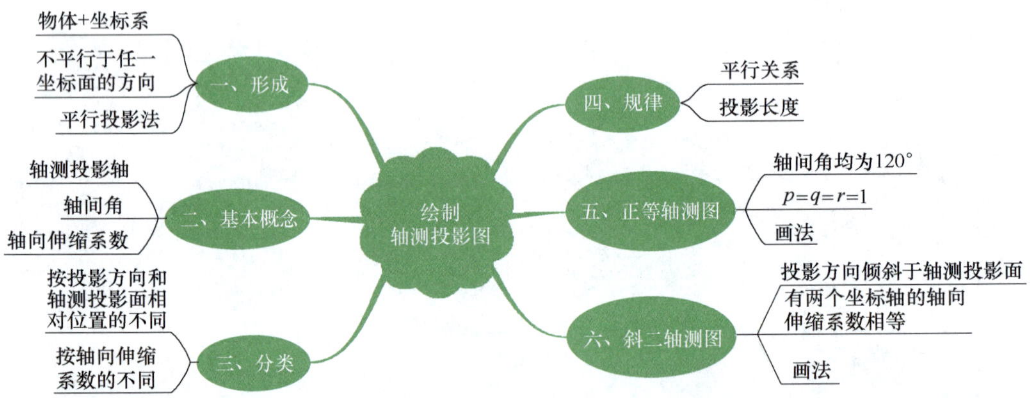

任务引入

根据图 2-86 所示正六棱柱的两个投影图，绘制其正等轴测图；根据图 2-87 所示形体的两个投影图，绘制其斜二轴测图。

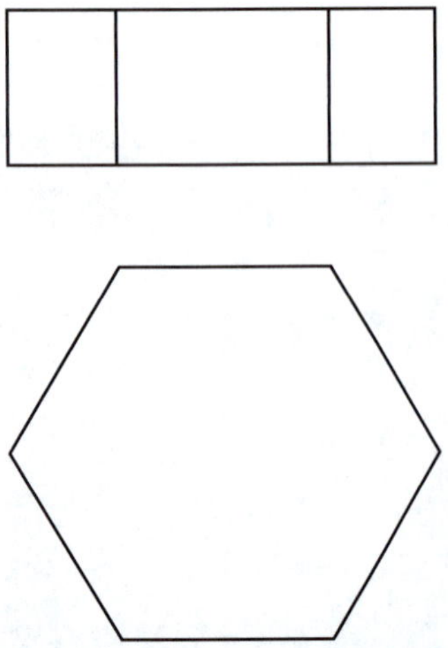

图 2-86　正六棱柱的投影图

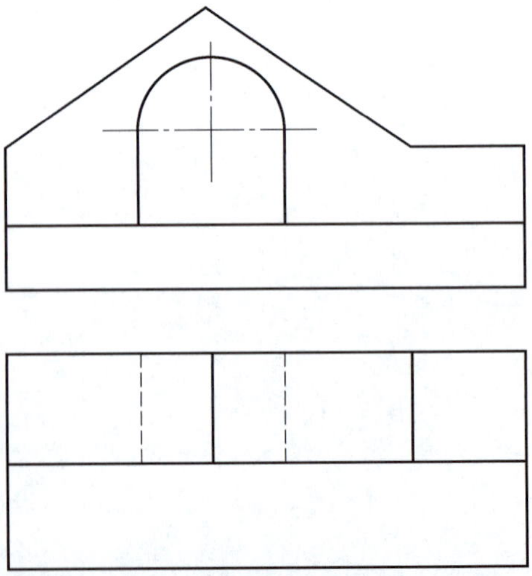

图 2-87　形体的投影图

任务分析

轴测图的形成与分类

一、轴测图概述

1. 轴测图的形成

将物体和确定其空间位置的直角坐标系沿不平行于任一坐标面的方向，用平行投影法将其投射在单一投影面上所得的具有立体感的图形叫作轴测图。

2. 轴测图的基本概念

（1）轴测投影轴

O_1X_1、O_1Y_1、O_1Z_1 为坐标轴在投影面上的投影，称为轴测投影轴，简称轴测轴。

（2）轴间角

$\angle X_1O_1Y_1$、$\angle X_1O_1Z_1$、$\angle Y_1O_1Z_1$ 为轴测轴间的夹角，称为轴间角。

（3）轴向伸缩系数

物体上平行于坐标轴的线段在轴测图上的长度与实际长度之比称为轴向伸缩系数。OX、OY、OZ 三轴的轴向伸缩系数分别用字母 p、q、r 表示，$p=\dfrac{OX}{O_1X_1}$；$q=\dfrac{OY}{O_1Y_1}$；$r=\dfrac{OZ}{O_1Z_1}$。

3. 轴测图的分类

根据投影方向和轴测投影面相对位置的不同，轴测图可以分为正轴测图和斜轴测图。

（1）正轴测图

当投影方向 S 垂直于轴测投影面时，可得到正轴测投影图，简称正轴测图。此时，三个坐标平面不平行于轴测投影面。根据轴向伸缩系数，正轴测图又分为正等轴测图、正二轴测图和正三轴测图。

① 当 $p=q=r$ 时，为正等轴测图，简称正等测。

② 当 $p=q\neq r$，或 $q=r\neq p$，或 $p=r\neq q$ 时，为正二轴测图，简称正二测。

③ 当 $p\neq q\neq r$ 时，为正三轴测图，简称正三测。

思政：站在不同的角度看问题

（2）斜轴测图

当投影方向 S 不垂直于轴测投影面时，可得到斜轴测投影图，简称斜轴测图。根据轴向伸缩系数，斜轴测图又分为斜等轴测图、斜二轴测图、斜三轴测图。

① 当 $p=q=r$ 时，为斜等轴测图，简称斜等测。

② 当 $p=q\neq r$，或 $q=r\neq p$，或 $p=r\neq q$ 时，为斜二轴测图，简称斜二测。

③ 当 $p\neq q\neq r$ 时，为斜三轴测图，简称斜三测。

其中，正等轴测图和斜二轴测图在工程上经常使用，本教材主要介绍这两种轴测图的绘制方法。

4. 轴测图的投影特性

（1）平行性

两直线平行，它们的轴测投影也平行。

（2）等比性

物体上互相平行的线段，在轴测图中具有相同的轴向伸缩系数，线段的轴测投影长度等于实际长度乘以轴向伸缩系数。

（3）显实性

凡是与坐标轴平行的直线，都可以在轴测图上沿轴向进行度量和作图。

二、正等轴测图

绘制正等轴测图

1. 轴间角及轴向伸缩系数

在正等轴测投影中，当我们把物体连同空间直角坐标系一起倾斜到某一角度时，使得三个坐标轴上的单位长度投影到轴测投影面上的长度相同，但其图形尺寸会缩小至原图的0.82倍。为了作图方便，使轴测图与原图尺寸保持一致，作图时可将投影到轴测投影面上的尺寸放大1.22倍。轴向伸缩系数取 $p=q=r=1$；轴间角取 $\angle X_1O_1Y_1=\angle X_1O_1Z_1=\angle Y_1O_1Z_1=120°$；$Z_1$ 轴垂直画出，X_1 轴和 Y_1 轴均与水平线呈30°，如图2-88所示。

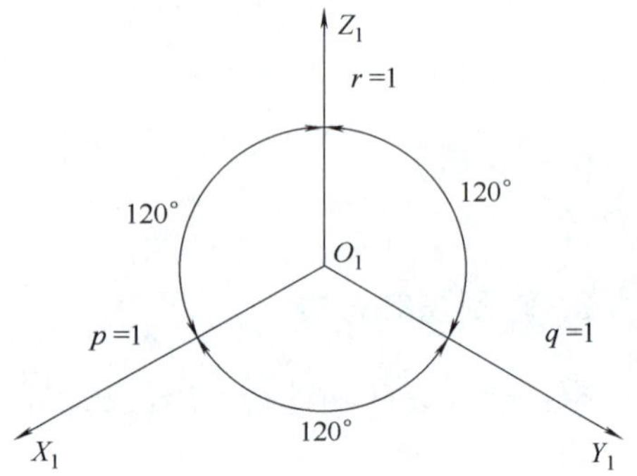

图2-88　正等轴测图的轴间角及轴向伸缩系数

2. 平面立体的正等轴测图画法

平面立体正等轴测图的常用画法有坐标法、切割法和特征面法。在实际作图时，应根据形体特点的不同灵活进行选用。为了使图形清晰，作图时应尽量减少不必要的辅助线，一般先从可见部分作图。同时，要合理利用轴测图的投影特性（平行性等）简化作图。

（1）坐标法

使用坐标法时，应先建立轴测坐标系。画图时，先沿坐标轴测量出各顶点的坐标，然后沿着对应的轴测轴画出各顶点的轴测图，最后将对应点用直线连接。

[例]　如图2-89（a）所示，已知三棱锥的两面正投影图，用坐标法绘制三棱锥的正等轴测图。

分析：首先想象空间形体，先通过坐标法选定原点及坐标轴，按各点坐标沿轴度量，画出底部△ABC 并定出锥顶 S，连接各点即可作出正等轴测图。

作图步骤如下：

① 在两面正投影图上选定坐标原点和坐标轴，如图2-89（b）所示。

② 建立轴测坐标系，如图2-89（c）所示。

③ 量取尺寸，沿着对应的轴测轴画出各顶点的轴测投影，如图 2-89（d）所示。

④ 画出底部△*ABC* 并定出锥顶 *S*，如图 2-89（e）所示。

⑤ 从 *S* 点连接各点即可作出轴测图，得到形体的轮廓，如图 2-89（f）所示。

⑥ 擦去多余的线并加深轮廓线，即可完成三棱锥的正等轴测图，如图 2-89（g）所示。

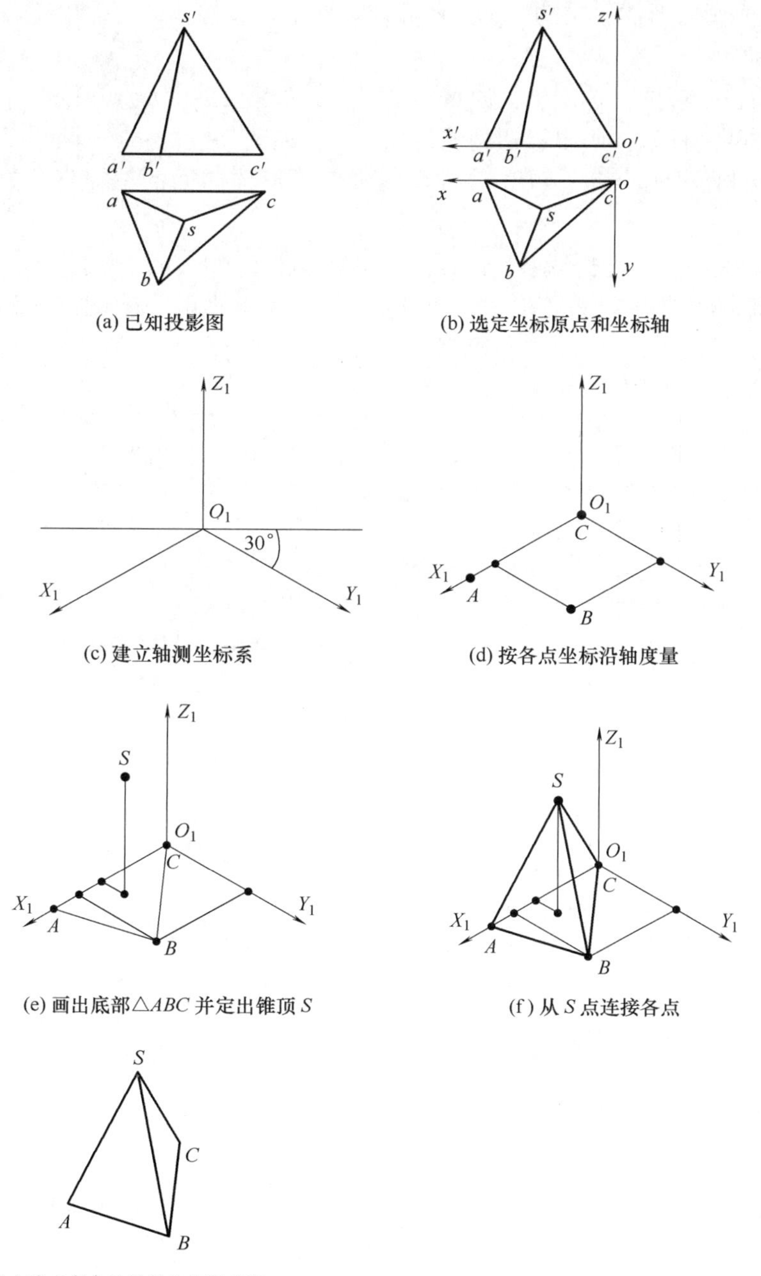

(a) 已知投影图　(b) 选定坐标原点和坐标轴

(c) 建立轴测坐标系　(d) 按各点坐标沿轴度量

(e) 画出底部△*ABC* 并定出锥顶 *S*　(f) 从 *S* 点连接各点

(g) 擦去多余的线并加深轮廓线

图 2-89　坐标法绘制三棱锥正等轴测图

(2) 切割法

当物体由基本体经切割而成时，可先画出基本体的原体，再依次画出切割处的形体，最后完成正等轴测图，这种方法称为切割法。

[例] 如图 2-90（a）所示，已知形体的三面正投影图，用切割法绘制形体的正等轴测图。

分析：该形体可以看作是将一个长方体前面斜切一个三棱柱，上面挖去一个三棱柱后形成的。可以先画出形体原来的样子，然后切去两个三棱柱，即可作出正等轴测图。

作图步骤如下：

① 在三面正投影图上选定坐标原点和坐标轴，如图 2-90（b）所示。

② 建立轴测坐标系，画出被切割前的长方体，如图 2-90（c）所示。

③ 按各点坐标沿轴度量，在正等轴测图中切去形体前面的三棱柱，如图 2-90（d）所示。

④ 在正等轴测图中挖去形体上面的三棱柱，如图 2-90（e）所示。

⑤ 擦去多余的线并加深轮廓线，即可完成该形体的正等轴测图，如图 2-90（f）所示。

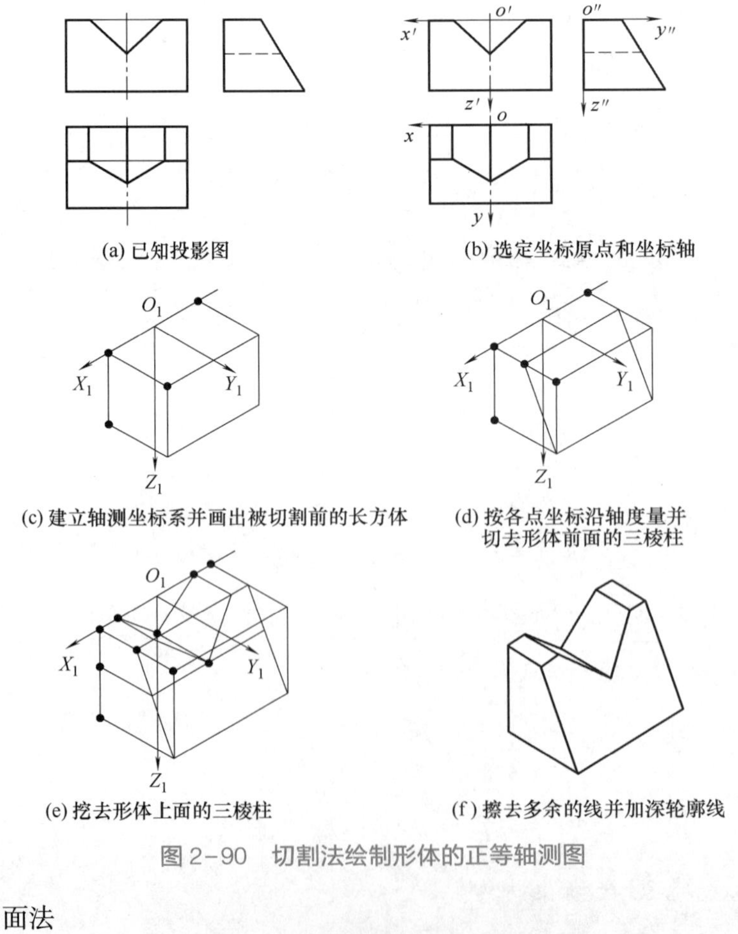

图 2-90 切割法绘制形体的正等轴测图

(3) 特征面法

特征面法适用于绘制柱类形体的正等轴测图。使用特征面法时，可以先画出能够反映物体形状特征的一个可见的底面，然后画可见的棱线，再画出另一底面上可见的轮廓。

［**例**］ 如图2-91（a）所示，已知台阶的两面正投影图，用特征面法绘制其正等轴测图。

分析：首先想象空间形体，由两面投影图可知，该形体是有三级踏步的台阶。先利用特征面法绘制台阶前端面的正等轴测投影，如图2-91（b）所示；然后过端点画出台阶宽度，如图2-91（c）所示；最后连接后端面各点，如图2-91（d）所示。台阶的正等轴测图如图2-91（e）所示。

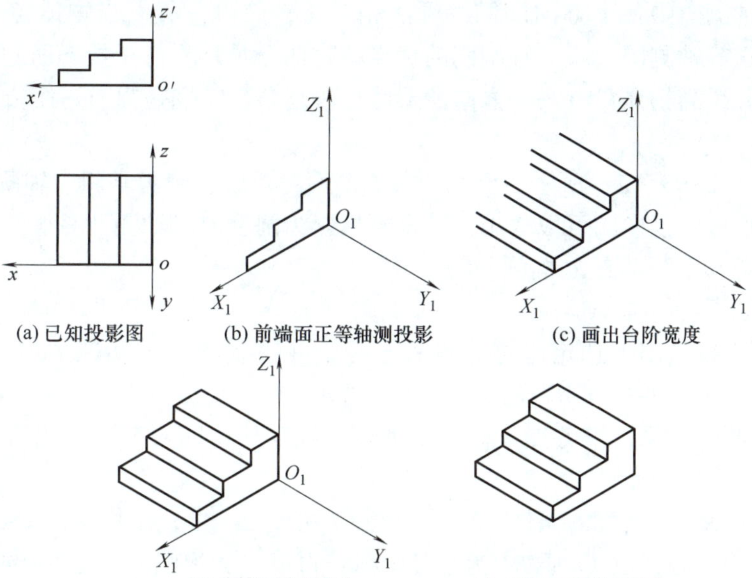

(a) 已知投影图　(b) 前端面正等轴测投影　(c) 画出台阶宽度

(d) 连接后端面各点　(e) 台阶的正等轴测图

图2-91　特征面法绘制形体的正等轴测图

三、斜二轴测图

绘制斜二轴测图

当投影方向 S 倾斜于轴测投影面，且有两个坐标轴的轴向伸缩系数相等时，所得到的投影图是斜二轴测投影图，简称斜二轴测图。其中，当 $p=q\neq r$ 时，坐标面 XOY 平行于轴测投影面，得到的是水平斜二轴测图；当 $p=r\neq q$ 时，坐标面 XOZ 平行于轴测投影面，得到的是正面斜二轴测图。

1. 轴间角及轴向伸缩系数

当某坐标面平行于轴测投影面时，根据显实性，该坐标面的两轴投影仍垂直，且两个坐标轴的轴向伸缩系数恒为1。作图时，水平斜二轴测图的轴间角如图2-92所示，OX_1 轴和 OZ_1 轴垂直，OY_1 轴与水平线呈45°。OX 轴和 OZ 轴的轴向伸缩系数取1，OY 轴

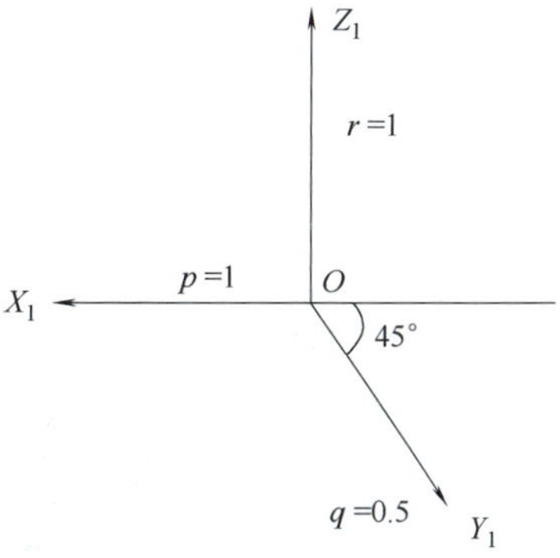

图2-92　水平斜二轴测图的轴间角及轴向伸缩系数

的轴向伸缩系数取 0.5，即 $p=r=1$，$q=0.5$。

2. 平面立体的斜二轴测图画法

平面立体的斜二轴测图的作图方法和步骤与正等轴测图大致相同，区别在于二者所画的轴间角和轴向伸缩系数不同。

3. 轴测图的选择

由于正等轴测图中各个方向的椭圆画法相对比较简单，所以当物体各个方向都有圆时，一般采用正等轴测图；斜二轴测图的优点是物体上凡是平行于投影面的平面在图上都反映实形，因此，当物体只有一个方向的形状比较复杂，特别是只有一个方向有圆时，常采用斜二轴测图。

[**例**] 如图 2-93（a）所示，已知圆柱的两面正投影，画出其斜二轴测图。

分析：由形体的投影图可以看出，其水平投影为圆，斜二轴测图是椭圆。可以用四心椭圆法（又称菱形法）来绘制椭圆。

作图步骤如下：

① 在两面正投影图上选定坐标原点和坐标轴并绘制圆的外切四边形，与圆交于 A、B、C、D 四点，如图 2-93（b）所示。

② 建立轴测坐标系，按各点坐标沿轴度量，画出外切四边形，定出 A、B、C、D 四点，如图 2-93（c）所示。

③ 连接 $A1$、$B1$、$2C$、$2D$，$A1$ 与 $2C$ 交于点 3，$B1$ 与 $2D$ 交于点 4，如图 2-93（d）所示。

④ 以点 1 为圆心，以 $A1$ 或 $B1$ 为半径画弧；再以点 2 为圆心，以 $2C$ 或 $2D$ 为半径画弧，如图 2-93（e）所示。

⑤ 以点 3 为圆心，以 $3A$ 或 $3C$ 为半径画弧；再以点 4 为圆心，以 $4B$ 或 $4D$ 为半径画弧，如图 2-93（f）所示。

⑥ 将圆柱的高度向底面坐标原点传递，用相同的方法画出圆柱底面的圆弧，并画出圆柱两边的轮廓线，如图 2-93（g）所示。

⑦ 擦去多余的线并加深轮廓线，即可完成已知圆柱的斜二轴测图，如图 2-93（h）所示。

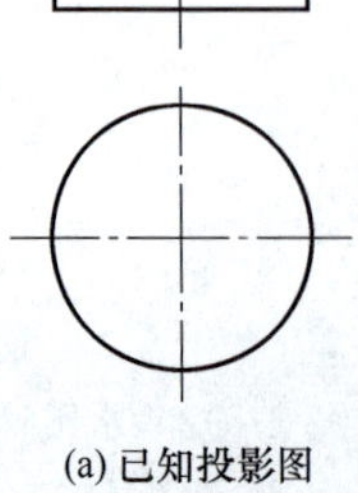

(a) 已知投影图

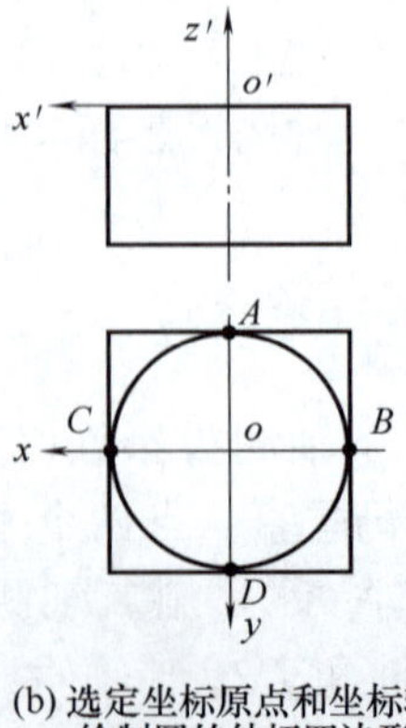

(b) 选定坐标原点和坐标轴并绘制圆的外切四边形

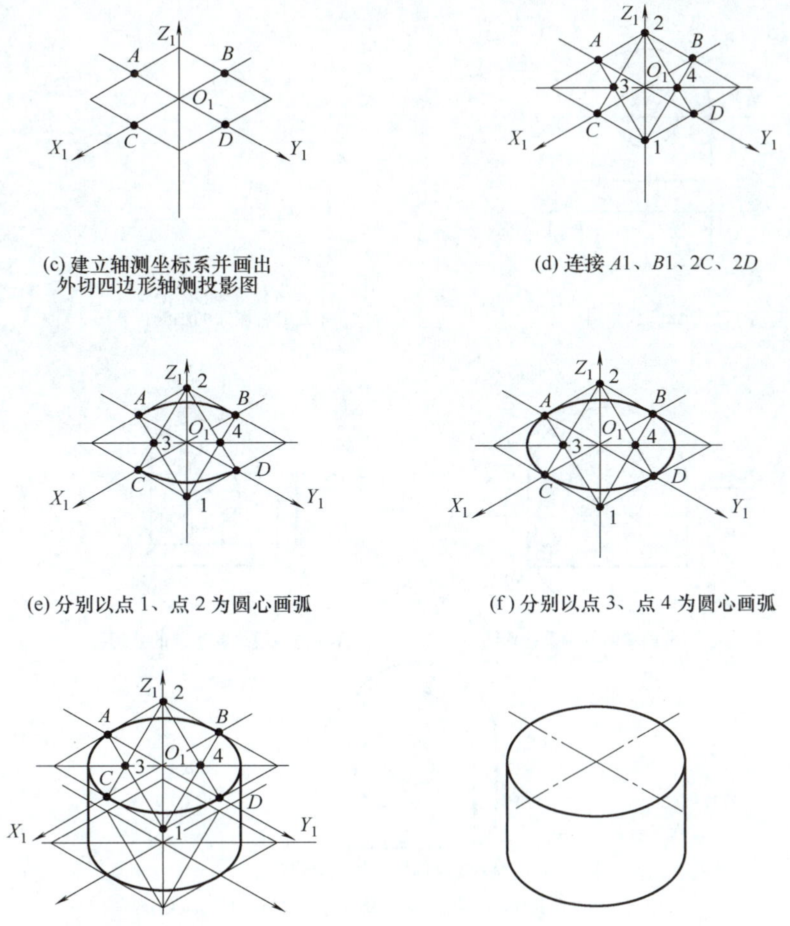

(c) 建立轴测坐标系并画出外切四边形轴测投影图

(d) 连接 $A1$、$B1$、$2C$、$2D$

(e) 分别以点 1、点 2 为圆心画弧

(f) 分别以点 3、点 4 为圆心画弧

(g) 画圆柱底面圆弧和圆柱两边轮廓线

(h) 擦去多余的线并加深轮廓线

图 2-93　圆柱的斜二轴测图

[**例**]　如图 2-94（a）所示，已知形体的两面正投影，画出其斜二轴测图。

分析：由形体的正面投影可以看出，该形体是一个曲面立体，如果用正等轴测图，应画成椭圆，比较麻烦。若采用正面斜二轴测图，则正面投影的轴测图中反映实形，作图较为方便。

作图步骤如下：

① 建立轴测坐标系，由于该形体的正面投影平行于坐标平面 XOZ，所以后端面的轴测投影与正投影的后端面形状相同，大小相等，并能反映实形，如图 2-94（b）所示。

② 将形体后端面沿 O_1Y_1 方向移动 $0.5B$，得到形体前端面的轴测投影图，如图 2-94（c）所示。

③ 画出棱线和半圆的公切线，如图 2-94（d）所示。

④ 擦去多余的线并加深轮廓线，得到形体的斜二轴测图，如图 2-94（e）所示。

当形体有一个投影为圆或圆弧，但它不是正面投影时的形体，可以将形体中有圆或圆弧的投影转化为正面投影。

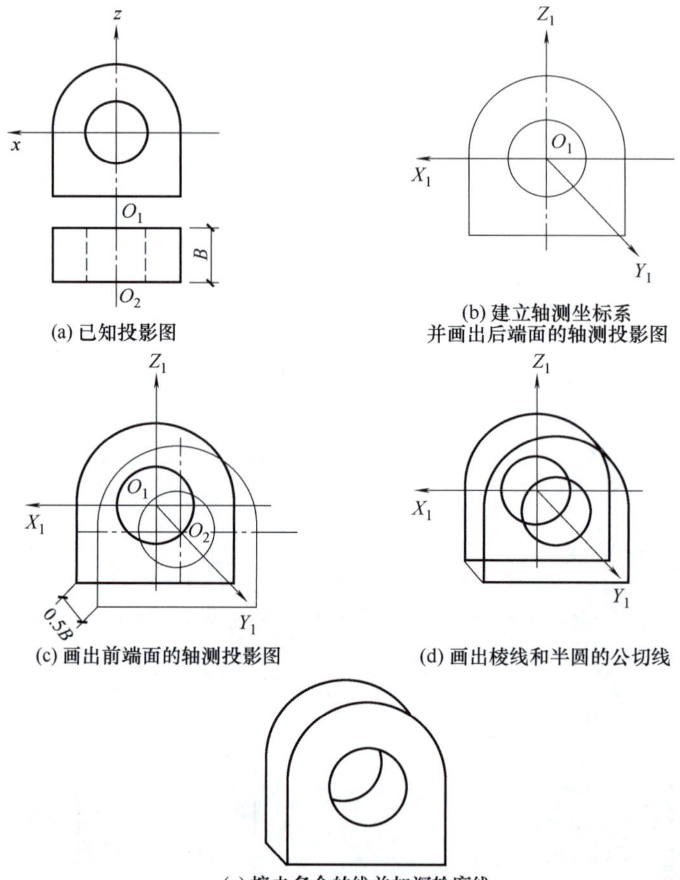

(a) 已知投影图

(b) 建立轴测坐标系并画出后端面的轴测投影图

(c) 画出前端面的轴测投影图

(d) 画出棱线和半圆的公切线

(e) 擦去多余的线并加深轮廓线

图 2-94　正面投影有圆弧、曲线的形体的斜二轴测图

任务实施

作图题

1. 按照任务要求，绘制图 2-86 所示正六棱柱的正等轴测图，完成效果如图 2-95 所示。
2. 按照任务要求，绘制图 2-87 所示形体的斜二轴测图，完成效果如图 2-96 所示。

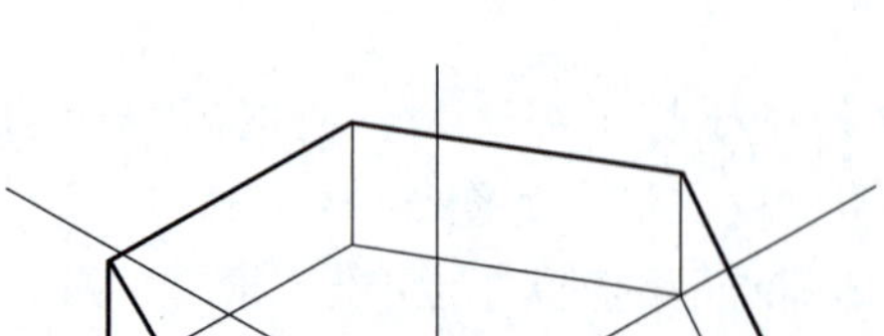

图 2-95　正六棱柱的正等轴测图完成效果

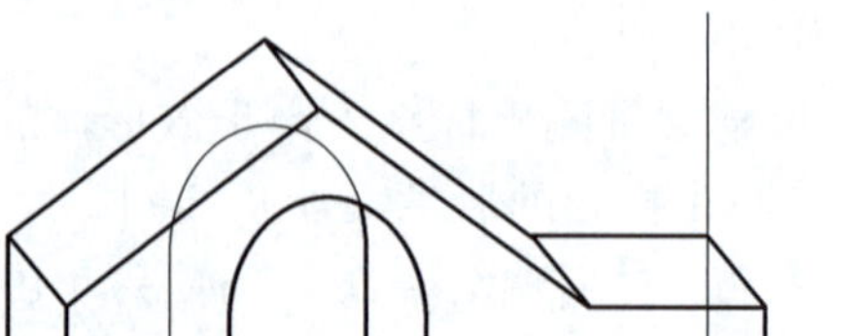

图 2-96　形体的斜二轴测图完成效果

两人一组，从轴间角、轴向伸缩系数、可见轮廓线的加深等方面进行作品互评，具体评分标准如表 2-7 所示。

表 2-7　　作品评分表

活动	项目	得分
绘制轴测图（10 分）	正轴测图的轴间角(2 分)	
	正轴测图的轴向伸缩系数（2 分）	
	斜二轴测图的轴间角（2 分）	
	斜二轴测图的轴向伸缩系数（2 分）	
	可见轮廓线的加深（2 分）	
总分		

强化练习

单选题

1. 下面关于轴测图的说法正确的是（　　）。

A. 直观性强，有一定的度量性

B. 最具有真实感，但作图太繁杂费时

C. 绘图简便，有立体感，无度量性

D. 绘图简便，度量性好，无立体感

2. 正等轴测图的轴间角均为（　　）。

A. 30°　　B. 90°　　C. 120°　　D. 150°

3. 轴测图按投影方向的不同分为正轴测图和（　　）。

A. 斜轴测图　　B. 斜二轴测图　　C. 正等轴测图　　D. 全等轴测图

4. 已知一立体的轴测图如图 2-97 所示，则箭头所指方向的视图是（　　）。

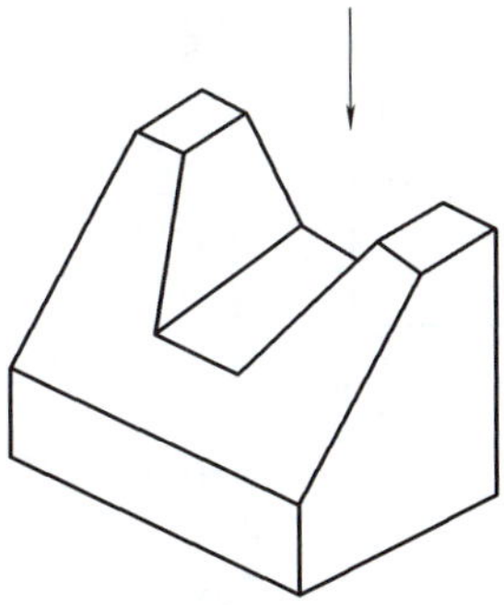

图 2-97　已知轴测图

A.
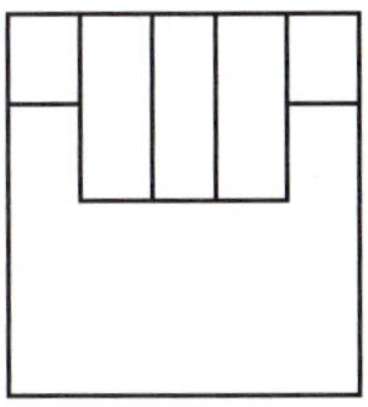

B.
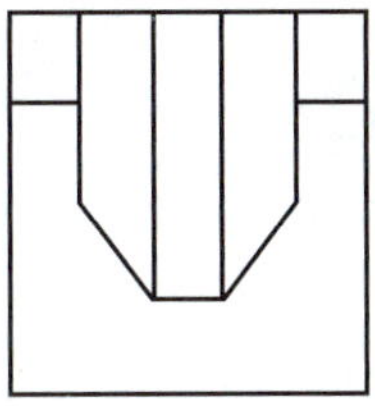

C.
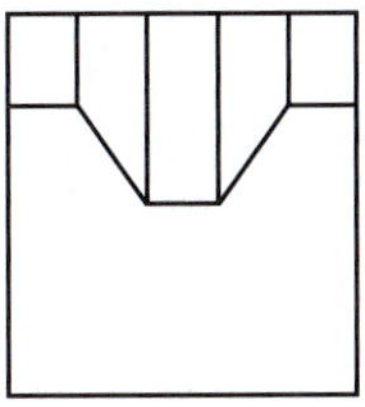

D.
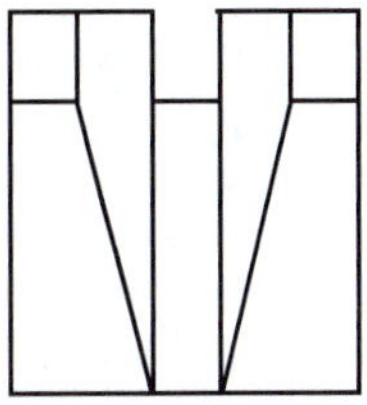

5. 已知一形体的三视图如图 2-98 所示，则正确的立体图是（　　）。

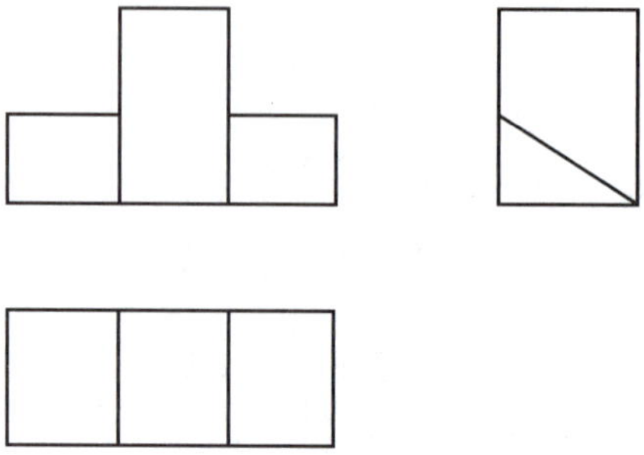

图 2-98　已知三视图

A.

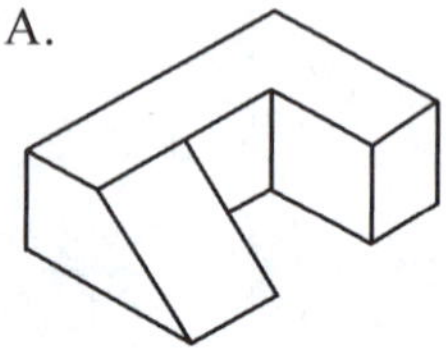

B.

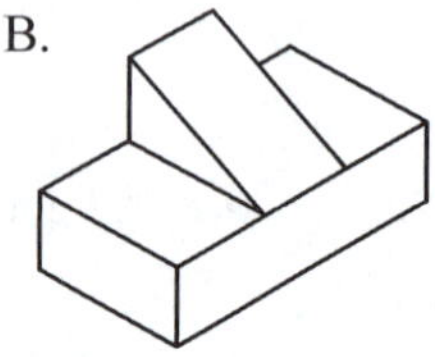

C.

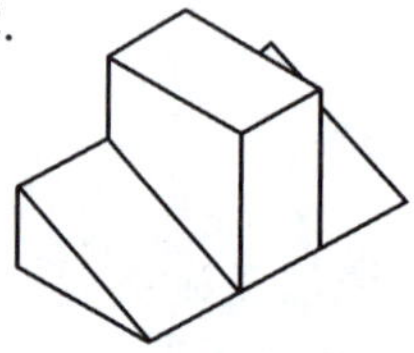

D.

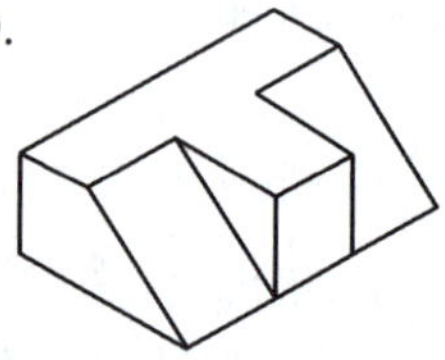

任务拓展

如图 2-99 所示，已知形体的三面正投影，画出其斜二轴测图。

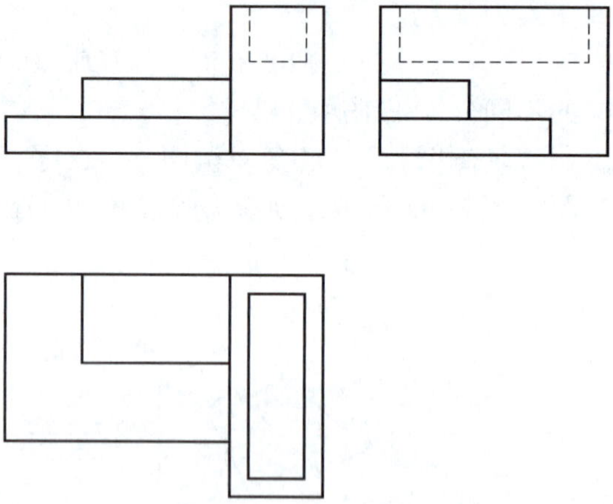

绘制轴测投影图

图 2-99　已知投影图

任务八
绘制剖面图

思维导图

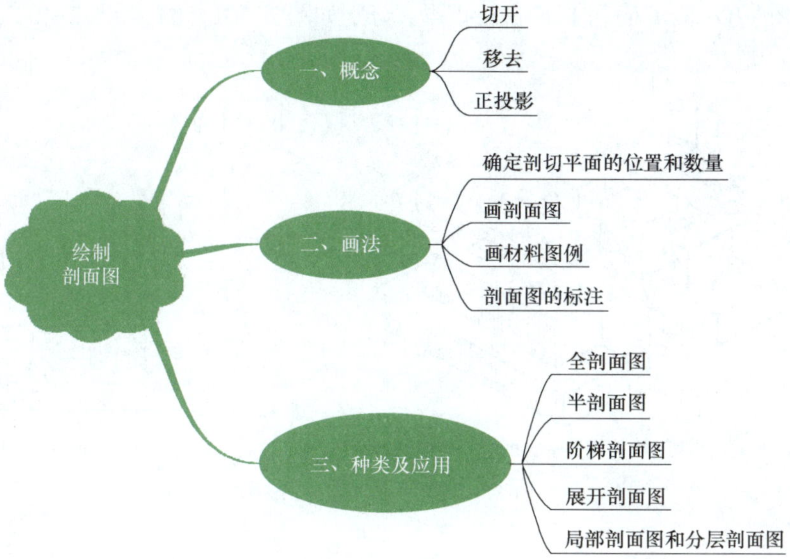

任务引入

根据图 2-100 所示组合体的三面正投影图，用 1∶1 的比例绘制其剖面图，图中的虚线、点画线以及剖切符号应根据注意事项绘制正确。已知四棱台上底面的尺寸：上底面为 10mm×20mm（长×宽），下底面为 6mm×12mm（长×宽），高 25mm；上面棱柱的尺寸：40mm×30mm×20mm（长×宽×高）；下面棱柱的尺寸：60mm×40mm×10mm（长×宽×高）。

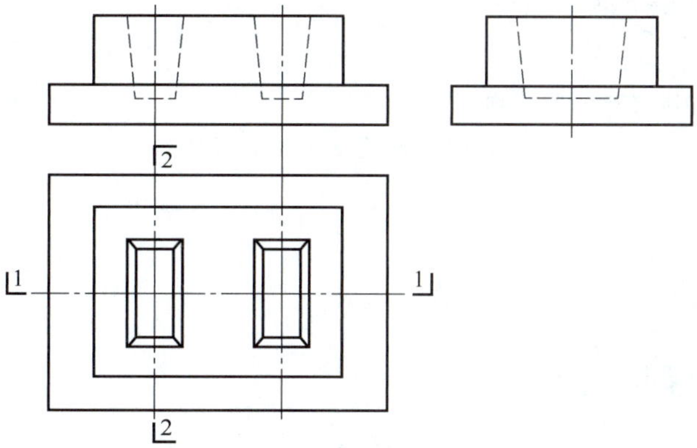

图 2-100　已知投影图

任务分析

一、剖面图的概念

用一假想的剖切平面将形体切开，移去剖切平面与观察者之间的部分形体，将剩下的部分形体向投影面作正投影，由此得到的图形称为剖面图。

如图2-101（a）和图2-102（a）所示，为了清楚地表示图中基槽内部，用一假想的通过基础前后和左右对称面的平面将其剖开，把观察者和假想平面之间的部分移开，其内部基槽可见。用正投影的方法向 *V* 面和 *W* 面进行投影，分别如图2-101（b）和图2-102（b）所示。

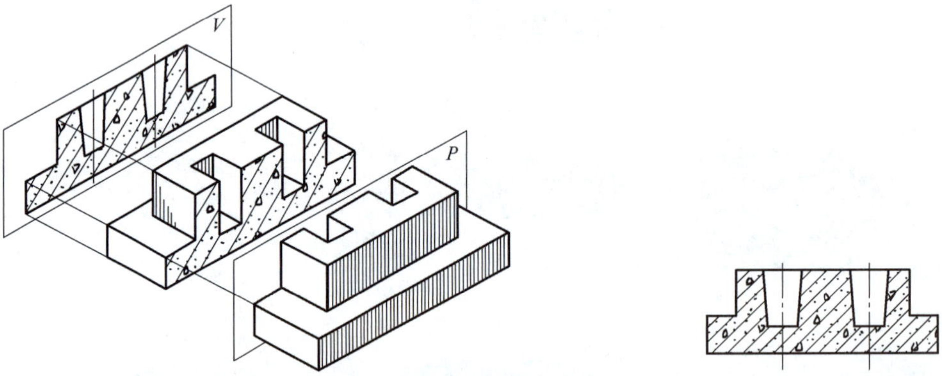

(a) 用一假想的剖切平面 *P* 剖开基础并向 *V* 面进行投影　　(b) 基础的 *V* 向剖面图

图2-101　剖切平面向 *V* 面投影

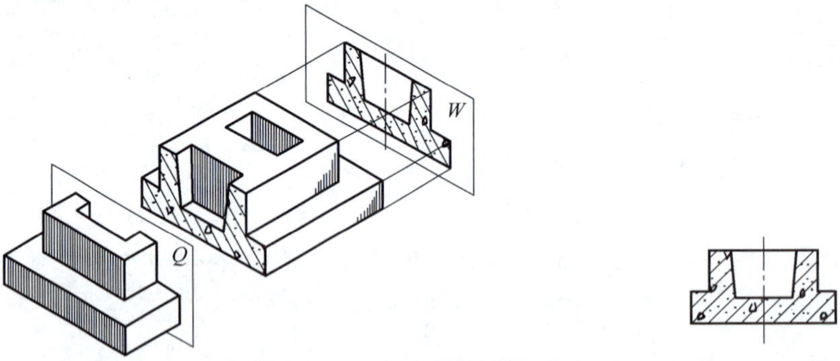

(a) 用一假想的剖切平面 *Q* 剖开基础并向 *W* 面进行投影　　(b) 基础的 *W* 向剖面图

图2-102　剖切平面向 *W* 面投影

二、剖面图的画法

剖面图的绘制

1. 确定剖切平面的位置和数量

画剖面图时，应选择适当的剖切平面位置。剖切平面应平行于投影面，并且通过形体的对称面或孔的轴线。一个形体有时需要画几个剖面图，具体应根据形体的复杂程度而定。

2. 画剖面图

剖面图除应画出剖切面剖切到部分的图形外，还应画出沿投影方向看到的部分。被剖切面剖切到部分的轮廓线用粗实线绘制，剖切面没有剖切到但沿投影方向可以看到的部分，用中实线绘制。

3. 画材料图例

为了区分形体的空腔和实体，剖切平面与物体接触部分应画出材料图例，同时应注明材料。如未注明该形体的材料，则应画出45°细实线（也叫剖面线）。

4. 剖面图的标注

对剖面图进行标注时，剖切位置及投影方向用剖切符号表示，剖切符号由剖切位置线、剖视方向线以及剖切符号的编号组成。剖切位置线表示剖切平面的位置，用两段长度为6~10mm的粗实线表示（其延长线为剖切平面的积聚投影）。剖视方向线用长度为4~6mm的粗实线表示，剖视方向线与剖切位置线垂直相交，剖视方向线表示投影方向，如画在剖切位置线的右边表示由左向右进行投影。剖切符号的编号采用阿拉伯数字从小到大连续编写，按剖切顺序由左至右、由下至上连续编排，并注写在剖视方向线的端部。

三、剖面图的种类及应用

1. 全剖面图

不对称的建筑形体，或虽然对称但外形比较简单而内部比较复杂的形体，可用一假想的剖切平面将形体全部剖开并画出形体的剖面图，该剖面图称为全剖面图，如图2-103所示。

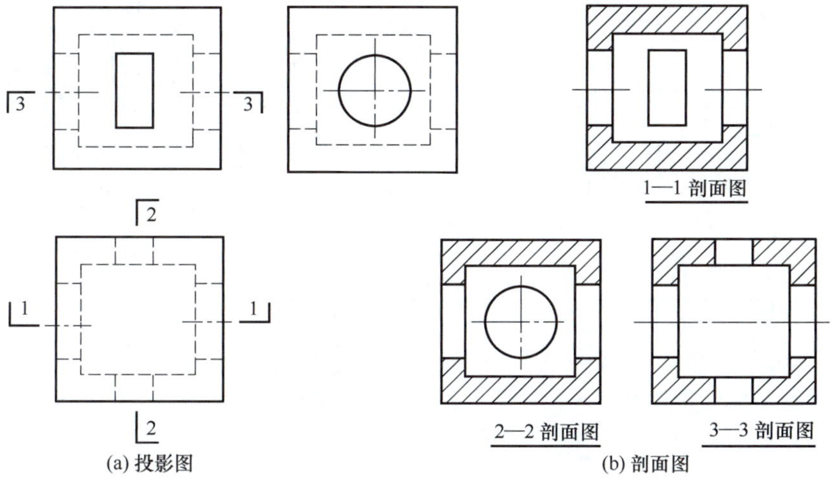

图2-103　全剖面图

2. 半剖面图

如果被剖切的形体是对称的，画图时常将投影图的一半画成剖面图，另一半画成形体的外形图，由此组合而成的投影图称为半剖面图，如图 2-104 所示。

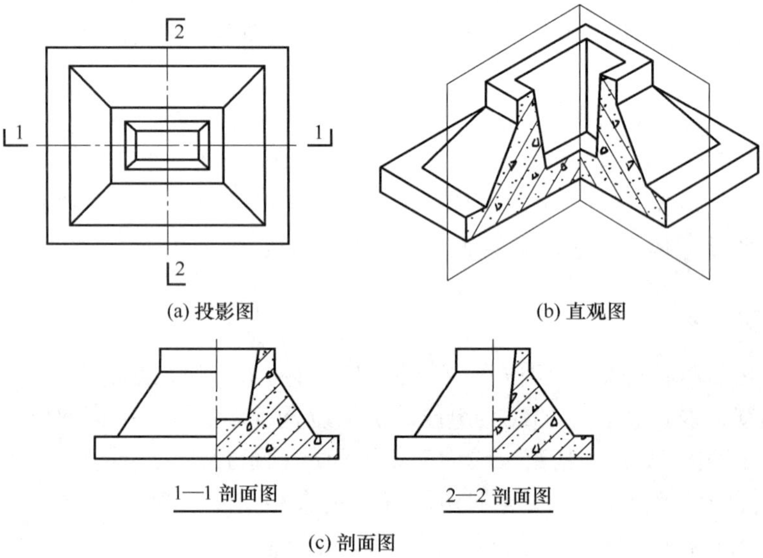

图 2-104　半剖面图

3. 阶梯剖面图

当形体内部结构层次较多，用一个剖切平面不能将形体内部全部表达出来时，可以用几个互相平行的平面剖切形体，这几个互相平行的平面可以由一个剖切面转折而成，由此得到的剖面图称为阶梯剖面图，如图 2-105 所示。

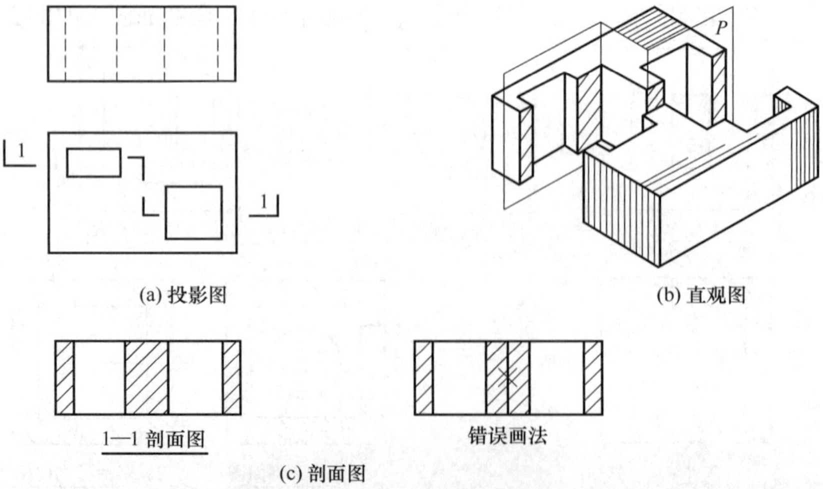

图 2-105　阶梯剖面图

4. 展开剖面图

用两个或两个以上相交的剖切平面将形体剖切开，由此得到的剖面图称为展开剖面图，如图 2-106 所示。

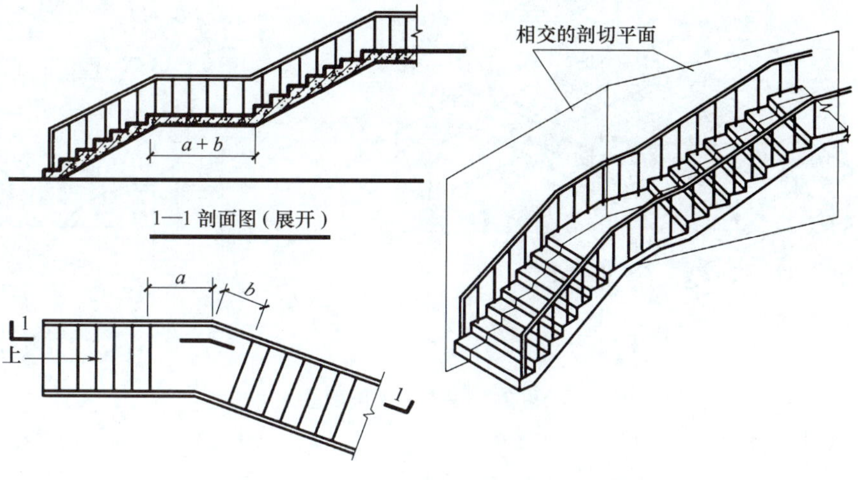

图 2-106　展开剖面图

5. 局部剖面图和分层剖面图

当只需要表达形体某局部的内部构造时，用剖切平面局部剖开形体，只作出该部分的剖面图，该剖面图称为局部剖面图，如图 2-107 所示。

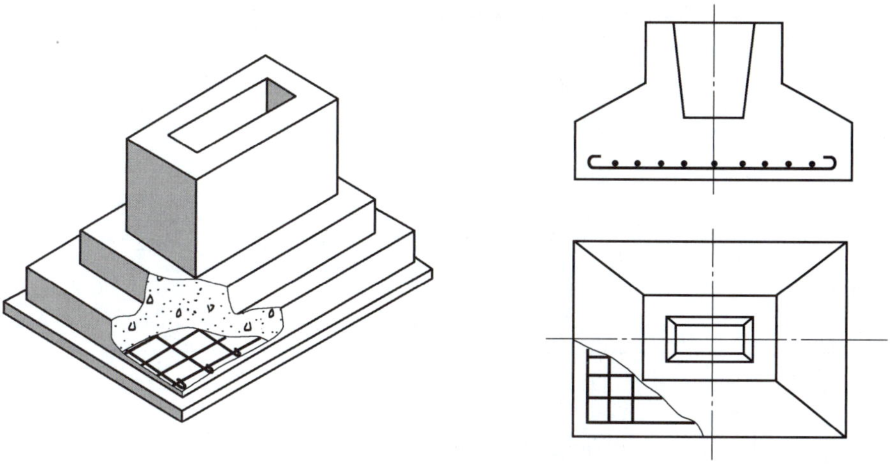

图 2-107　局部剖面图

在建筑工程和装饰工程中，常使用分层剖切的剖面图（分层剖面图）来表达屋面、楼面、地面、墙面等的构造和所用材料。分层剖面图是用几个相互平行的剖切平面分别将物体局部剖开，然后将几个剖面图重叠画在一个投影图上。图 2-108 所示为楼面各层所用材料及构造做法的分层剖面图。

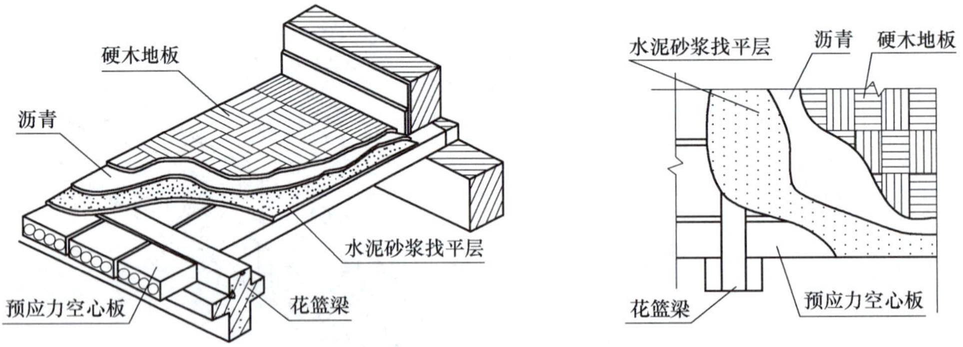

(a) 立体图　　(b) 平面图

图 2-108　分层剖面图

任务实施

按照任务要求，绘制图 2-100 所示组合体的剖面图，完成效果如图 2-109 所示。

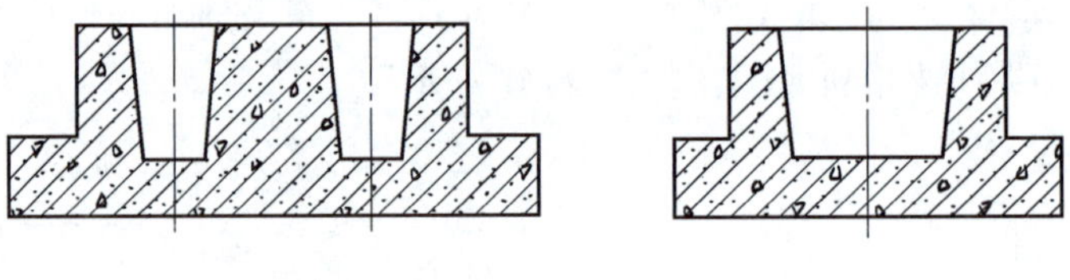

1—1 剖面图　　2—2 剖面图

图 2-109　剖面图完成效果

两人一组，从剖面图的种类选择、尺寸、位置等方面进行作品互评，具体评分标准如表 2-8 所示。

表 2-8　作品评分表

活动	项目	得分
绘制剖面图（10 分）	剖面图的种类选择（2 分）	
	剖面图的尺寸（2 分）	
	剖面图的位置（2 分）	
	剖面图的图例（2 分）	
	剖面图的命名（2 分）	
总分		

强化练习

单选题

1. 为了清晰表达物体的内部构造，用一假想的剖切平面将形体切开，移去剖切平面与观察者之间的部分形体，将剩下的部分形体向投影面作正投影，由此得到的图形称为（　　）。

A. 断面图　　B. 剖切图　　C. 剖面图　　D. 平面图

2. 在剖视图中一个完整的标注包括（　　）。

A. 剖切平面　　B. 投影方向

C. 剖切符号、投影方向、编号、剖视名称

D. 剖切平面、名称

3. 画剖视图时，应在可以说明剖切平面位置和投影方向的视图上画出剖切符号。剖切符号由剖切符号位置线和投影方向线组成，剖切位置线是（　　）。

A. 6~10mm 长的粗实线　　B. 2~3mm 长的中粗实线

C. 4~6mm 长的粗实线　　D. 6~10mm 长的细实线

4. 适用于内、外形都需要表达的对称或基本对称形体的剖视图是（　　）。

A. 半剖视图　　B. 全剖视图　　C. 局部剖视图　　D. 阶梯剖视图

5. 选择全剖视图的条件是（　　）。

A. 外形简单、内部复杂的物体　　B. 非对称物体

C. 外形复杂、内部简单的物体　　D. 对称物体

6. 分别根据图 2-110 和图 2-111 所示的立体图形，判断哪个剖视图的绘制是正确的，并选出正确的选项。

（1）正确的剖视图为（　　）。

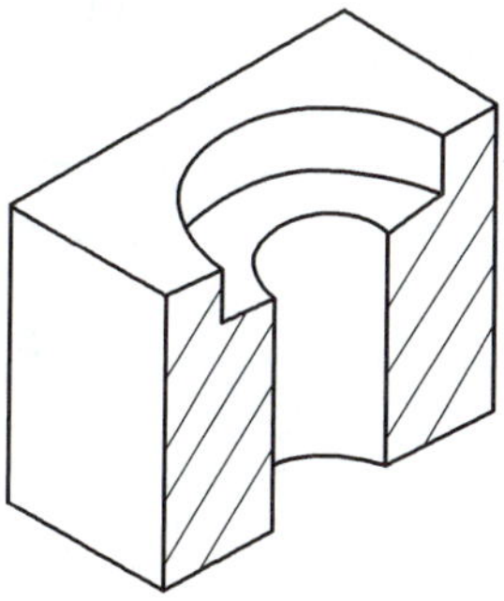

图 2-110　立体图形

A.

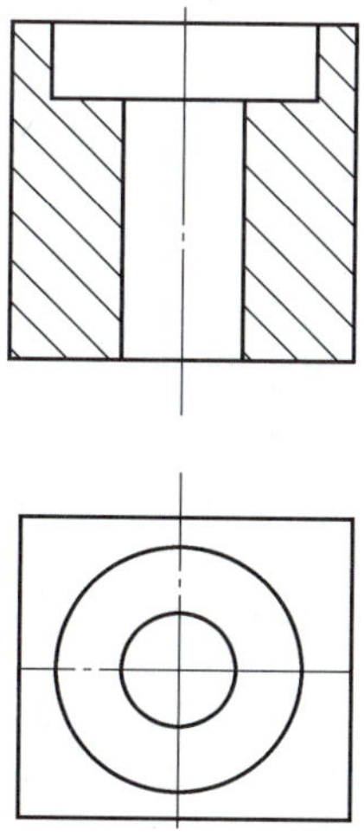

B.

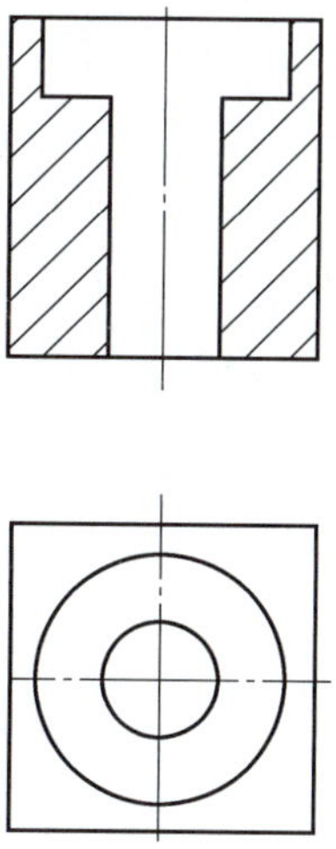

（2）正确的剖视图为（　　）。

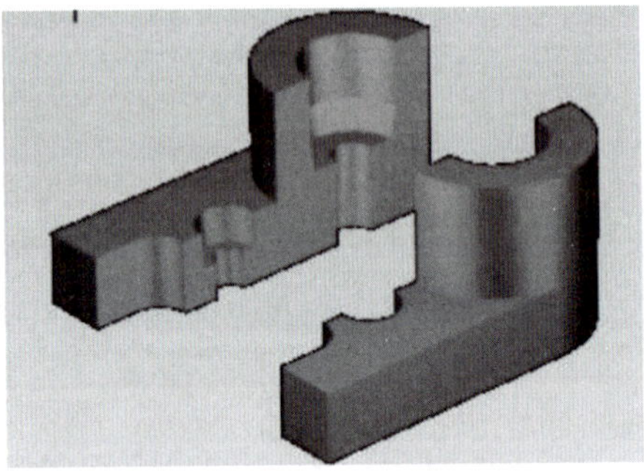

图 2-111　立体图形

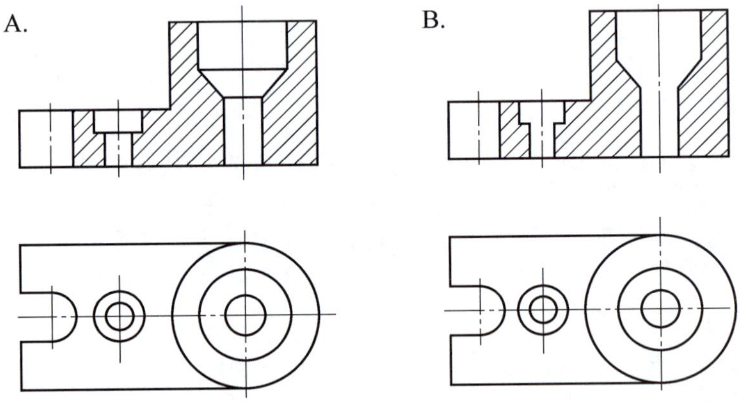

任务拓展

学习常用建筑材料的图例，绘制玻璃、橡胶、防水材料、耐火砖、加气混凝土等材料的图例。

《房屋建筑制图统一标准》（GB/T 50001—2017）常用建筑材料图例

任务九

绘制断面图

思维导图

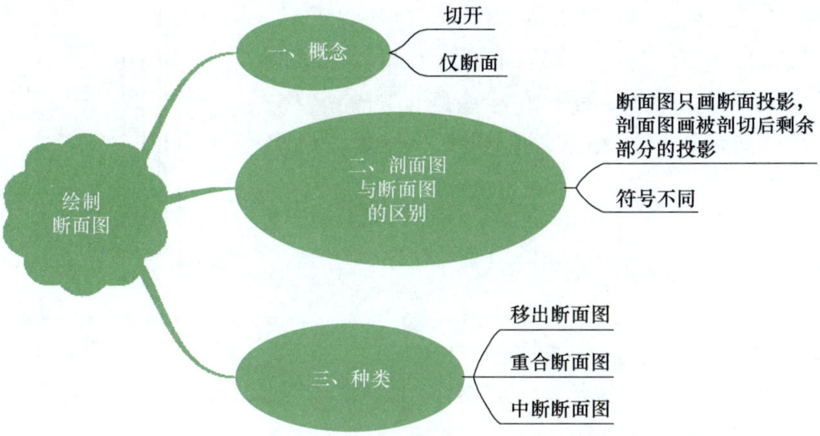

任务引入

根据所给形体轴测图（图 2-112）及尺寸，绘制相应的三视图、剖面图和断面图。要求选用 1∶1 的比例，图中的虚线根据注意事项绘制正确。已知四棱柱的尺寸：10mm×10mm×15mm（长×宽×高）；T 形梁的尺寸：翼缘高 4mm、腹板宽 4mm、长 30mm。

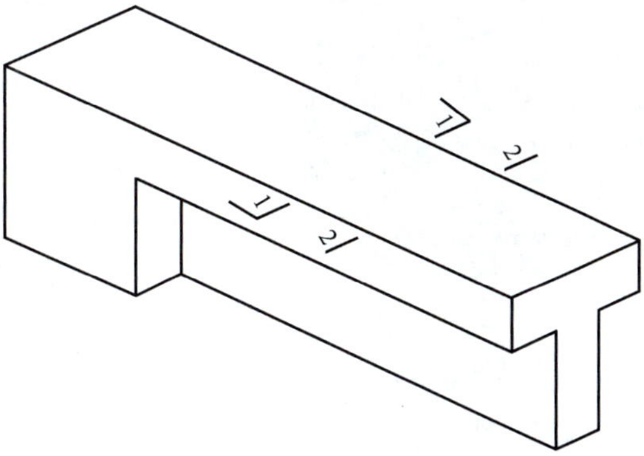

图 2-112　形体轴测图

任务分析

一、断面图的概念

断面图是用假想的剖切平面将形体切开，移开剖切平面与观察者之间的部分，用正投影的方法，仅画出形体与剖切平面接触部分的平面图形，不画剖切后按投影方向可见的形体其他部分的投影，同时在图形内画上相应材料图例，如图 2-113 所示。

在断面图中，用短直线表示剖切平面的位置，用长度为 6~10mm 的粗实线绘制。在剖切位置线的一侧标注剖切符号的编号，按顺序连续编排，编号所在的一侧应为该断面剖切后的投影方向。在断面图下方标注断面图的名称，如“×—×”，并在图名下画一粗实线，粗实线长度以图名所占长度为准。

绘制断面图

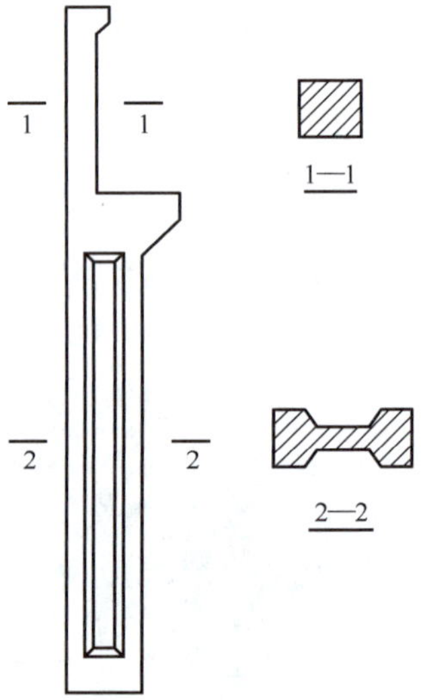

图 2-113　断面图

二、剖面图与断面图的区别

以一苹果为例，其水平投影如图 2-114（a）所示，1—1 剖面图如图 2-114（b）所示，2—2 断面图如图 2-114（c）所示。对比苹果的剖面图和断面图，可以发现二者有所区别。

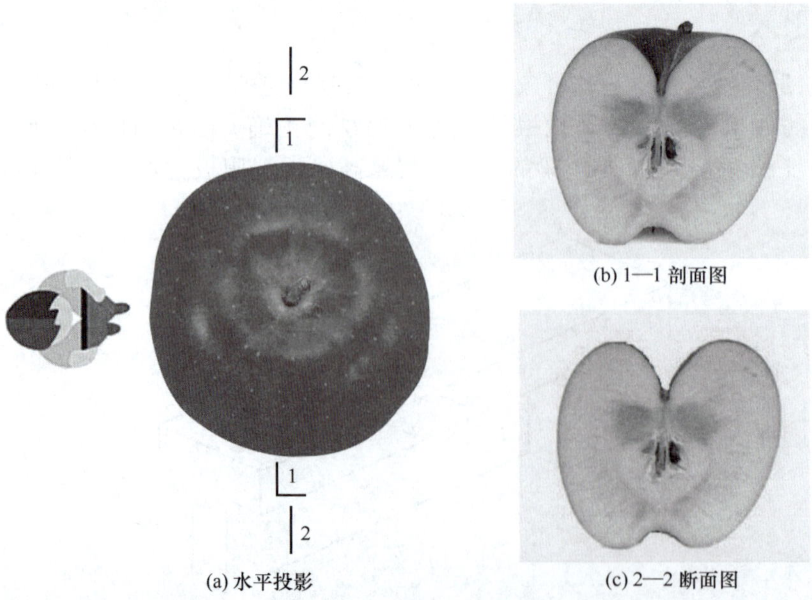

图 2-114　苹果的水平投影及其剖面图与断面图

图 2-115（a）所示为一形体的剖面图画法，图 2-115（b）所示为其断面图的画法。对比其剖面图和断面图，可以进一步总结二者的区别。

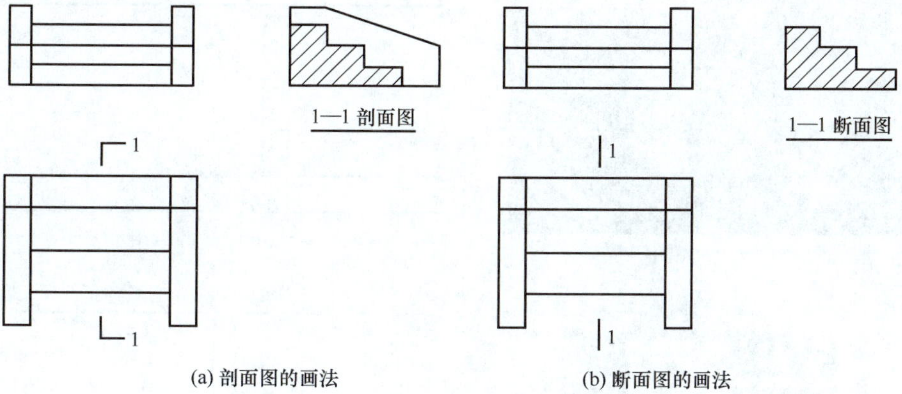

图 2-115　形体剖面图和断面图的画法

根据图 2-114 和图 2-115，总结出剖面图和断面图的区别如下：

① 断面图只画出物体被剖切后剖切平面与形体接触的部分，即只画出断面的投影；而剖面图则应画出被剖切后剩余部分的投影。

② 断面图和剖面图的符号有所不同。断面图的剖切符号只画出长度 6~10mm 的粗实线并将其作为剖切位置线，不画剖视方向线，其编号写在投影方向的一侧。

三、断面图的种类

1. 移出断面图

将形体某一部分剖切后所形成的断面图移画于主投影图的一侧，称为移出断面图，如图 2-116 所示。

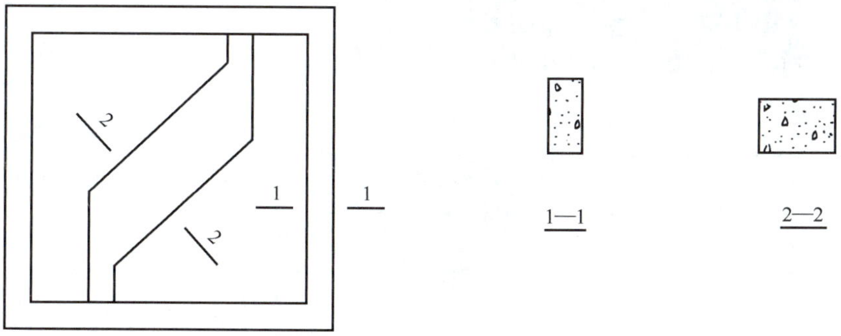

图 2-116　移出断面图

2. 重合断面图

将断面图直接画于投影图中，与投影图重合在一起的称为重合断面图，如图 2-117 所示。

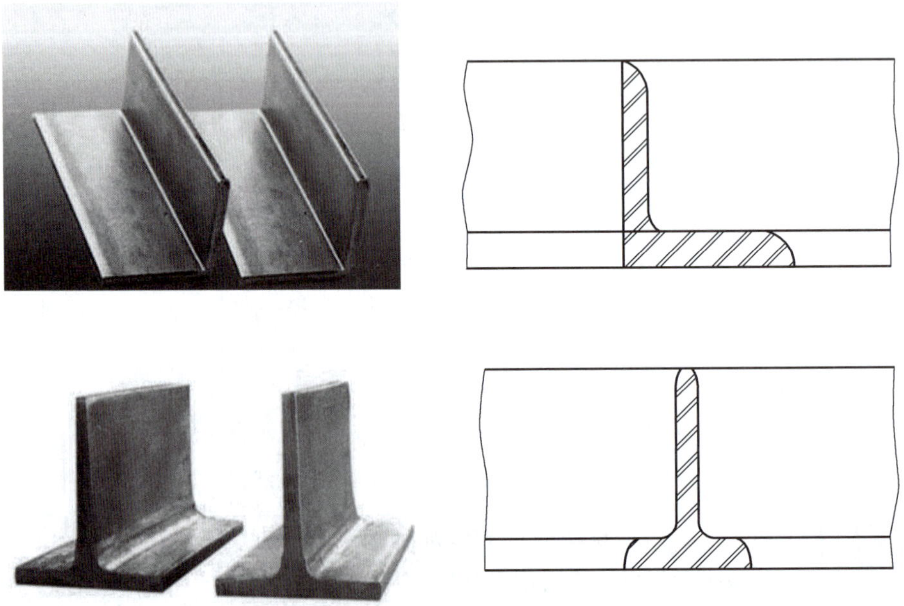

图 2-117　重合断面图

3. 中断断面图

对于单一的长向杆件，可在杆件投影图的某一处用折断线断开，然后将断面图画于其中，称为中断断面图，如图 2-118 所示。

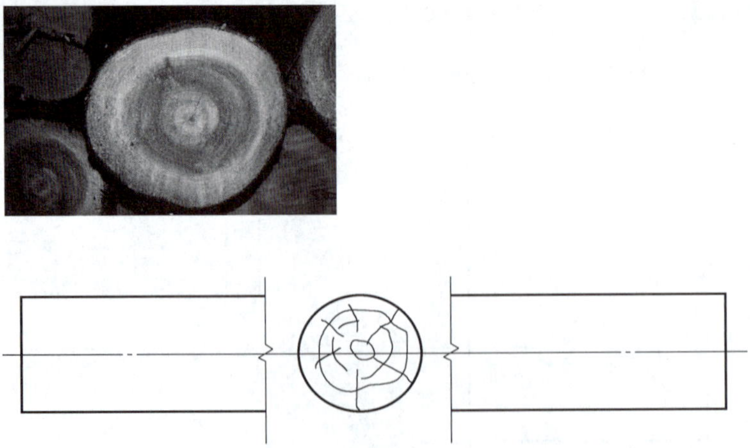

图 2-118　中断断面图

任务实施

按照任务要求，绘制图 2-112 所示形体的三视图、剖面图和断面图，完成效果分别如图 2-119 和图 2-120 所示。

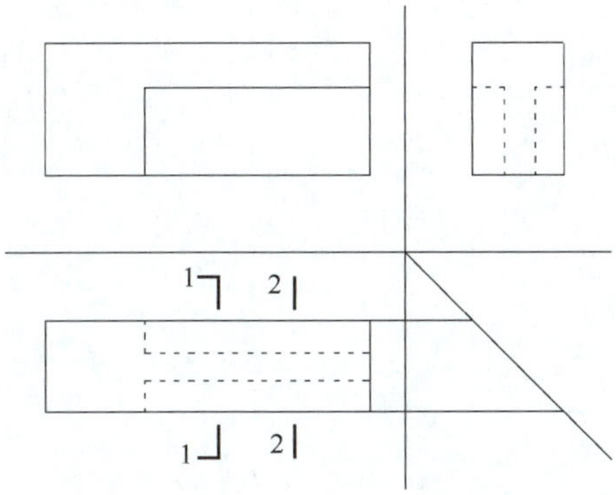

图 2-119　三视图完成效果

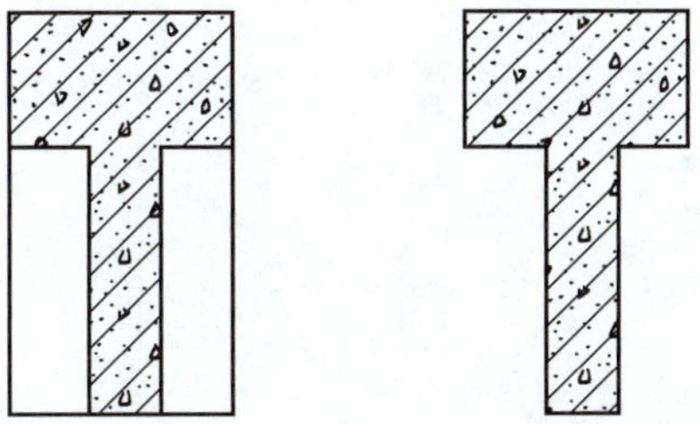

图 2-120　剖面图和断面图完成效果

两人一组，从断面图的种类选择、尺寸、轮廓等方面进行作品互评，具体评分标准如表 2-9 所示。

表 2-9　作品评分表

活动	项目	得分
绘制断面图（10 分）	断面图的种类选择（2 分）	
	断面图的尺寸（2 分）	
	断面图的轮廓（2 分）	
	断面图的图例（2 分）	
	断面图的命名（2 分）	
总分		

强化练习

一、单选题

1. 用假想的剖切面将物体的某处切断，只画出该剖切面与物体接触部分的图形，称为（　　）。

A. 断面图　B. 剖切图　C. 剖面图　D. 平面图

2. 断面图有（　　）断面图、（　　）断面图和中断断面图。

A. 移出　重合　B. 移出　不移出　C. 移出　单独　D. 单独　重合

3. 重合断面图应画在（　　）。

A. 视图轮廓线以外　B. 剖切位置线的延长线上

C. 视图轮廓线以内　D. 按投影关系配置

4. 图 2-121 所示为已知视图，其正确断面图画法是（　　）。

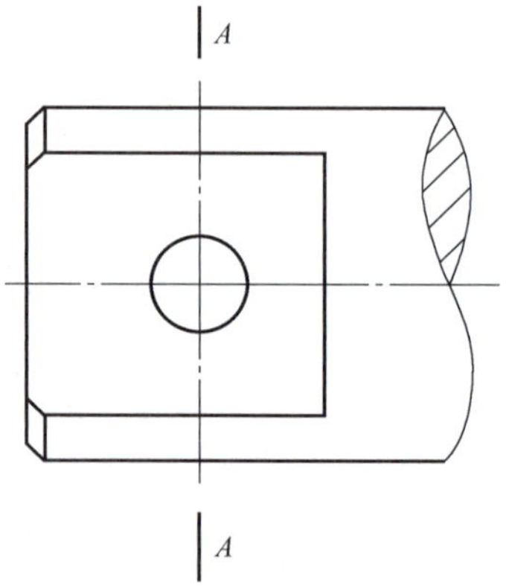

图 2-121　已知视图

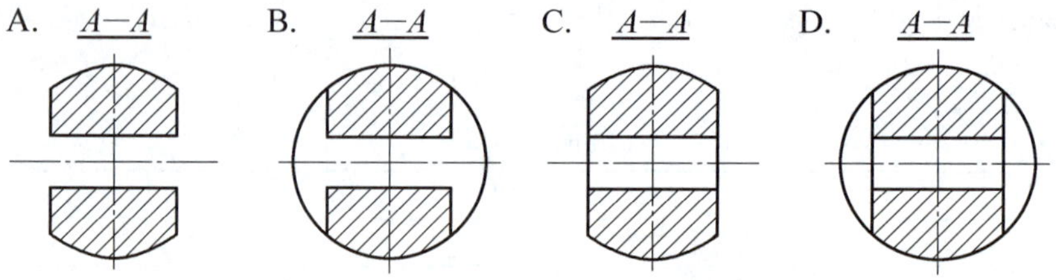

二、作图题

根据图 2-122 所示的视图，绘制 1—1 剖面图和 2—2 断面图。

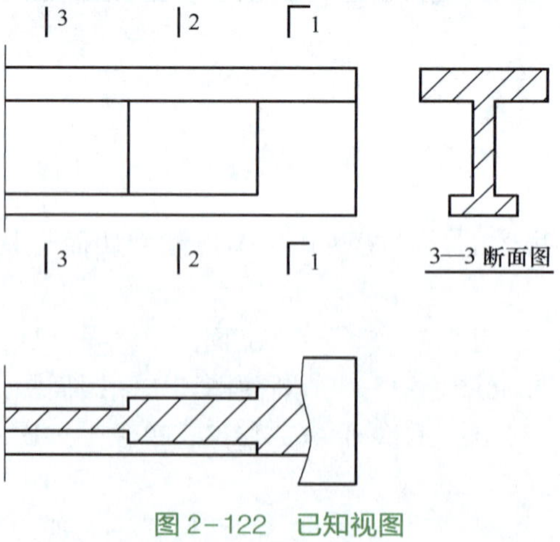

图 2-122　已知视图

任务拓展

学习常用建筑材料的图例，绘制纤维材料、泡沫塑料材料、胶合板、石膏板等材料的图例。

项目三

识读民用建筑施工图

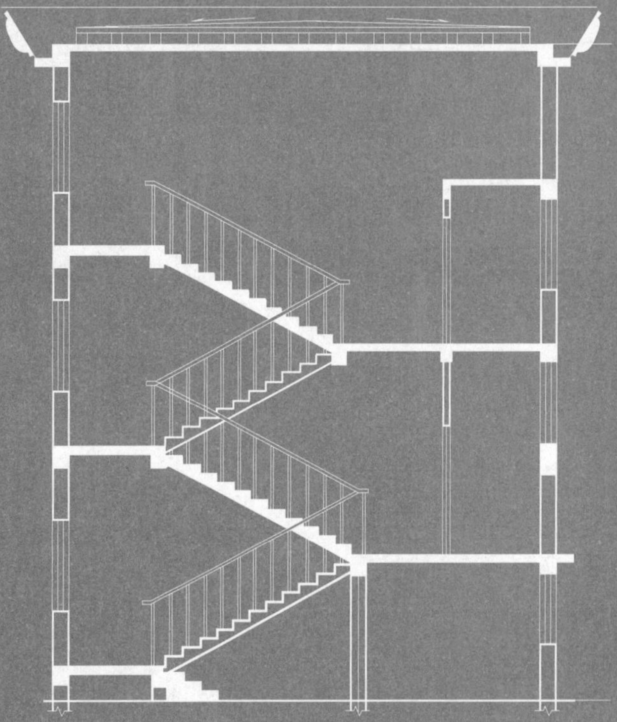

我国建筑历史源远流长，在建筑史上有这样两句名言：“建筑是石头的史书。”“建筑是凝固的音乐。”透过这两句名言，建筑的美呼之欲出，而这样美丽的建筑正是人们勤劳与智慧的结晶。从我国现存最大的木结构大殿故宫太和殿（图 3-1），到具有独特鸟巢造型的国家体育场（图 3-2）；从超高层地标式摩天大楼上海中心大厦（图 3-3），到饱含历史文化的中国尊（图 3-4），这些建筑都展现了我国建筑工程精湛的技术。每一栋建筑都是按照图纸进行施工的。一套完整的施工图包括建筑施工图、结构施工图、设备施工图，本项目主要介绍建筑施工图的识读。建筑施工图主要表示房屋建筑群的总体布局，房屋的平面布置、外观形状、构造做法及所用材料等内容，一般包括建筑设计说明、建筑总平面图、建筑平面图、建筑立面图、建筑剖面图和建筑详图等。

图 3-1　故宫太和殿

图 3-2　国家体育场

图 3-3　上海中心大厦

图 3-4　中国尊

施工图的分类与内容

项目目标

知识目标

1. 了解建筑施工图的内容、组成。
2. 掌握建筑总平面图的内容、图例、尺寸和标高。
3. 掌握建筑平面图的图例含义、绘制步骤。

4. 掌握建筑立面图的内容、命名、形成、图例和绘制步骤。

5. 掌握建筑剖面图的形成、内容、轴线、尺寸标注和绘制步骤。

6. 掌握建筑详图的索引符号、详图符号，外墙身、楼梯的详图等内容。

7. 掌握建筑平面图、立面图、剖面图所示内容。

能力目标

1. 能够在建筑总平面图中识读出新建建筑、原有建筑、标高、楼房层数、计划建设建筑、计划拆除建筑等内容。

2. 能够在建筑平面图中识读出轴线、门窗位置、墙体厚度、建筑物尺寸及内部结构等内容。

3. 能够在建筑立面图中识读出层高、檐口高度、门窗洞口尺寸、外墙材料等内容。

4. 能够在建筑剖面图中识读出房屋内部结构布置、各层净高、楼梯踏步数等内容。

5. 能够在墙身详图中识读出室内外地面、楼面、屋面的构造层次。

6. 能够在楼梯详图中识读出楼梯的开间、进深、休息平台、踏步、梯井等的尺寸。

7. 能够根据平、立、剖的对应关系识读各构件的尺寸。

8. 能够找到 BIM 软件中已建立轴线、墙体、门窗、楼板等模型的错误。

任务一
识读建筑总平面图

思维导图

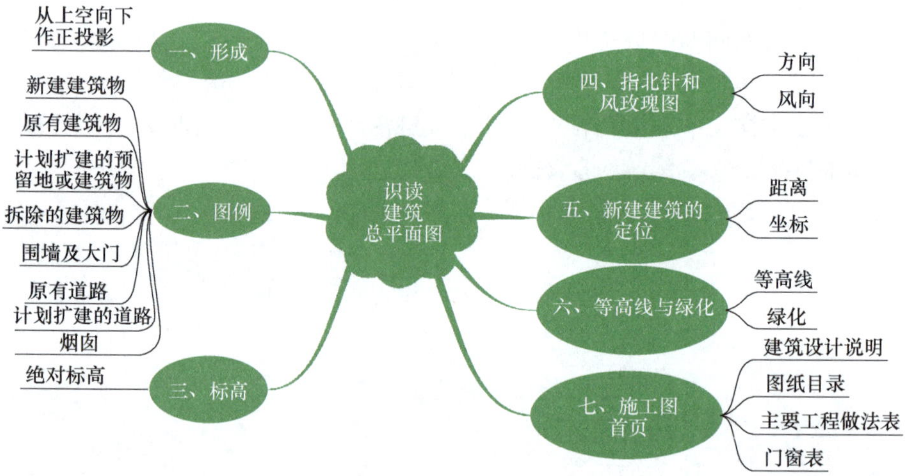

任务引入

作为工程项目的施工人员，在工程建设之前，需要按照月度计划完成读图及讲图活动。请识读图 3-5 所示文化馆建筑总平面图及设计说明，了解该工程的概况，并完成讲解任务。

任务分析

正确识读建筑总平面图要掌握建筑总平面图的形成与内容、图例、标高、指北针、风玫瑰图、新建建筑的定位、等高线与绿化等内容。

建筑总平面图
的形成与内容

一、建筑总平面图的形成与内容

建筑总平面图是在建设区的上空向下作正投影形成水平投影，并按照《总图制图标准》(GB/T 50103—2010) 中的图例绘出的图样。建筑总平面图是新建建筑在基地范围内的总体布置图。

思政：北大荒精神

建筑总平面图上能够展示新建的各种建筑物及构筑物的具体位置、标高及各种管线布置情况，能够展示原有道路及其位置，还能够展示总平面范围内整体朝向等。

建筑设计说明及总平面图

图纸目录及门窗表

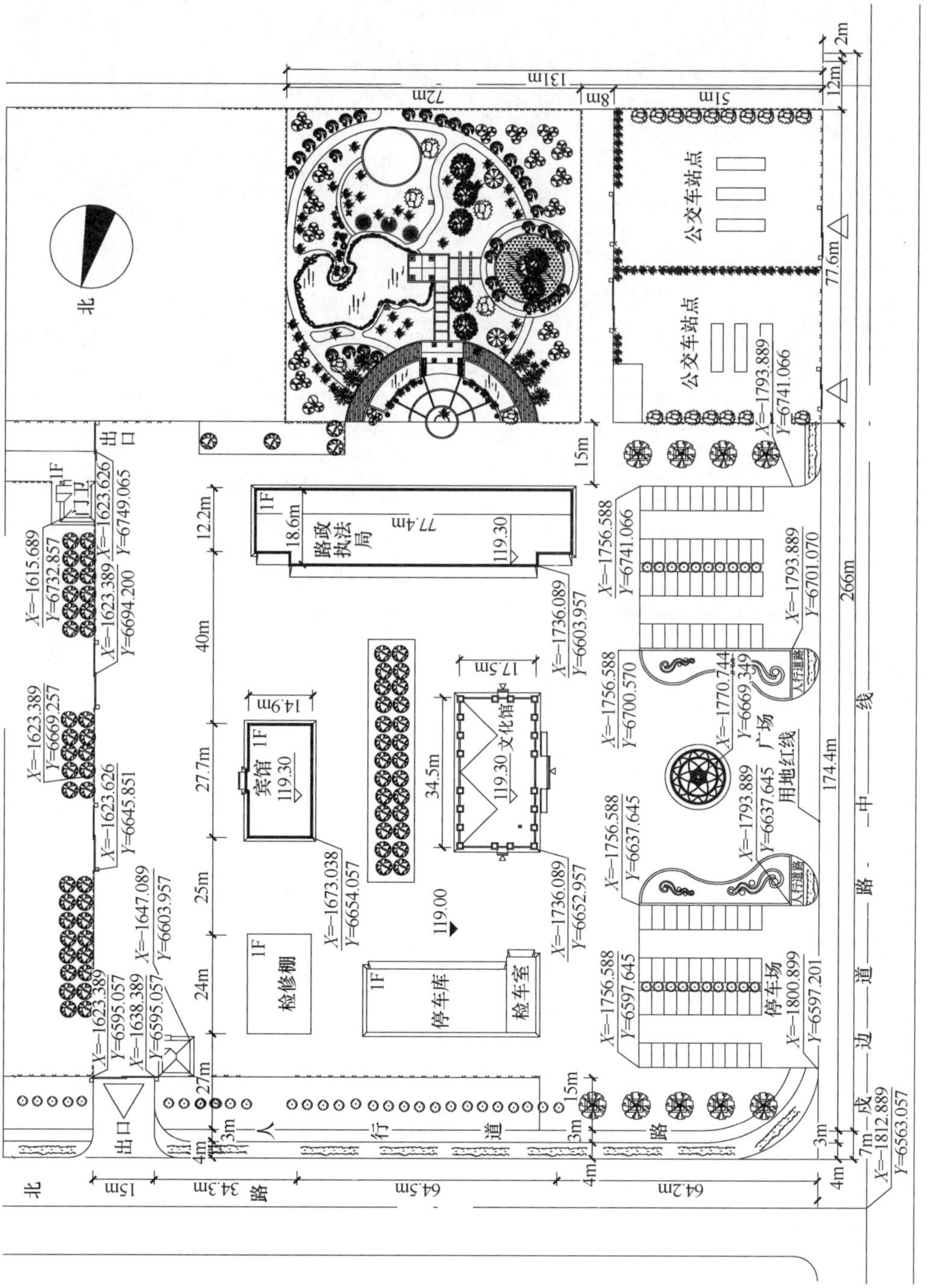

总平面图 1:1000

图 3-5　文化馆建筑总平面图

二、图例

《总图制图标准》（GB/T 50103—2010）列出了总平面图例、道路与铁路图例、管线图例与园林景观绿化图例。表 3-1 所示为总平面图中常用的图例，其余部分可查阅标准。

《总图制图标准》（GB/T 50103—2010）图例

表 3-1　　总平面图中常用的图例

序号	名称	图例	备注
1	新建建筑物	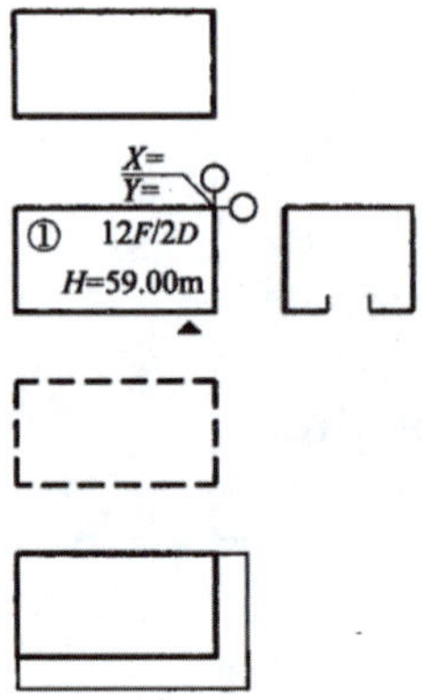	新建建筑物以粗实线表示与室外地坪相接处 ±0. 00 外墙定位轮廓线 建筑物一般以 ±0. 00 高度处的外墙定位轴线交叉点坐标定位。轴线用细实线表示，并标明轴线号 根据不同设计阶段标注建筑编号，地上、地下层数，建筑高度，建筑出入口位置（两种表示方法均可，但同一图纸采用一种表示方法） 地下建筑物以粗虚线表示其轮廓 建筑上部（±0. 00 以上）外挑建筑用细实线表示 建筑物上部连廊用细虚线表示并标注位置
2	原有建筑物	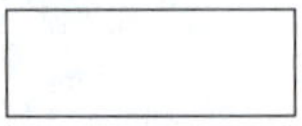	用细实线表示
3	计划扩建的预留地或建筑物		用中粗虚线表示
4	拆除的建筑物	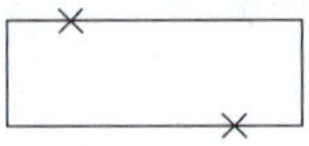	用细实线表示
5	围墙及大门		—
6	原有道路	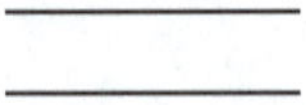	—
7	计划扩建的道路	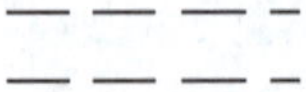	—
8	烟囱		实线为烟囱下部直径，虚线为基础，必要时可注写烟囱高度和上、下口直径

三、绝对标高

建筑总平面图上注写了建筑物首层地面的标高和室外地面的标高，这是一种绝对标

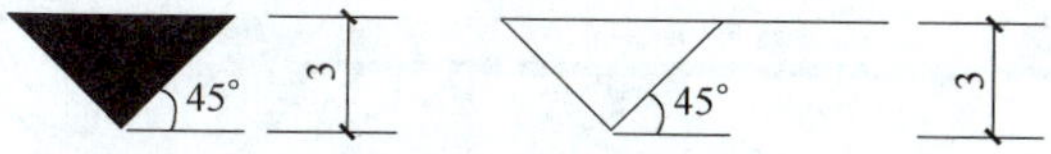

图 3-6　标高符号

高。将黄海平均海平面定为绝对标高的零点，各标高即为高出或低于该零点的值。如图 3-6 所示，标高符号为等腰直角三角形，两条直角边与水平线的夹角为 45°，在打印出的纸质施工图中的高度为 3mm。标高符号在建筑物轮廓内部采用空心三角形样式，在建筑物外部则采用实心三角形样式。标高的数值标于三角形上方。

四、指北针和风玫瑰图

建筑总平面图上一般画有指北针，以指明建筑物的朝向。如图 3-7 所示，指北针用细实线绘制，其形状为圆形，内绘制指北针。圆的直径宜为 24mm，指针尾部宽度宜为 3mm，指针尖为北的方向，应注“北”或者“N”，字高 5mm。

风玫瑰图上有 16 个方位线，其上用端点到中心的距离表示当地该方向的风向在一年中发生的频率。如图 3-8 所示，风向由各方位吹向中心，风向线最长的为主导风向；实线表示全年风向频率，虚线表示夏季（6~8 月）风向频率。

图 3-7　指北针

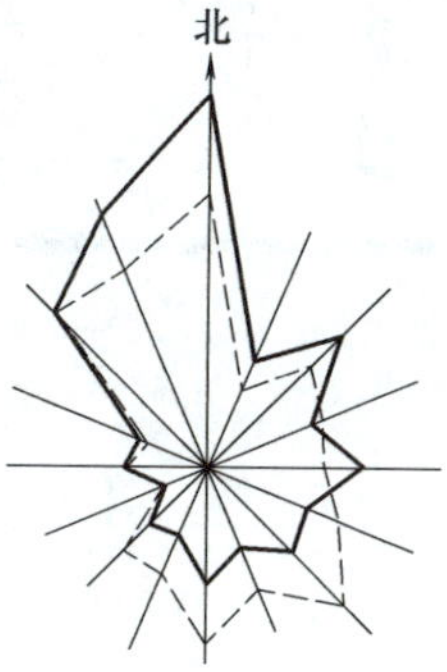

图 3-8　风玫瑰图

五、新建建筑的定位

在建筑总平面图中，利用新建建筑与原有建筑或道路中心线的距离确定新建建筑的位置。图 3-9 所示的某学校施工总平面图，新建办公楼与原有教学楼之间的距离为 11.00m，新建办公楼与传达室之间的距离为 11.50m。

如图 3-10 所示，利用建筑总平面图中的测量坐标和施工坐标也可以确定建筑物的位置。利用大地测量坐标确定其位置，X 为南北方向轴线，Y 为东西方向轴线，用细实线按比例绘制 50m×50m 或 100m×100m 的方格网；拟建建筑外墙与坐标轴线平行时，在每栋建筑物的两角标注 X、Y 坐标，即可确定建筑物的位置。当建筑物、构筑物外墙与测量坐标轴线不平行时，常采用施工坐标。将与建筑外墙平行的坐标确定为施工坐标的 A 轴和 B 轴，选择恰当位置作为坐标原点；施工坐标网中 A 轴相当于测量坐标网中的 X 轴，B 轴相当于 Y 轴。

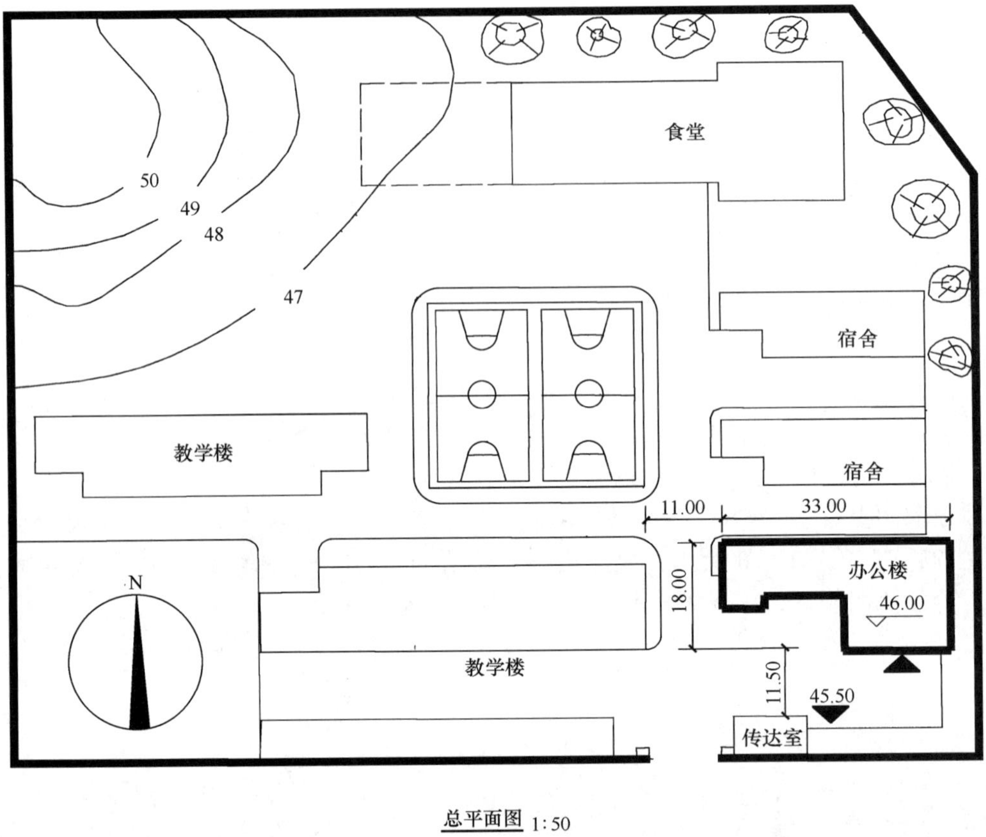

图 3-9　某学校施工总平面图

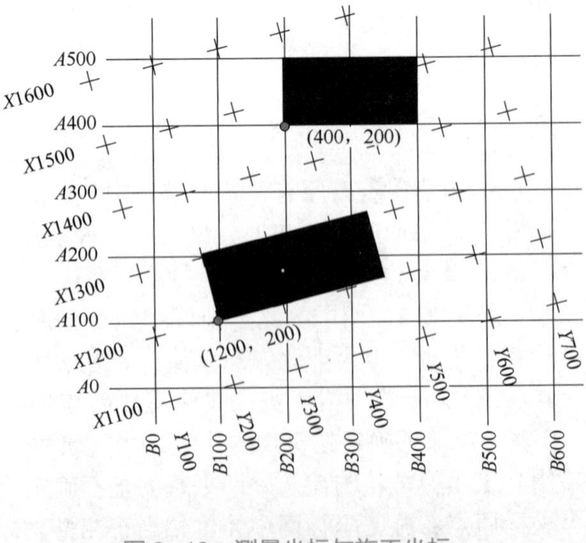

图 3-10　测量坐标与施工坐标

六、等高线与绿化

图 3-9 所示的某学校施工总平面图中，西北角有多条带有数字的曲线，称为等高线。通过等高线可以分析地形的高低起伏情况。同时，在该图的东北角有植物的图例，用于反映整个厂区的绿化（树木、花草等）布局情况。

七、施工图首页

施工图首页

一套图纸的最前面是建筑设计说明、图纸目录、主要工程做法表和门窗表，这部分内容通常集中进行编写。对于中小型的建筑而言，当内容较少时，可以将上述内容全部配置于施工图的第一张图纸上，称为施工图首页。

建筑设计说明是针对建筑施工图上未能详细表达或不易用图形表示的内容用文字或图表加以说明，包括设计依据、工程概述、构造做法、用料选择等内容。例如，在建筑设计说明中可读出项目的总建筑面积、层高、结构形式、耐火等级以及墙体工程、节能设计、外装修工程、门窗及屋面工程的做法等。图纸目录以表格形式编写，用于说明每张图纸的图名、图纸编号、图纸幅面大小。主要工程做法表以表格的形式对建筑物的细部构造、做法、层次和施工方法等进行说明，如地面、楼面、室内外装修、地面、顶棚等的构造。为了方便门窗的下料制作和安装，需要将建筑的门窗进行编号，统计汇总后列成表格，即门窗表。门窗表用于说明每种类型门窗的名称、洞口尺寸、每层数量、总数量、类型以及可选用的标准图集等。

任务实施

四人一组，识读图 3-5 所示文化馆建筑总平面图，组内轮流讲解并共同完成读图及讲图的纪要。进行组间互评，具体评分标准如表 3-2 所示。

识读建筑总平面图

表 3-2　作品评分表

活动	项目	识读内容	得分
读图、讲图（10 分）	工程性质(1 分)		
	新建房屋的朝向(2 分)		
	周围建筑物(2 分)		
	新建房屋的大小(2 分)		
	新建房屋的定位(2 分)		
	建筑物的标高(1 分)		
总分			

强化练习

识图题

完成图 3-11 所示某住宅小区建筑总平面图的识读问题。

1. 建筑总平面图的常用比例为________。

2. 在建筑总平面图中，建筑物层数一般标注在建筑物的________位置。该总平面图中新建建筑为________层；图中虚线框表示________建筑，带“×”细线框表示________建筑；新建建筑的东侧为________路。

3. 新建建筑室内绝对标高为________。

4. 图中左上角带数字的曲线为________，主要用于表示________。

5. 根据图中的风玫瑰图，该地区常年风向主要是________风。

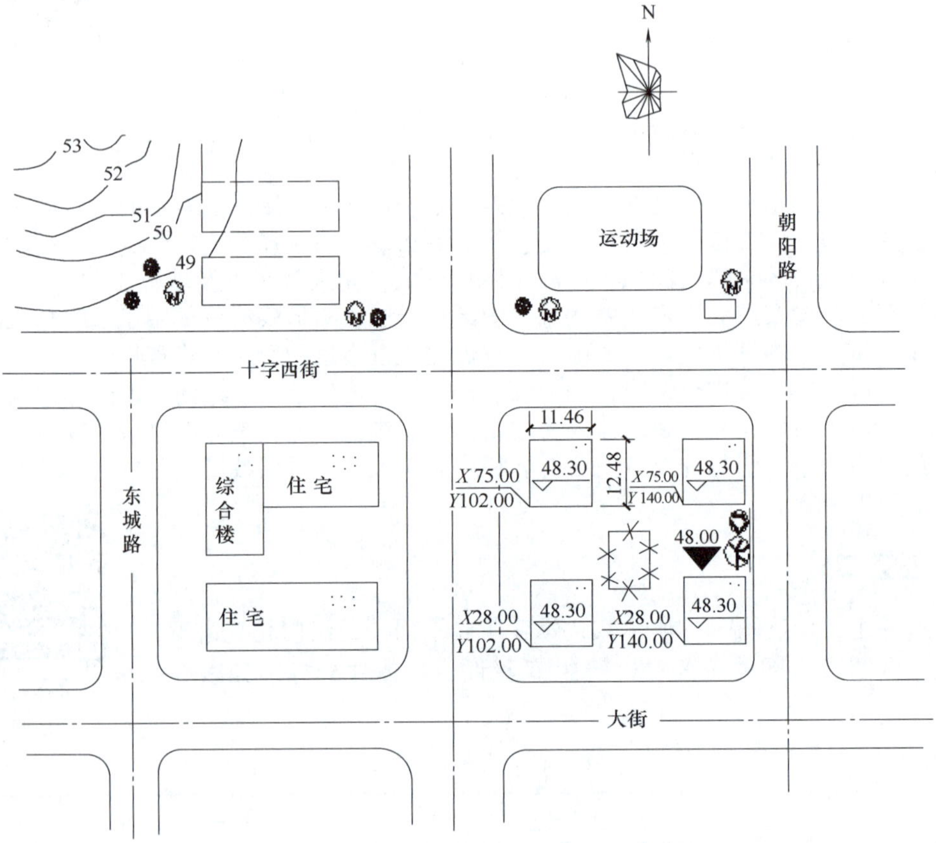

某住宅小区建筑总平面图

图 3-11　某住宅小区建筑总平面图

任务拓展

安装 Revit 2018 软件，添加样板文件和族库，并激活该软件。打开软件中自带的建筑样例项目和结构样例项目，了解建筑施工图与结构施工图的区别。

项目样板和族样板安装

添加族库

任务二
识读建筑平面图

思维导图

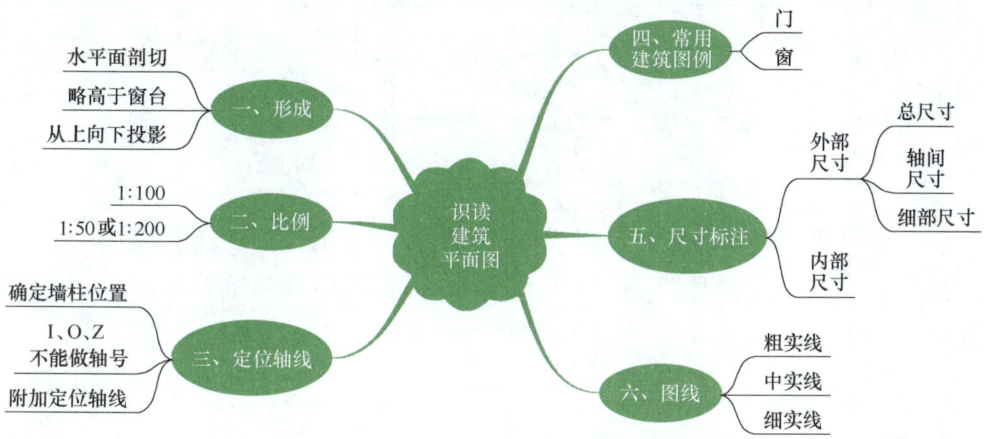

任务引入

确定了每一栋新建建筑物的位置之后，便可以开始施工建设。对于一栋建筑物而言，首先应知道其内部的布置情况，包括墙体、门窗的位置等，这些都可以从建筑平面图中获取。请识读图 3-12 所示的文化馆一层平面图，并完成讲解任务。

任务分析

识读建筑平面图要理解建筑平面图的形成与内容，掌握定位轴线、门窗图例、尺寸标注、图线等的规定。

一、建筑平面图的形成

假想用一水平面沿着略高于窗台的位置将房屋切开，移去剖切平面以上部分，将剩下的部分向下作正投影，所得的图称为建筑平面图，简称平面图。建筑平面图实质上是房屋各层的水平剖面图。一般地，房屋有几层，就应画出几个平面图，并在图形的下方注出相应的图名、比例等。此外，还有屋顶平面图，它与一般的平面图不同，是从房屋的上方向下作屋顶外形的水平投影而得到的投影图，主要用于表达屋顶的形状、女儿墙的位置、屋面排水方式、坡度、落水管位置等。

建筑平面图的形成与内容

文化馆
一层平面图

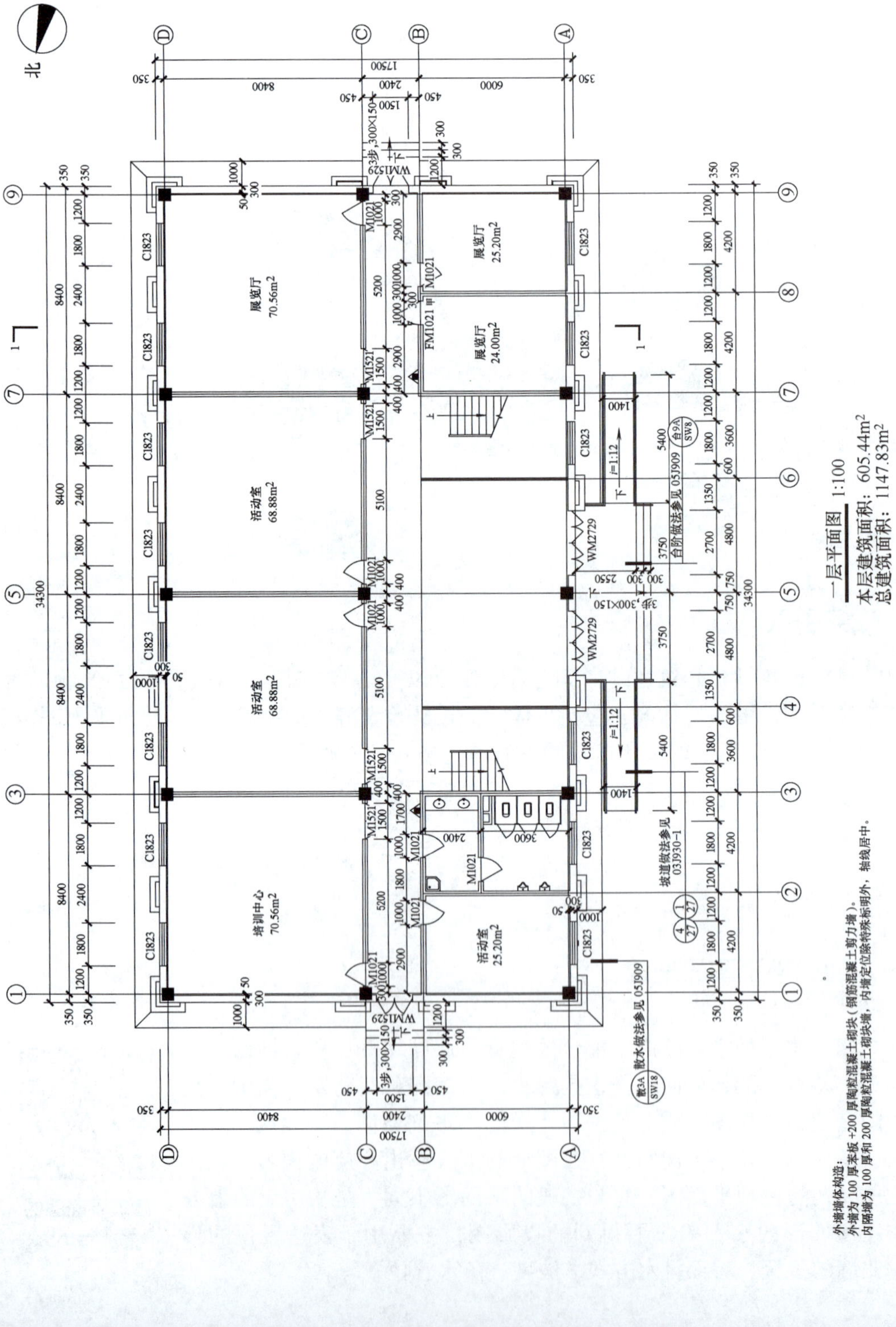

图3-12 文化馆一层平面图

二、建筑平面图的内容

1. 图名

建筑平面图的图名按所表示的层数进行命名，如底层平面图、二层平面图……顶层平面图。沿房屋底层窗洞口剖切所得到的平面图称为底层平面图［或首（一）层平面图］，最上面一层的平面图称为顶层平面图。若中间各层平面布置相同，可只用一个平面图表示，称为标准层平面图（或×层至×层平面图）。

2. 比例

建筑平面图的比例应根据建筑物的大小和复杂程度选定，通常采用的比例为 1∶100，也可以采用 1∶50 和 1∶200。比例写于图名之后，字号比图名小一号或两号。

3. 定位轴线

定位轴线确定了房屋各承重构件的定位和布置，同时也是其他建筑构、配件的尺寸基准线。建筑平面图中定位轴线的编号确定后，其他各种图样中的轴线编号应与之相符。凡是承重构件，都应画上轴线来确定其位置。

定位轴线应用细单点长画线绘制。定位轴线一般应进行编号，编号应注写在轴线端部的圆内。圆应用细实线绘制，直径为 8～10mm，定位轴线圆的圆心，应在定位轴线的延长线上。平面图上定位轴线的编号宜标注在图样的下方与左侧，横向编号应用阿拉伯数字，从左到右顺序编写；竖向编号应用大写拉丁字母，从下到上顺序编写，如图 3-13 所示。注意，字母 I、O、Z 不得用于轴线编号。

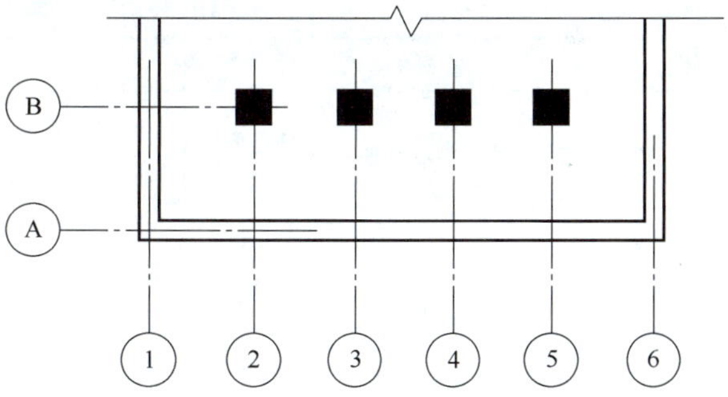

图 3-13　定位轴线

4. 附加定位轴线

主轴线是定位建筑的整体尺寸的，在框架设计之后，一些附属构件（如隔墙、排烟口）的位置和尺寸则需要补充附加定位轴线用以辅助定位。附加定位轴线的编号应以分数形式表示，两根轴线间的附加轴线，应以分母表示前一轴线的编号，分子表示附加轴线的编号，分子的编号宜用阿拉伯数字顺序编写。如图 3-14 所示，(2/3)表示③轴后的附加第二根轴线；(1/A)表示Ⓐ轴后的附加第一根轴线。①轴或Ⓐ轴之前的附加轴线的分母应以“01”或“0A”表示。

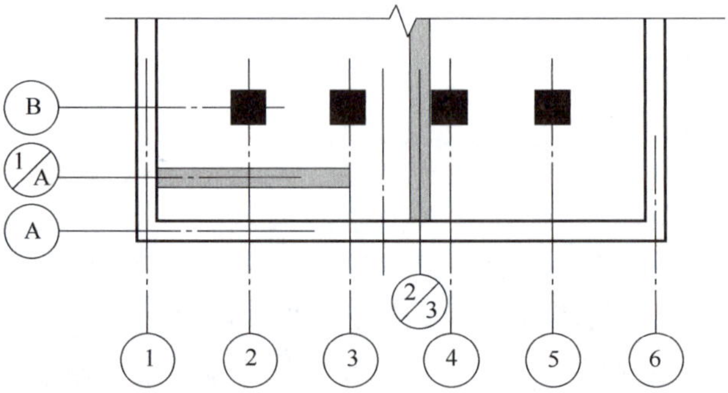

图 3-14 附加定位轴线

5. 常用建筑图例

在建筑平面图中，门用字母“M”表示，窗用字母“C”表示。后面加数字用以区分不同的门窗大小及类型，如“M2”表示第二种类型的门；“C3”表示第三种类型的窗。有时“M”或“C”后加多个数字，如“M1224”，前两位表示门的宽度（1200mm），后两位表示门的高度（2400mm）。

《建筑制图标准》（GB/T 50104—2010）图例

《建筑制图标准》（GB/T 50104—2010）列出了构造及配件的图例。表 3-3 所示为常用门窗在平面图中的图例，其余部分可查阅标准。

表 3-3 常用门窗在平面图中的图例

序号	名称	图例	备注
1	单扇平开或单向弹簧门	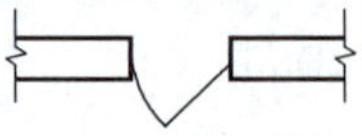	门的名称代号用“M”表示 平面图中，下为外，上为内。门开启线为 90°、60°或 45°
2	单扇平开或双向弹簧门	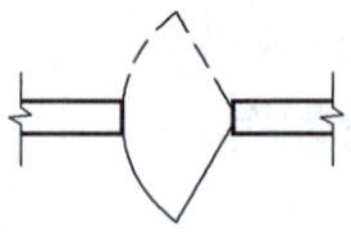	
3	双层单扇平开门	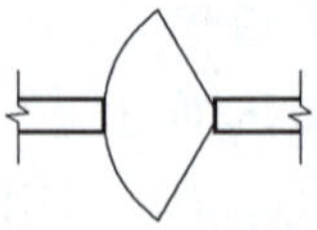	
4	单面开启双扇门（包括平开或单面弹簧）	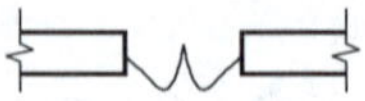	
5	双面开启双扇门（包括双面平开或双面弹簧）		
6	双层双扇平开门	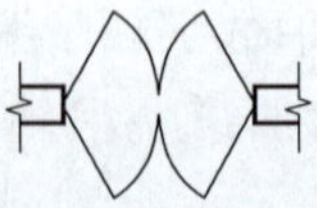	

续表

序号	名称	图例	备注
7	竖向卷帘门	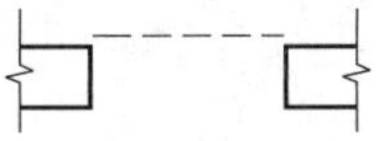	—
8	空门洞	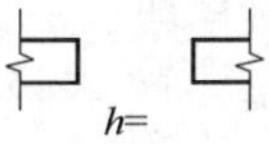	h为门洞高度
9	固定窗	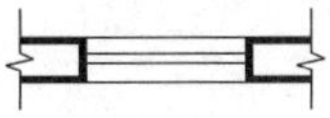	窗的名称代号用“C”表示 平面图中，下为外，上为内
10	单层推拉窗	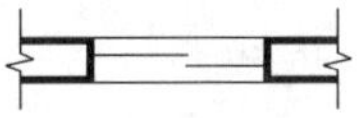	
11	双层推拉窗	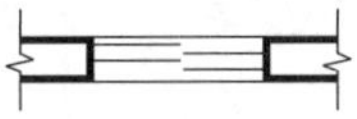	
12	高窗	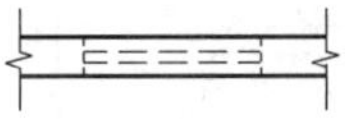	—
13	墙预留洞、槽	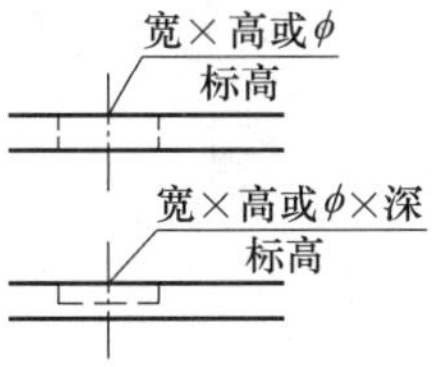	上图为预留洞，下图为预留槽 平面以洞（槽）中心定位 标高以洞（槽）底或中心定位 宜以涂色区别墙体和预留洞（槽）

6. 尺寸标注

标注的尺寸包括外部尺寸和内部尺寸。若建筑平面图上下对称且左右对称，则尺寸标注一般注写在图形下方和左方，否则在上方、下方、左方、右方均须注写。

外部尺寸包括三道尺寸。最外面一道尺寸称为第一道尺寸，表示外轮廓的总尺寸，即从一端外墙边到另一端外墙边的总尺寸。如图 3-15 所示，建筑物的总长度为 8640mm。第二道尺寸表示轴线之间的距离，通常为房间的开间和进深尺寸。如①轴与②轴之间的距离为 3300mm。①轴上墙体的半墙厚度为 120mm，轴线位于墙体中心，则整墙厚度为 240mm。第三道尺寸为细部尺寸，表示门窗洞口的宽度和位置、墙柱的大小和位置等。如Ⓐ轴上①轴与②轴之间的 1 号窗（C1）宽为 2100mm，该窗边距离①轴 600mm，距离②轴

600mm，有了这些数据，便可以确定窗的位置。

内部尺寸用于表示室内的门窗洞、孔洞、墙厚、房间净空和固定设施等的大小和位置。如 3 号门（M3）的宽度为 900mm，从①轴上墙体的内边缘到该门边的距离为 2040mm。

7. 图线

建筑平面图中的图线应粗细有别、层次分明。如图 3-15 所示，被剖切到的墙、柱的断面轮廓线用粗实线画出。砖墙一般不画图例，钢筋混凝土的柱和墙的断面通常涂黑表示。没有剖切到的可见轮廓线，如窗台、台阶、楼梯、阳台、散水和坡道、屋顶等用中实线画出。尺寸线与尺寸界线、标高符号等用细实线画出。

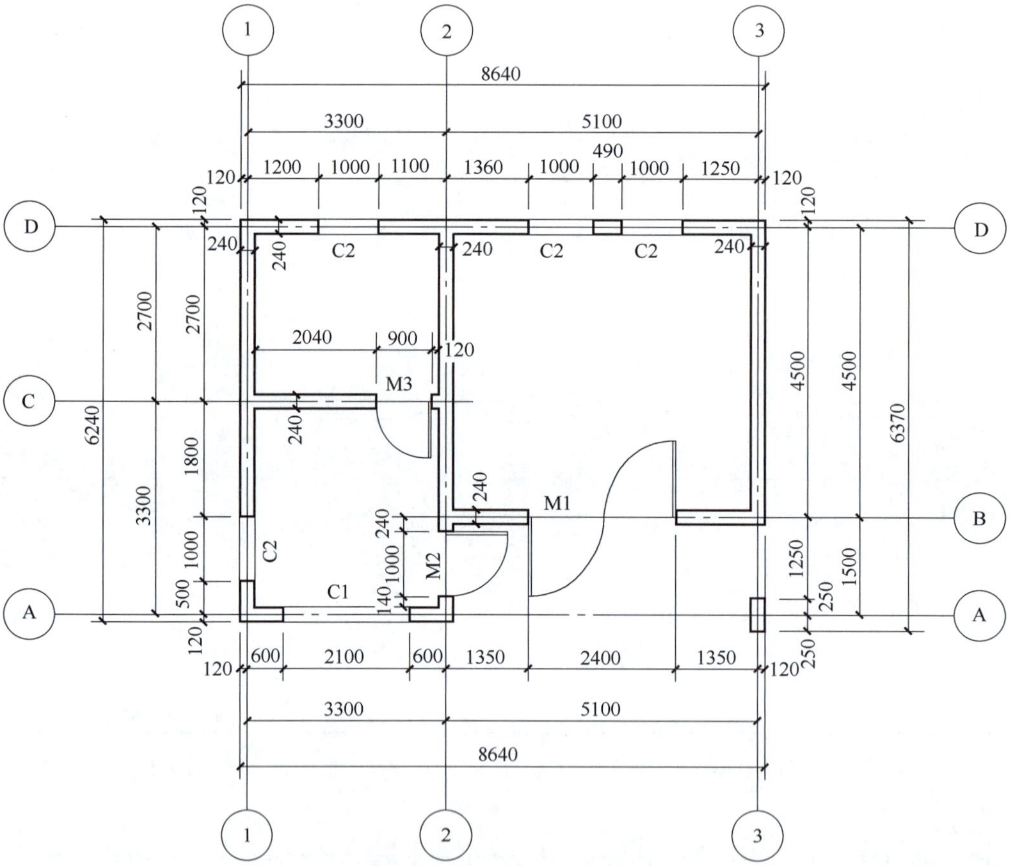

图 3-15　尺寸标注与图线样例

任务实施

四人一组，识读图 3-12 所示的文化馆一层平面图，组内轮流讲解并共同完成读图及讲图的纪要。进行组间互评，具体评分标准如表 3-4 所示。

识读建筑平面图

表 3-4　　作品评分表

活动	项目	识读内容	得分
读图、讲图（10 分）	轴线间的距离（2 分）		
	内墙与外墙的厚度（1 分）		
	门的种类，每种门的宽度（2 分）		
	窗的种类，每种窗的宽度（2 分）		
	台阶的宽度（1 分）		
	散水的宽度（1 分）		
	其他（1 分）		
总分			

强化练习

文化馆平面图找错误模型

1. 根据图 3-12 所示的文化馆一层平面图，找到一层模型中轴间距离和门窗位置的错误。

2. 高窗的图例表示方法正确的是（　　）。

A. 　B. 

C. 　D. 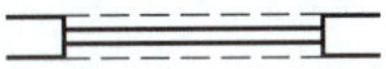

3. 根据表 3-5 所示的门窗表，可知四层平面图中共有（　　）种类型的门。

表 3-5　　门窗表

编号	洞口尺寸/mm		数量/个				合计
	宽度	高度	一层	二层	三层	四层	
C1	2400	1800	3	3	3	—	9
C2	2100	1800	12	12	12	12	48
M1	1000	2700	13	13	13	13	52
M2	3000	2700	1	—	—	—	1
M3	1500	2700	1	—	—	—	1
M4	900	2100	2	2	2	2	8

4. 对比图 3-12 所示的文化馆一层平面图和图 3-16 所示的文化馆二层平面图，找到布置的不同之处。

5. 根据图 3-17，回答下列问题。

（1）建筑物的坐向是（　　）。

（2）建筑物外墙厚（　　）。

（3）列举该层窗的编号及其宽度：（　　）；列举该层门的编号及其宽度：（　　）。

（4）散水的宽度是（　　）。

文化馆
二层平面图

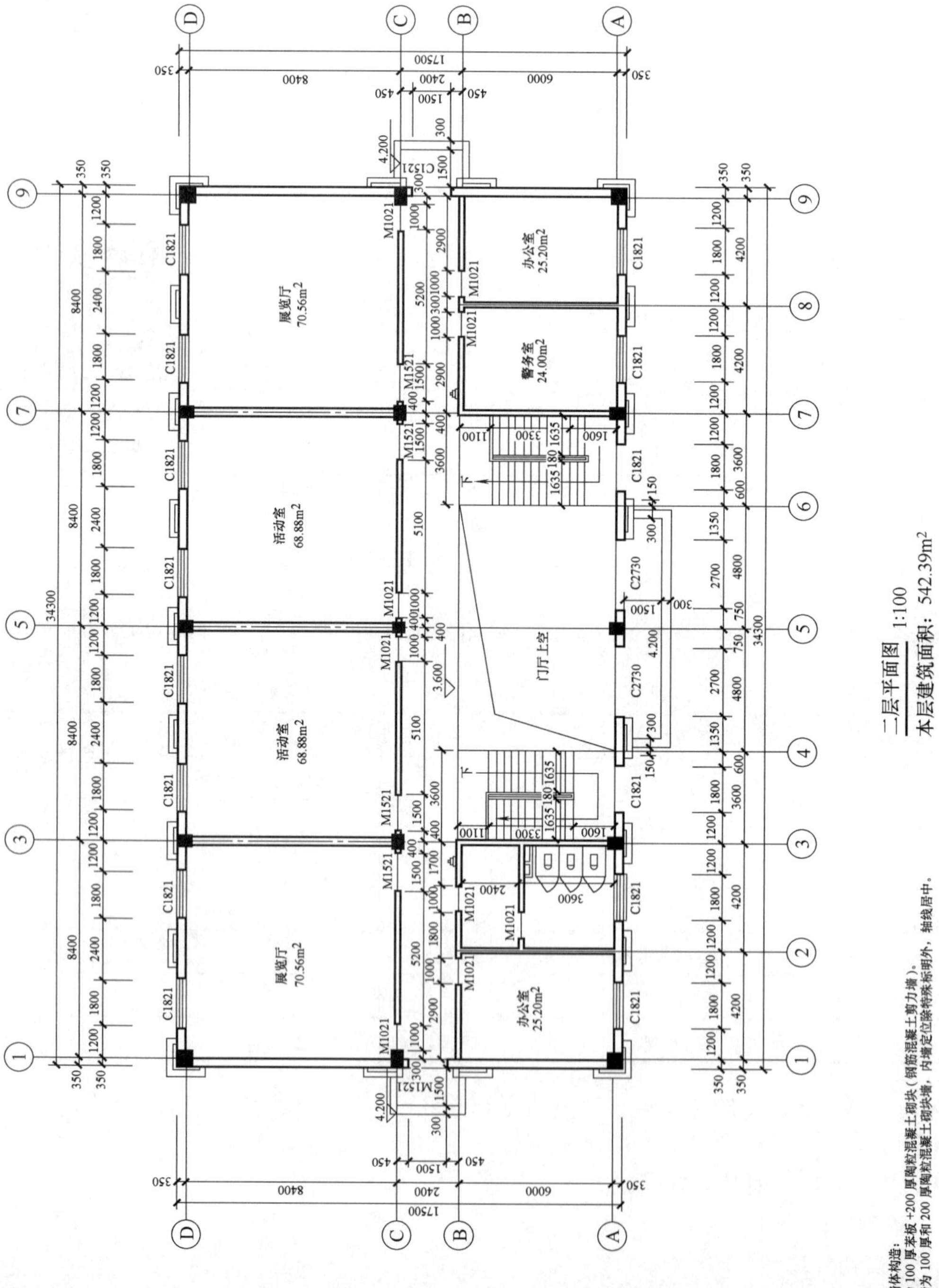

图3-16 文化馆二层平面图

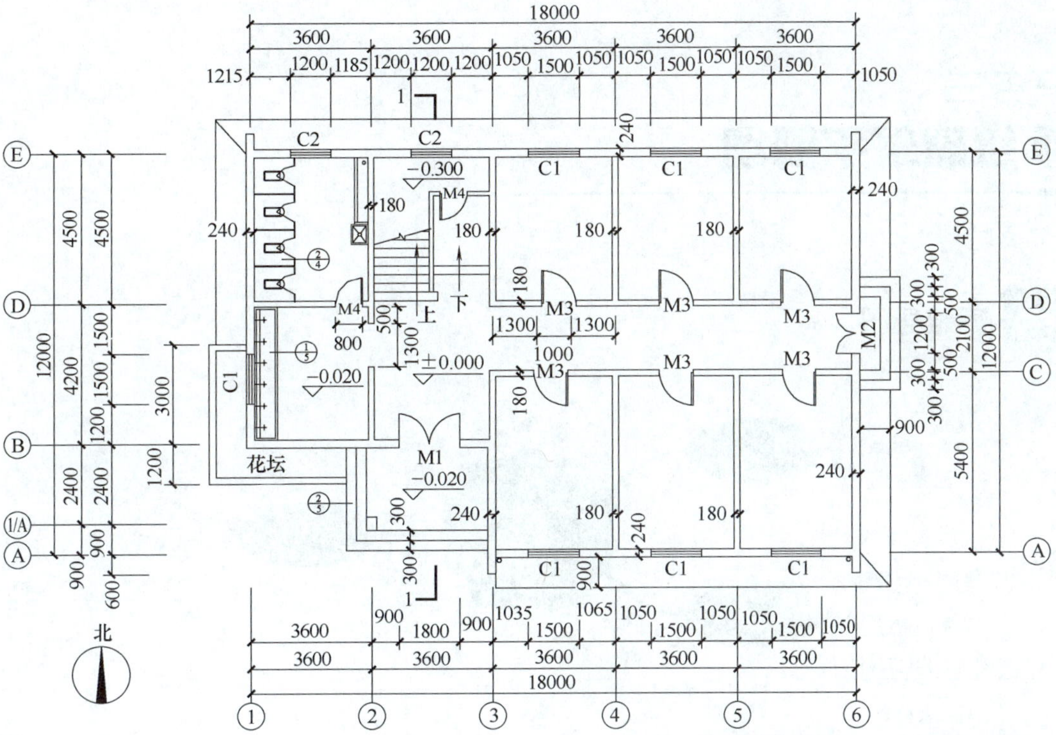

图 3-17　×层建筑平面图

Revit 软件建立轴网的方法

轴网模型

任务拓展

如图 3-18 所示，在 Revit 软件中完成建立模型的第一步——绘制轴线。

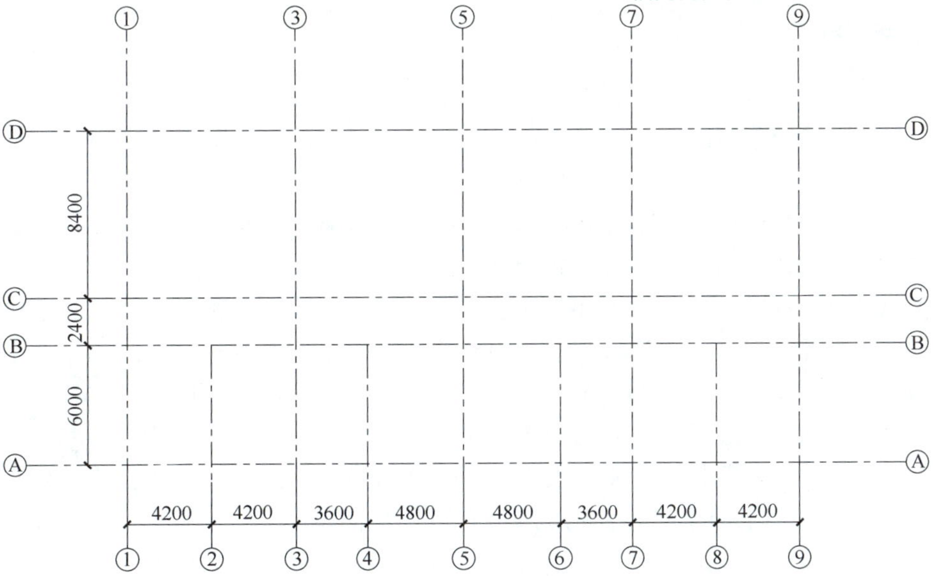

图 3-18　轴线

任务三
手绘建筑平面图

思维导图

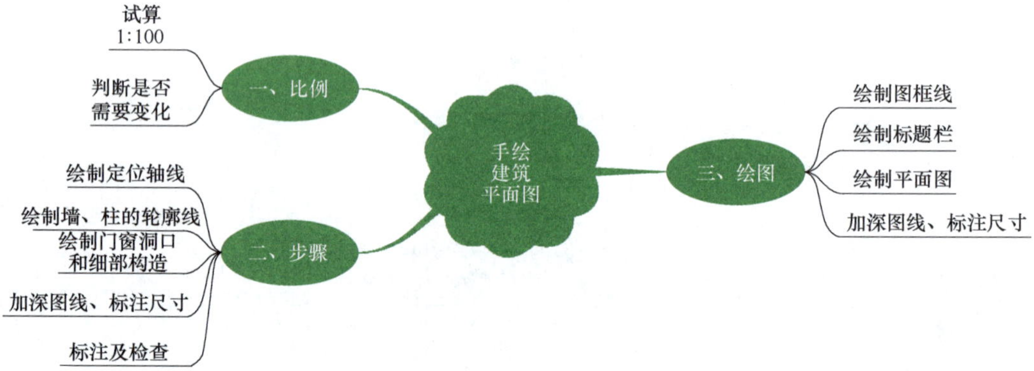

任务引入

手绘如图 3-19 所示的一层平面图［该图取自 2021 年第二期“1+X”建筑信息模型（BIM）职业技能等级考试——初级——实操试题第三题］。

要求用 A3 图纸绘制，在图纸内绘制图框线和作业用的标题栏。应做到作图准确、布图均匀、图线层次分明、图面整洁、标注齐全、字体工整。

任务分析

一、确定绘图比例

为了将建筑平面图放到规定大小的图纸中，需要选用缩小的比例。根据国标规定，建筑平面图常用的比例有 1∶100、1∶50 和 1∶200 等。

采用试算的方式，首先用 1∶100 的比例计算图上的总长度和总宽度，即用实际尺寸除以 100，得到图上尺寸，验算将其放到规定的图纸中是否能够放得下，同时，应考虑图上须留有图框线、标题栏、三道尺寸线、轴号和图名的位置。若用 1∶100 的比例计算得到的图上尺寸超过了图纸的大小，则试算 1∶200 的比例；若用 1∶100 的比例计算得到的图上尺寸较小，整张图纸上、下、左、右空余过多，则试算 1∶50 的比例。

建筑平面图
绘图步骤

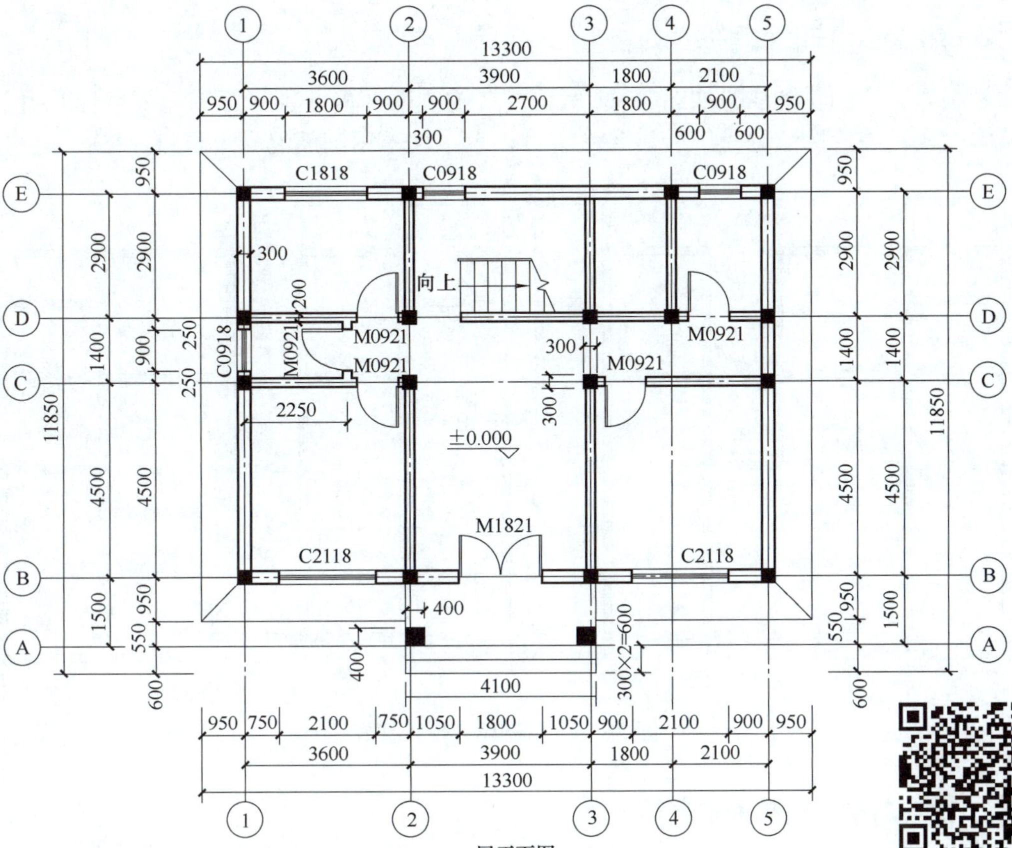

一层平面图 1:100

图 3-19 一层平面图

建筑设计说明及一层平面图

思政：与时俱进学新知

二、建筑平面图的绘图步骤

1. 绘制定位轴线

用点画线绘制定位轴线，如图 3-20 所示。注意，每两条轴线之间的距离应按标注尺寸乘以比例确定。

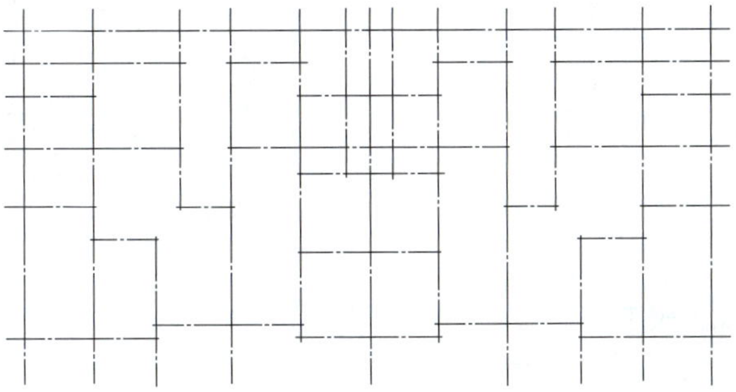

图 3-20 绘制定位轴线

2. 绘制墙、柱的轮廓线

绘制墙、柱的轮廓线，如图 3-21 所示。在轴线的两侧分别计算图上的墙厚尺寸，绘制墙体边线；柱轮廓绘制完毕后需要涂实，以表示柱采用钢筋混凝土材料。

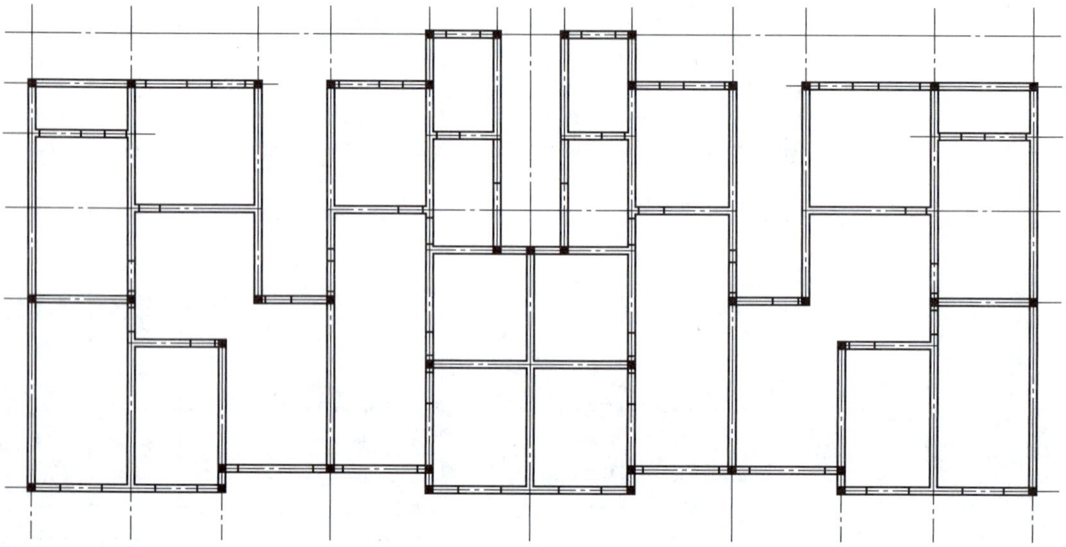

图 3-21 绘制墙、柱轮廓线

3. 绘制门窗洞口和细部构造

绘制门窗洞口和细部构造，如图 3-22 所示。首先在墙上确定门窗的位置，绘制出两侧的轮廓线；然后将中间部分用橡皮擦干净，再绘制相应的门窗图例。

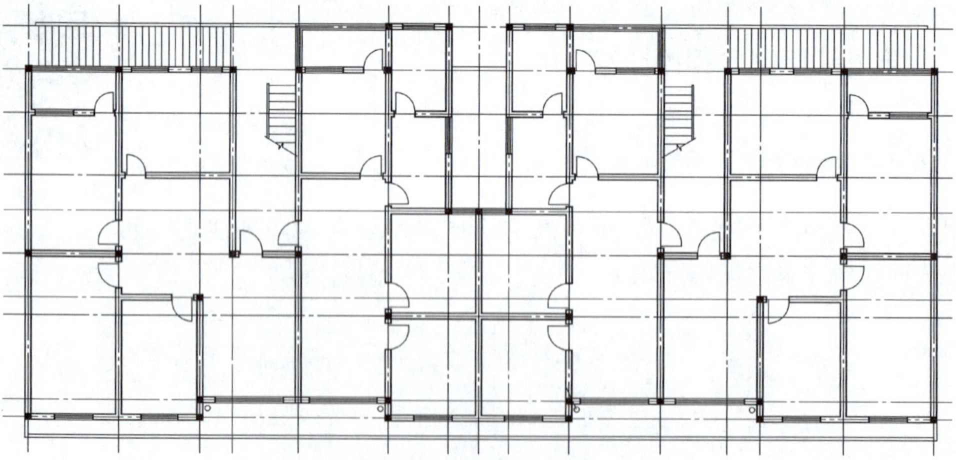

图 3-22 绘制门窗洞口和细部构造

4. 加深图线、标注尺寸

加深图线、标注尺寸，如图 3-23 所示。先将墙的轮廓线加粗，然后绘制三道尺寸线及轴号。

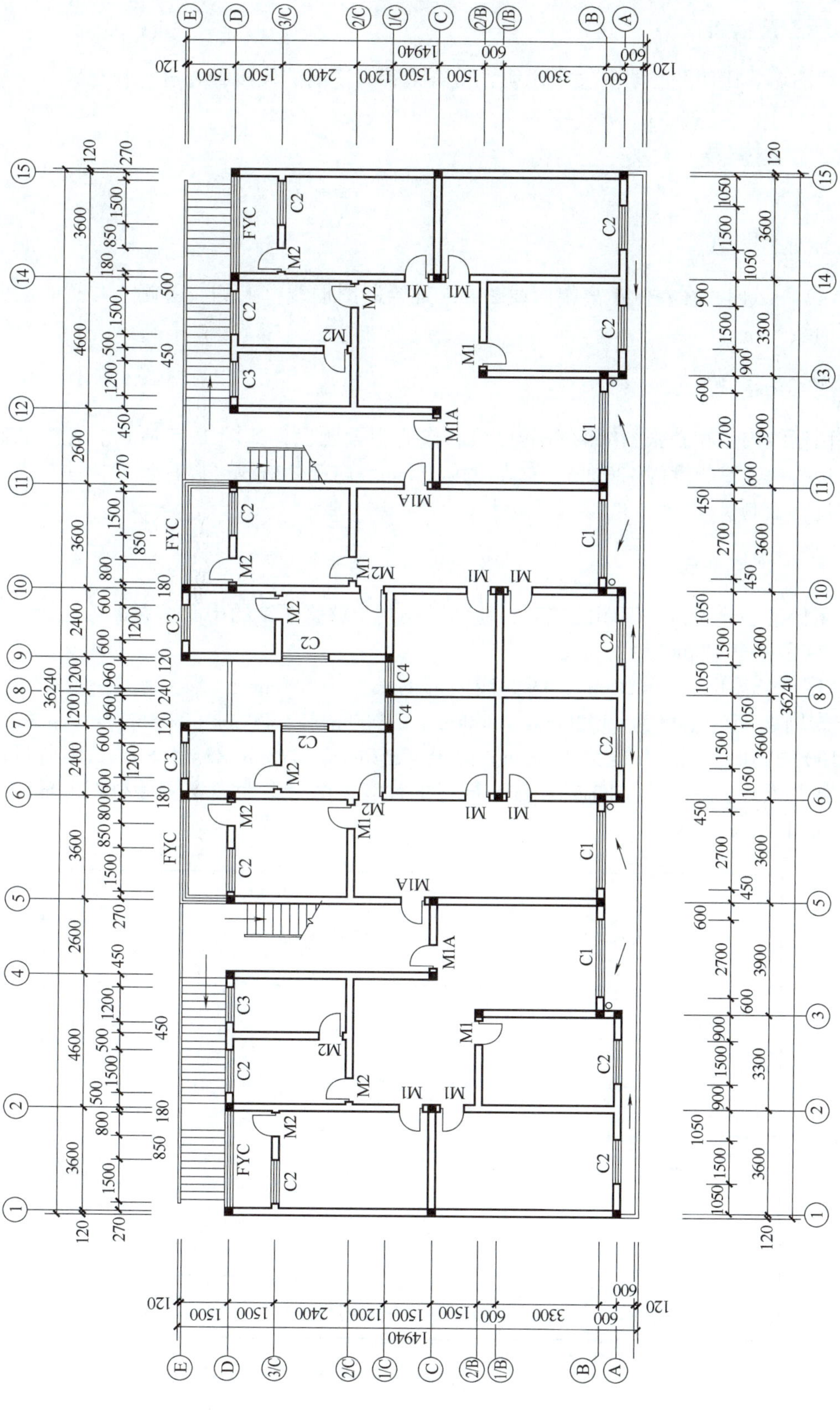

图 3-23　加深图线、标注尺寸

5. 标注及检查

标注图名、比例及必要的文字说明，检查是否有遗漏的线段，并进行补充。

三、绘图指导

1. 绘制图框线

在 A3 图纸内，在左侧距离幅面线 25mm 处绘制图框线，上侧、下侧、右侧的图框线距离幅面线 5mm。

2. 绘制标题栏

在图框线内，在整张图纸的右下角绘制作业用标题栏，如图 1-5 所示。先绘制标题栏的外边线，其总长度为 130mm，总高度为 28mm。内部分格线可以在尺寸标注与书写文字时再进行绘制。

3. 绘制定位轴线

为了保证手绘建筑平面图的美观，应将其绘制于整张图纸的中心，并需要在绘图之前计算图 3-19 中①轴和Ⓐ轴的位置。

A3 图纸长边尺寸为 420mm，图框线内部的长度为 390mm，要绘制的一层平面图的①轴与⑤轴之间的距离为 11400mm（3600mm + 3900mm + 1800mm + 2100mm = 11400mm），按 1∶100 的比例，图上长度为 114mm。由于（390mm−114mm）/2 = 138mm，因此可以取距离左侧图框线 140mm 绘制①轴；按照同样的计算方法，取距离上侧图框线 80mm 绘制Ⓔ轴，如图 3-24 所示。

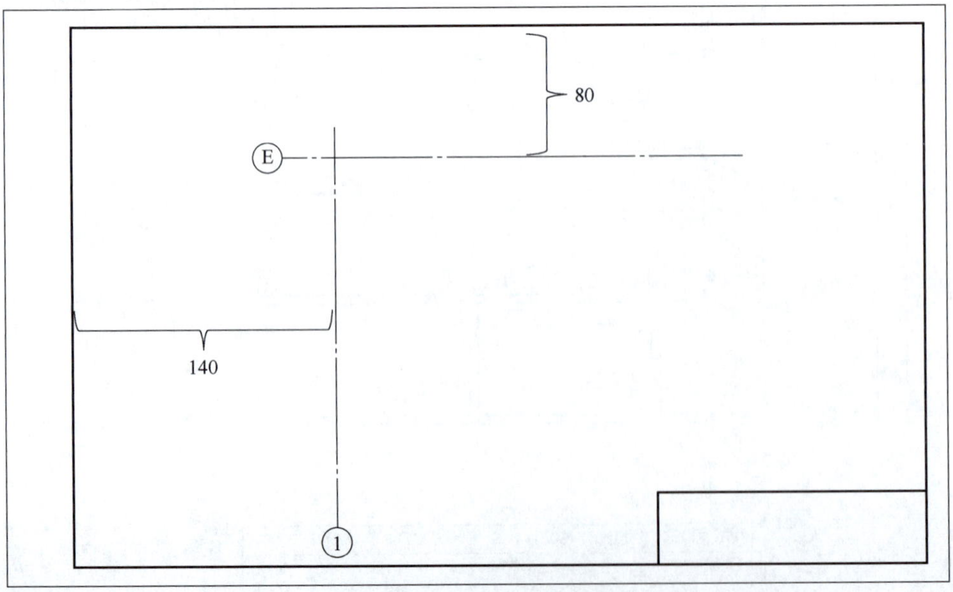

图 3-24　确定轴线的位置

尺寸标注的①轴与②轴之间的距离为 3600mm，图上长度为 36mm。因此，在①轴的右侧，与①轴距离 36mm 处绘制一条点画线，即为②轴。用同样的方法可以绘制所有轴线。

4. 绘制墙、柱轮廓线

根据图纸前的说明可知外墙的厚度为 300mm，内墙的厚度为 200mm。在①轴的左侧，距离①轴 1.5mm 处绘制与该轴平行的实线作为外墙的边线，在右侧也绘制相同的边线，即可完成①轴上外墙的绘制。用同样的方法，绘制⑤轴、Ⓔ轴和Ⓑ轴上的外墙边线。②轴上的墙体为内墙，在轴线的两侧分别绘制距离轴线 1mm 的内墙边线。用同样的方法，将③轴、④轴、Ⓒ轴和Ⓓ轴的内墙边线绘制完毕。由于墙体相交处有边长为 300mm 的柱，所以在图上绘制边长为 3mm 的柱；而Ⓐ轴上方有两根边长为 400mm 的柱，所以在图上绘制边长为 4mm 的柱，并将两种柱的内部涂实。

5. 绘制门窗和细部构造

根据细部尺寸，识读墙体上门窗的宽度和门窗边缘到轴线的距离。如Ⓑ轴上的窗“C2118”，其边缘与Ⓐ轴的距离为 750mm，则先在图上从①轴向右量取 7.5mm 绘制窗的一条边线，再从②轴向左量取 7.5mm 绘制窗的另一条边线；然后将中间部分用橡皮擦拭干净，绘制窗的图例。用同样的方法，可以绘制所有的门窗。绘制完门窗后，按比例绘制 900mm 宽的散水与踏步宽度为 300mm 的台阶。

6. 加深图线、标注尺寸

被剖切到的墙、柱断面轮廓用粗实线绘制，未剖切到的可见轮廓线用中实线绘制。在建筑平面图的上侧、下侧、左侧、右侧各标注三道尺寸线，每两道之间的距离为 10mm；尺寸标注要有尺寸界线、尺寸线、尺寸起止符号和数字，数字居中注写，且水平方向的数字位于尺寸线的上方并从左往右注写，竖直方向的数字位于尺寸线的左侧并从下往上注写。内部尺寸应标注墙体位置、墙体厚度和柱的尺寸。横轴的轴号用数字表示，从左到右依次注写；纵轴的轴号用大写英文字母表示，从下到上依次注写。完成上述工作后，可书写图名、比例和标题栏内的文字。

任务实施

按照任务要求，用 A3 的图纸独立完成图 3-19 所示一层平面图的绘制，完成效果如图 3-25 所示。

两人一组，从布局、作图、图线、尺寸标注、字体、图面整洁等方面进行作品互评，具体评分标准如表 3-6 所示。

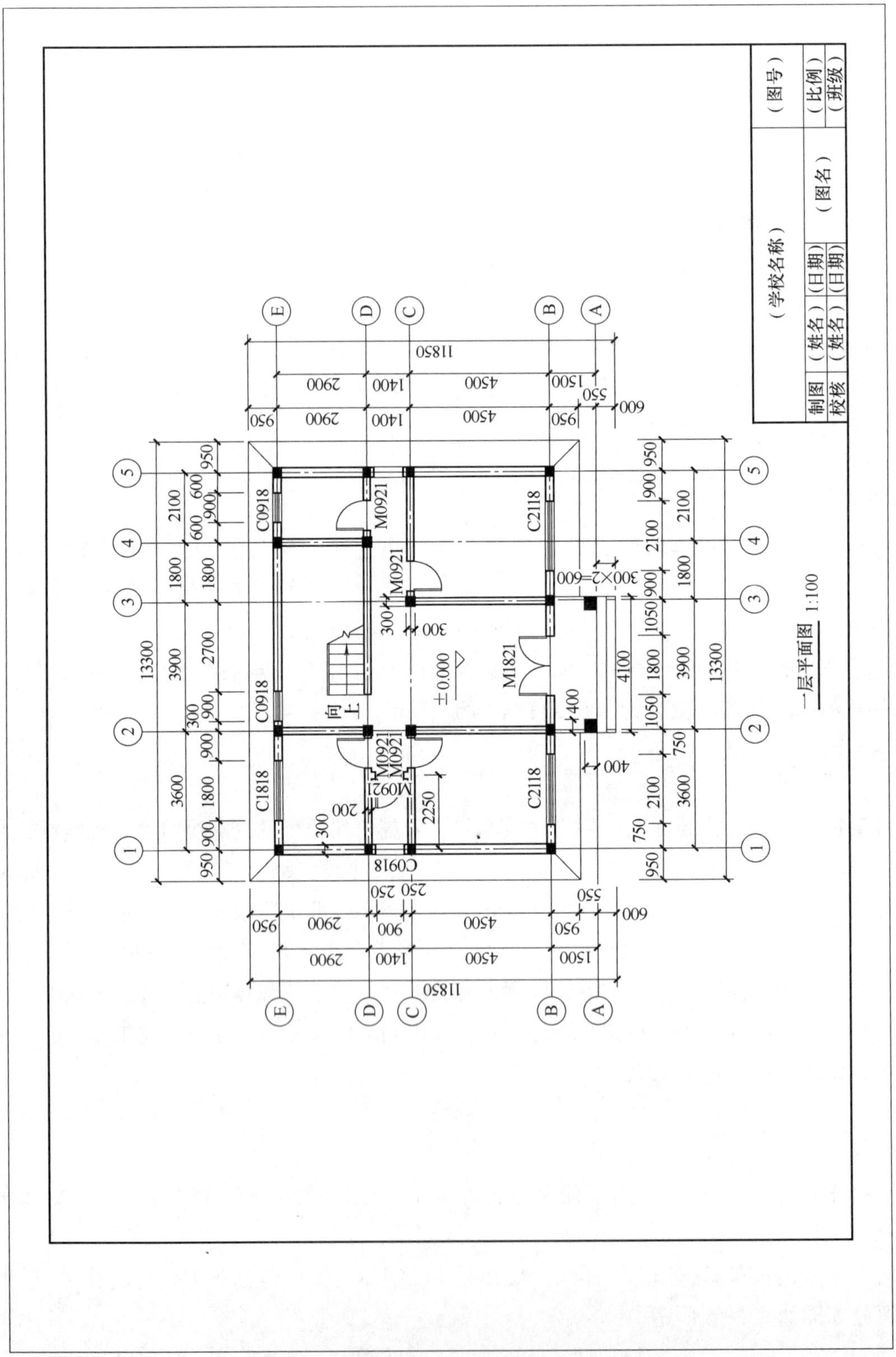

图 3-25　一层平面图完成效果

表 3-6　　　　作品评分表

活动	项目	得分
绘图（10 分）	布局均匀，一层平面图位于图纸的中心（1 分）	
	作图准确，线型、轴间距离、门窗宽度及位置、墙体厚度、柱的尺寸等正确（4 分）	
	图线层次分明（1 分）	
	尺寸标注齐全，图名、比例正确（2 分）	
	字体工整，大小一致（1 分）	
	图面整洁（1 分）	
总分		

强化练习

一、单选题

1. 画图时，粗、中、细三档实线的线宽为（　　）。

A. $2b$，b，$0.5b$　　B. b，$0.5b$，$0.25b$

C. b，$0.5b$，$0.35b$　　D. $1.2b$，$0.6b$，$0.3b$

2. 在建筑平面图中，绘制墙体的线为（　　）

A. 粗实线　　B. 细实线　　C. 点画线　　D. 虚线

3. 定位轴线用于确定（　　）。

A. 尺寸界线　　B. 索引符号　　C. 中心线　　D. 墙和柱等的位置

二、判断题

1. 长体仿宋字的书写要领：横平竖直，注意起落，结构均匀，填满方格。（　　）

2. 建筑施工图中定位轴线端部的圆用细实线绘制，直径为 11~12mm。（　　）

任务拓展

参照一层平面图的画法，绘制图 3-26 所示的二层平面图。

二层平面图

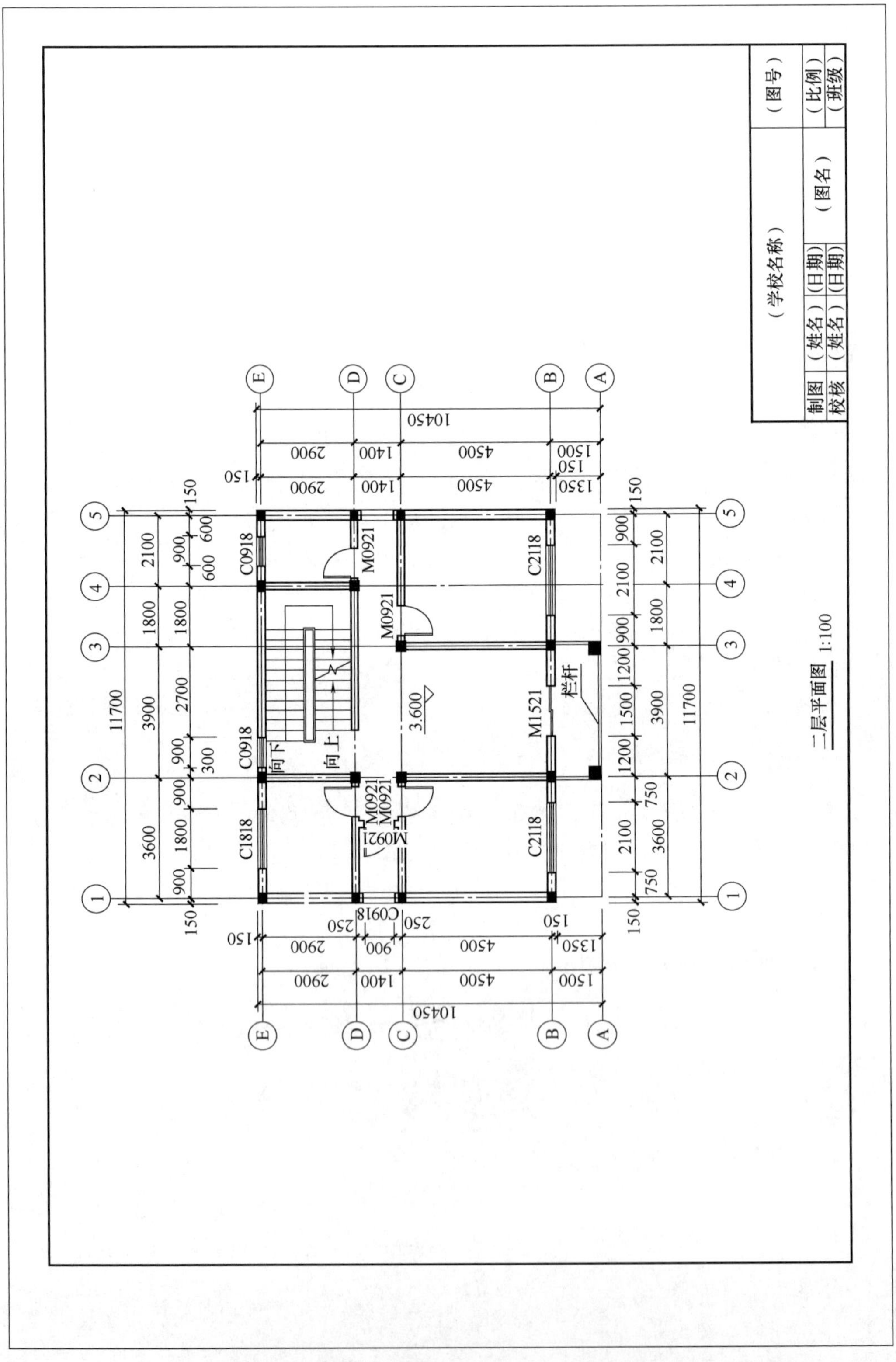
（学校名称）
（图号）
（图名）
（比例）
（班级）
制图 （姓名）（日期）
校核 （姓名）（日期）
二层平面图 1:100
栏杆
向上
向下
3.600
C0918
C1818
C2118
M0921
M1521
C0918
10450
11700

图 3-26 二层平面图

任务四
识读建筑立面图

思维导图

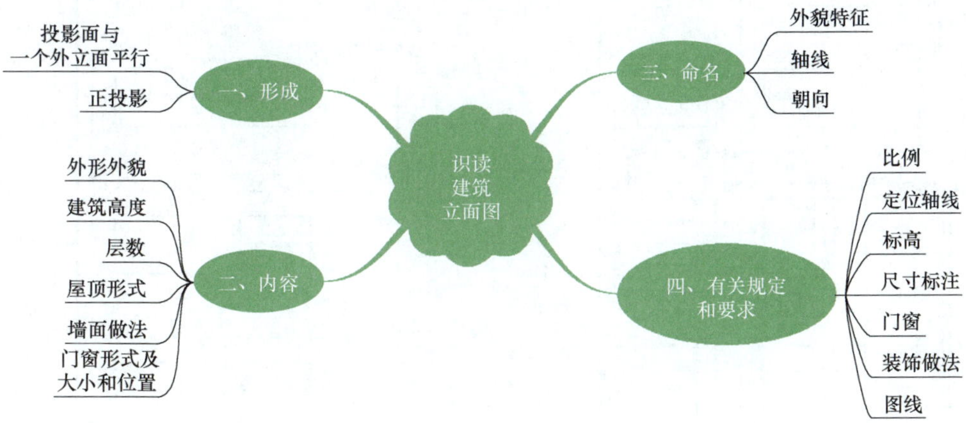

任务引入

作为工程项目的施工人员，要完成墙体、门窗的建造，只靠平面图的数据是不够的，还需要立面图。请识读图 3-27 所示的文化馆立面图，为完成墙体、门窗建造提供数据，并完成讲解任务。

任务分析

正确识读建筑立面图要掌握立面图的形成与内容、命名、标高、尺寸标注、门窗图例、装饰做法、图线等内容。

一、建筑立面图的形成

建筑立面图的
形成与内容

假设在建筑物的一侧放置竖直投影面，保证其与建筑物的一个外立面平行，将建筑向这个投影面作正投影，所得到的图样称为建筑立面图，简称立面图。

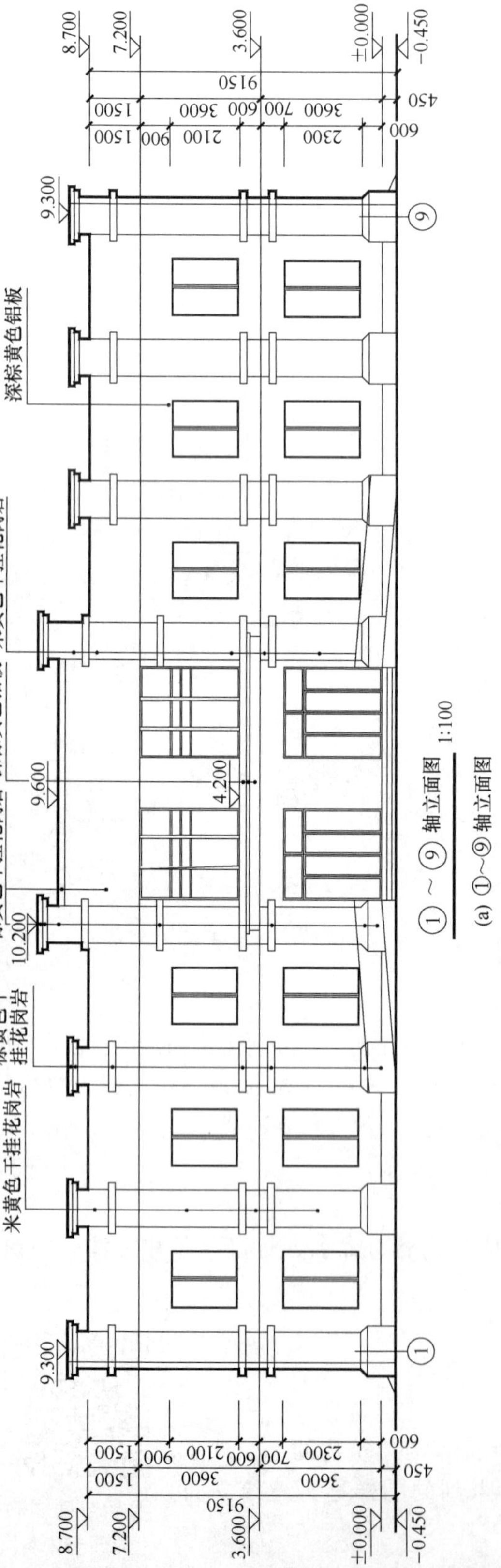

①~⑨轴立面图 1:100

(a) ①~⑨轴立面图

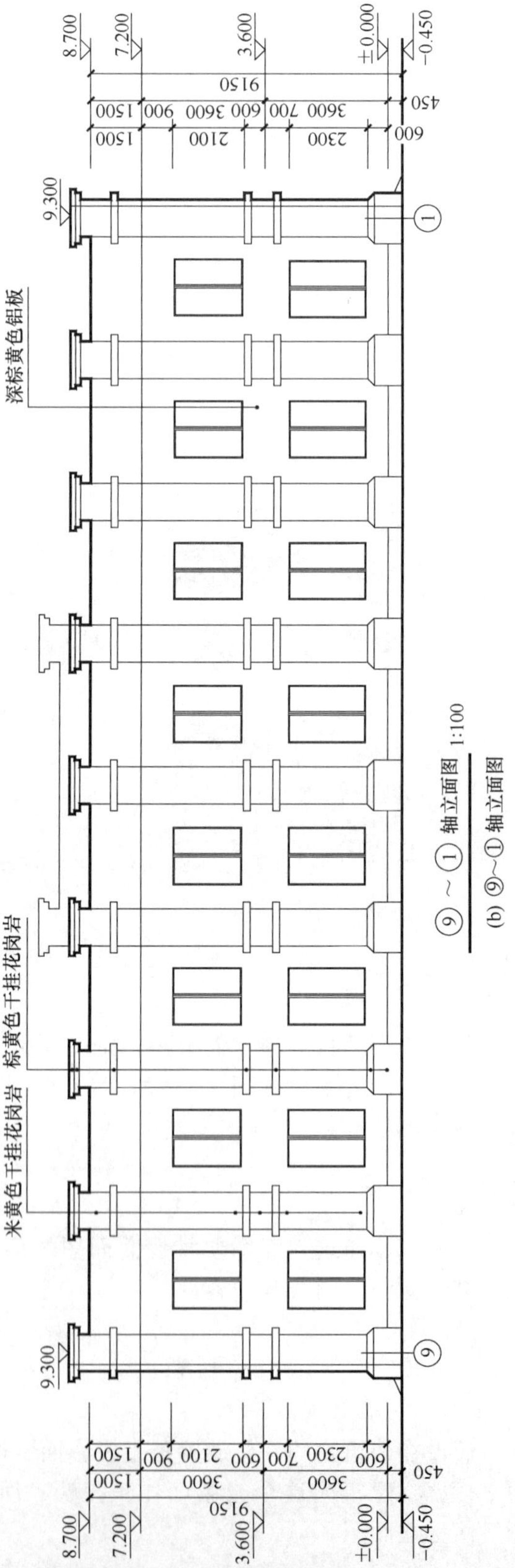

⑨~①轴立面图 1:100

(b) ⑨~①轴立面图

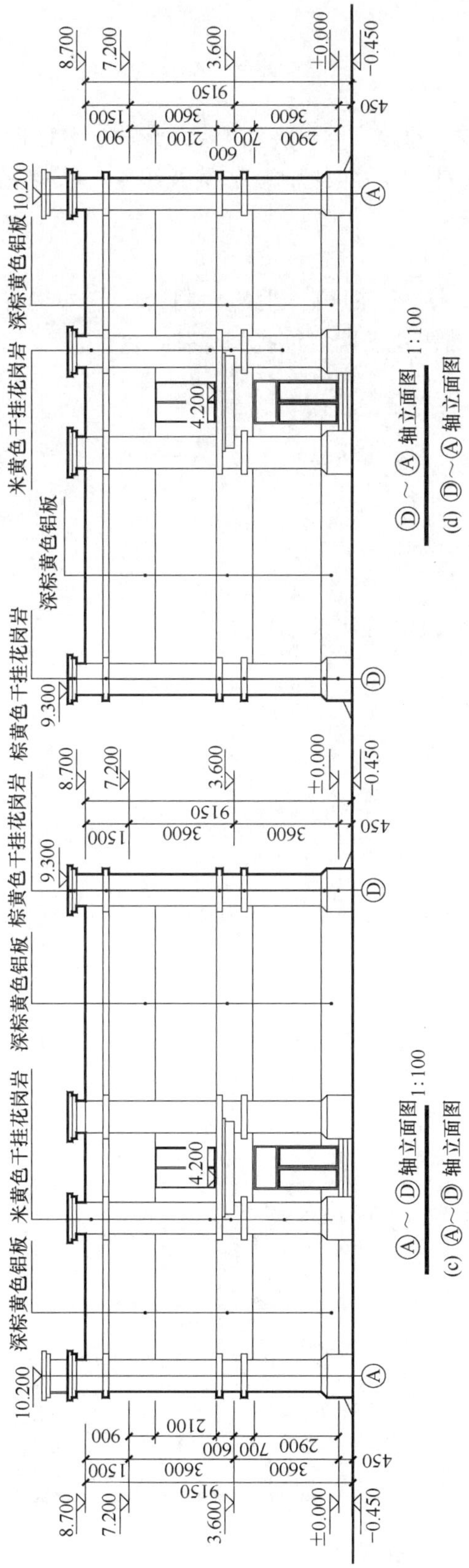

图 3-27 文化馆立面图

文化馆立面图

二、建筑立面图的内容

建筑立面图主要反映房屋的外形外貌、建筑高度、层数、屋顶形式、墙面做法、门窗形式及大小和位置等内容，具体包括基本构件、尺寸及标高、轴线及编号、材料做法等内容。

1. 基本构件

建筑立面图中应绘制室外地坪线、台阶、门窗、雨篷、阳台、室外楼梯、外墙面、柱、檐口、屋顶形状、雨水管、墙面分隔线及外墙装饰线脚等基本构件。

2. 尺寸及标高

室外地面、台阶、阳台、檐口、屋脊、女儿墙等处应注写完成面的尺寸及标高，其余部分应注写毛面尺寸及标高。

3. 轴线及编号

建筑立面图中应注写建筑物两端或分段的轴线及编号。

4. 材料做法

建筑立面图中应标注外墙面的装饰装修做法。

三、建筑立面图的命名

建筑立面图的命名方式有三种，即按外貌特征命名、按轴线命名和按朝向命名。

1. 按外貌特征命名

如图 3-28 所示，反映主要出入口或反映房屋外貌主要特征的那一面的立面图，称为正立面图；面对建筑物的正立面，左侧和右侧的立面分别为左侧立面图和右侧立面图；在建筑物的后面看到的立面图，称为背立面图。

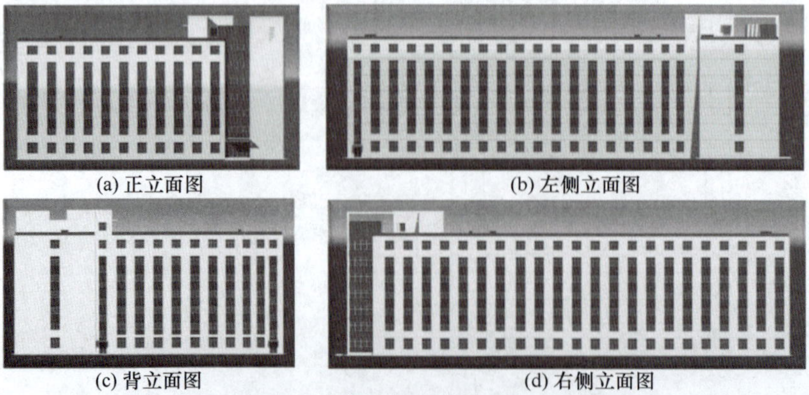

(a) 正立面图　(b) 左侧立面图　(c) 背立面图　(d) 右侧立面图

图 3-28　立面图按外貌特征命名

2. 按轴线命名

建筑立面图可用建筑物两端定位轴线编号命名，如①~⑩轴立面图、Ⓐ~Ⓓ轴立面图。

3. 按朝向命名

建筑立面图可按房屋的朝向命名，如南立面、北立面、东立面、西立面。

四、建筑立面图的有关规定和要求

1. 比例

建筑立面图常用的比例为1∶100，也可以采用1∶50和1∶200。其比例宜与平面图保持一致，比例写于图名之后，字号比图名小一号或两号。

2. 定位轴线

建筑立面图一般只标出两端的轴线及编号，且编号应与平面图一致。如图3-29所示，建筑物的两端轴号为①和⑧，则该张立面图可以称为“①~⑧轴立面图”。找到该建筑物的一层平面图，因为两张图纸的比例相同，因此两张图上的①轴和⑧轴之间的距离也相同，从而得到如图3-29所示的对应关系。从图3-29中立面图的名称可以判断它是主要出入口所在的立面图，即正立面图。

3. 标高

一般地，在建筑立面图的左右两侧或一侧标注室外地坪、室内地面、每一层楼面、窗底、窗顶、雨篷、檐口、女儿墙及各种装饰物的相对标高。如图3-29所示的立面图中，室外地坪为-0.300m，一层室内地面的标高为±0.000m，二层、三层楼面的标高为3.600m和6.900m，檐口的标高为10.200m，最高处的造型高为13.800m。

4. 尺寸标注

在建筑立面图的两侧可以绘制三道尺寸线，从外到内分别表示总高尺寸、层间尺寸和细部尺寸。在细部尺寸中可以看到窗的高度以及门窗上下边缘到楼地面的距离；立面图的内部也会标注高度方向的细部尺寸。如图3-29所示的立面图中，一层窗高为1500mm，窗底距离室外地坪1200mm，因为室内外高差为0.300m，则一层窗底距离一层室内地面900mm。

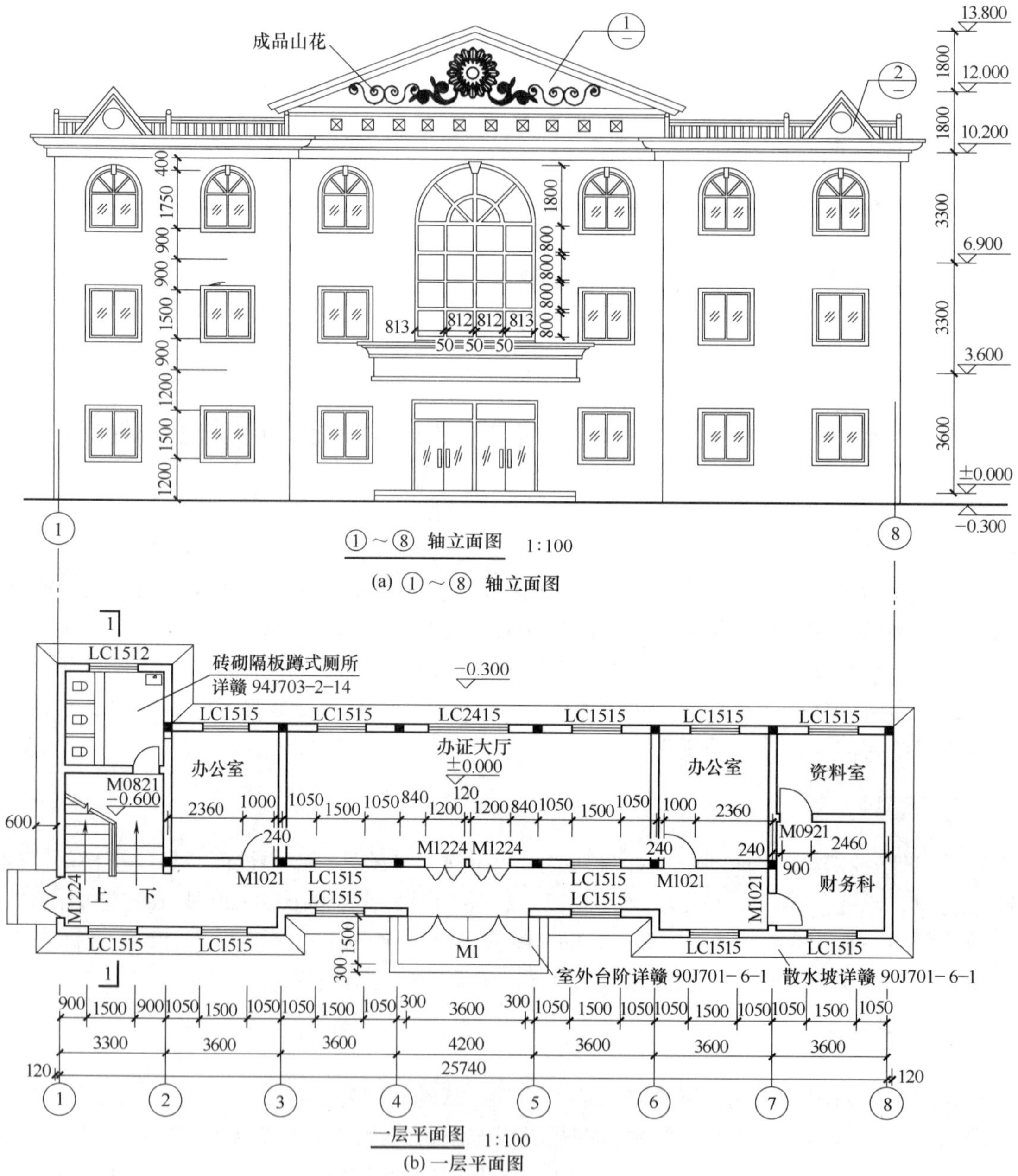

图 3-29　建筑立面图与平面图的对应关系

5. 门窗

在建筑立面图中，仅需要绘制出门窗图例，不需要注写代号。

《建筑制图标准》（GB/T 50104—2010）列出了构造及配件的图例，表 3-7 所示为常用门窗在立面图中的图例，其余部分可查阅标准。为方便查看其与平面图中门窗图例的对应关系，将门窗的平面图例绘制于立面图例的下方。在立面图中，开启线实线为外开，虚线为内开；开启线交角的一侧为安装合页一侧；开启线在建筑立面图中可不表示，在立面大样图中可根据需要绘出。

表 3-7　　常用门窗在立面图中的图例

序号	名称	图例	序号	名称	图例
1	单扇平开或单向弹簧门	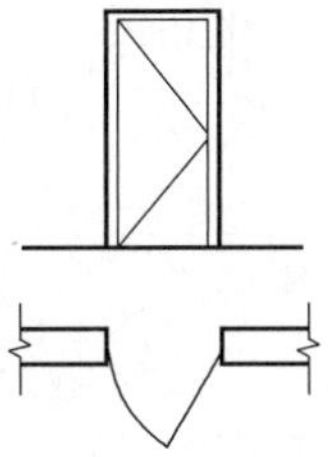	6	固定窗	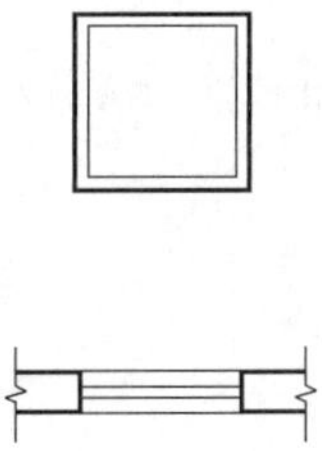
2	单扇平开或双向弹簧门	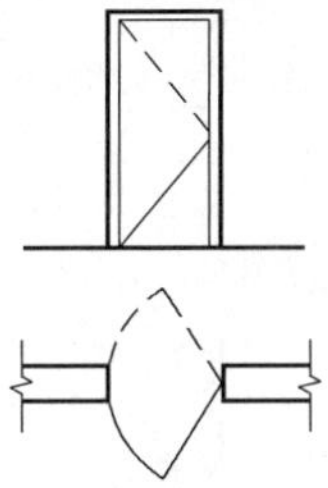	7	上悬窗	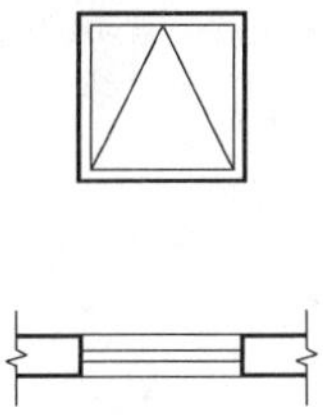
3	双层单扇平开门	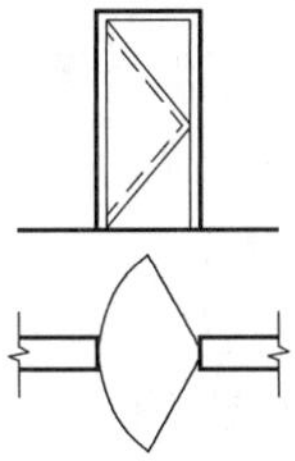	8	中悬窗	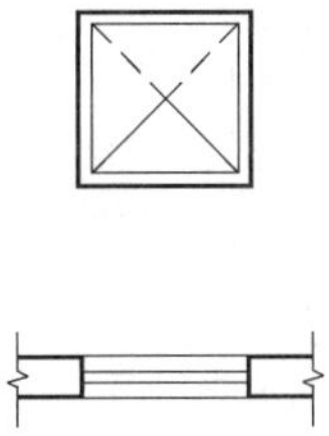
4	单面开启双扇门（包括平开或单面弹簧）	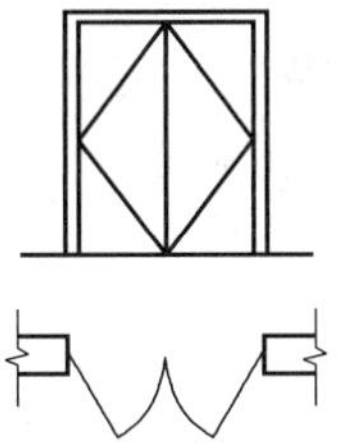	9	下悬窗	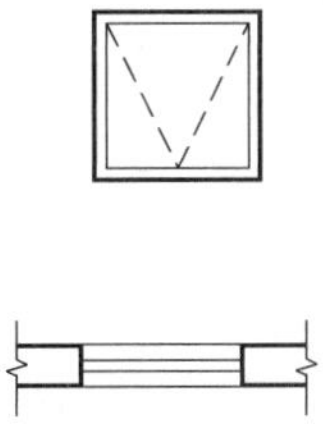
5	双面开启双扇门（包括双面平开或双面弹簧）	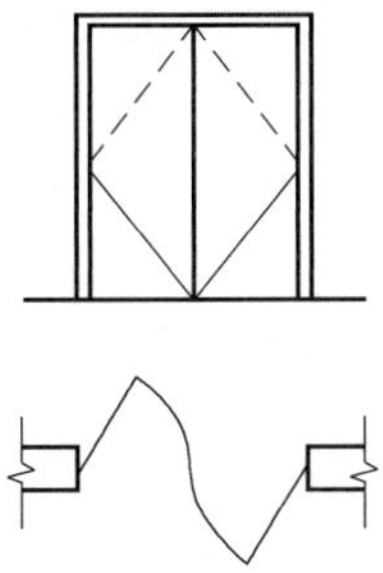	10	立转窗	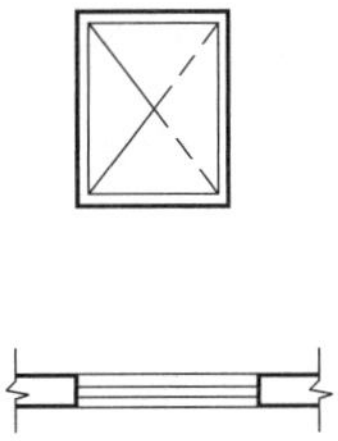

续表

序号	名称	图例	序号	名称	图例
11	双层双扇平开门	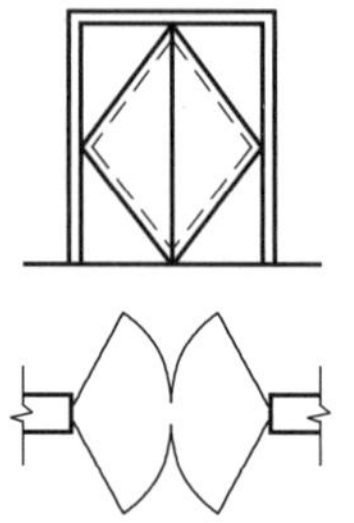	14	单层推拉窗	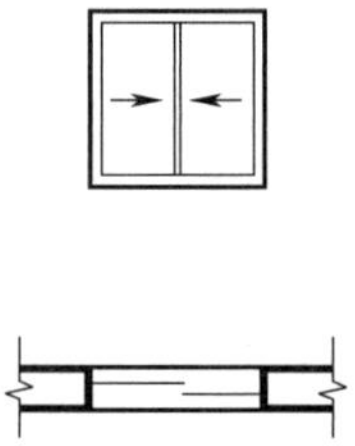
12	竖向卷帘门	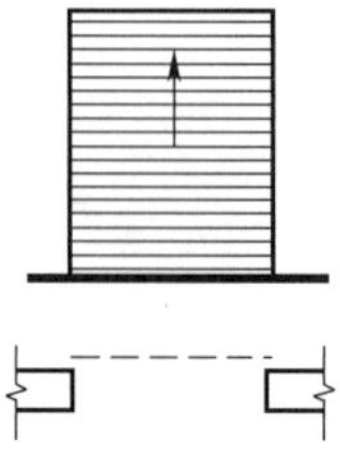	15	双层推拉窗	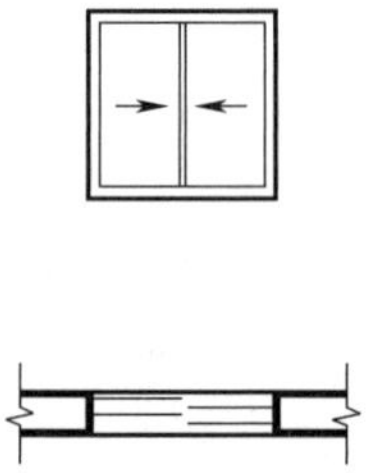
13	空门洞	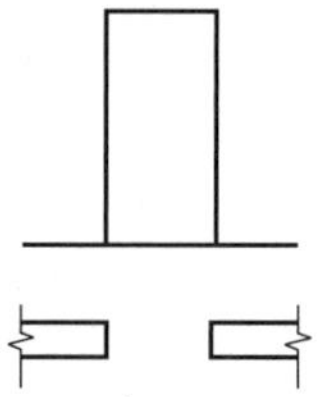 $h=$	16	高窗	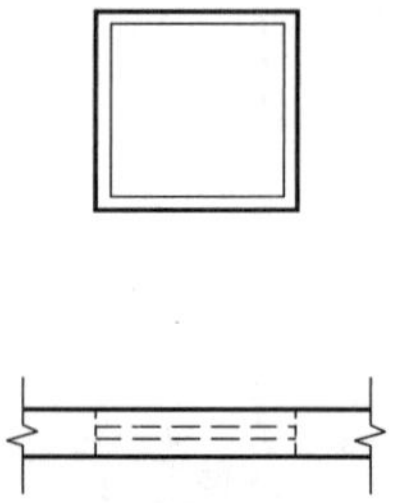 $h=$

注：空门洞中的 h 为门洞高度；高窗中的 h 表示高窗底距本层地面高度。

识读建筑立面图时，特别是识读门窗时，应与平面图一起识读。在平面图中，先找到立面图所对应的外墙面，如图 3-29 所示的①～⑧轴立面图，它表示Ⓐ轴和Ⓑ轴处的外墙面（根据轴线标注规则可判断出Ⓐ轴和Ⓑ轴的位置）。在平面图中可以读出该面外墙上一层的窗宽为 1500mm，在立面图中可以读出窗高为 1500mm。

6. 装饰做法

建筑立面图的表面分隔线应表示清楚。从墙体上引出一条线到空白处，用文字说明各部位所用面材及颜色，表达出外墙的做法。如图 3-30 所示，外墙面上有的部分为白色外墙涂料，有的部分为咖啡色外墙涂料，应注意观察引出线的位置，保证涂料按位置粉刷正确。相同的门窗、阳台、外檐装修、构造做法等仅在一处引出说明，其他部分省略。

7. 图线

建筑立面图中有粗细不同的线型，使得立面图层次分明、重点突出、外形清晰。建筑物的室外地坪线用粗实线绘制，宽为 $1.4b$；建筑物的外轮廓线用粗实线绘制，宽为 b；中实线则用于绘制门窗洞口、檐口、阳台、雨篷、台阶等，宽为 $0.5b$；细实线用于绘制建筑物上的墙面分隔线、门窗格子、雨水管以及引出线等细部构造的轮廓线，宽为 $0.25b$。

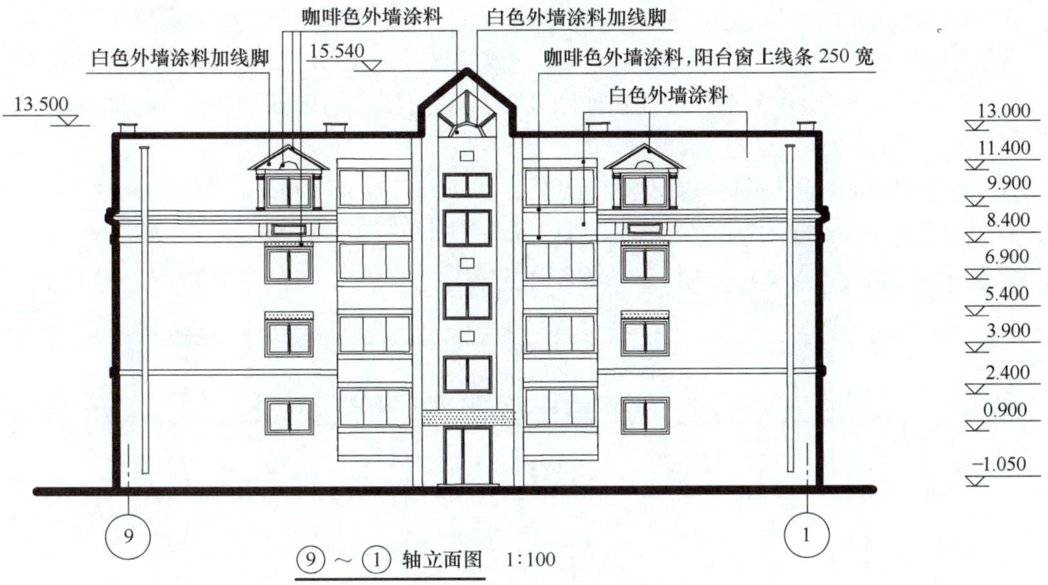

图 3-30　建筑的装饰做法

任务实施

四人一组，识读图 3-27 所示的文化馆立面图，建议与平面图结合识读，组内轮流讲解并共同完成读图及讲图的纪要。进行组间互评，具体评分标准如表 3-8 所示。

识读与绘制建筑立面图

表 3-8　作品评分表

活动	项目	识读内容	得分
读图、讲图（10 分）	建筑物楼地面的标高（1 分）		
	每一层的层高（1 分）		
	建筑物的总高（1 分）		
	外墙上门的种类，每一种门的高度和宽度（3 分）		
	外墙上窗的种类，每一种窗的高度和宽度（3 分）		
	建筑物外墙的装饰做法（1 分）		
总分			

强化练习

一、单选题

1. 下列立面图的图名中错误的是（　　）。

A. 房屋立面图　　B. 东立面图　　C. ①~⑦轴立面图　　D. ⑦~①轴立面图

2. 建筑立面图的三道尺寸线中，最外面一道为（　　）。

A. 层间高度　　B. 总高度　　C. 细部尺寸　　D. 门窗尺寸

3. 在建筑立面图中读不出来的信息有（　　）。

A. 墙面做法　　B. 建筑高度　　C. 建筑层数　　D. 门窗宽度

4. 根据图 3-31 所示的⑩～①轴立面图及四层平面图，确定四层平面卫生间窗户洞口尺寸为（　　）。

A. 宽 2100mm、高 1800mm　　B. 宽 1800mm、高 2100mm

C. 宽 2100mm、高 2100mm　　D. 宽 1800mm、高 1800mm

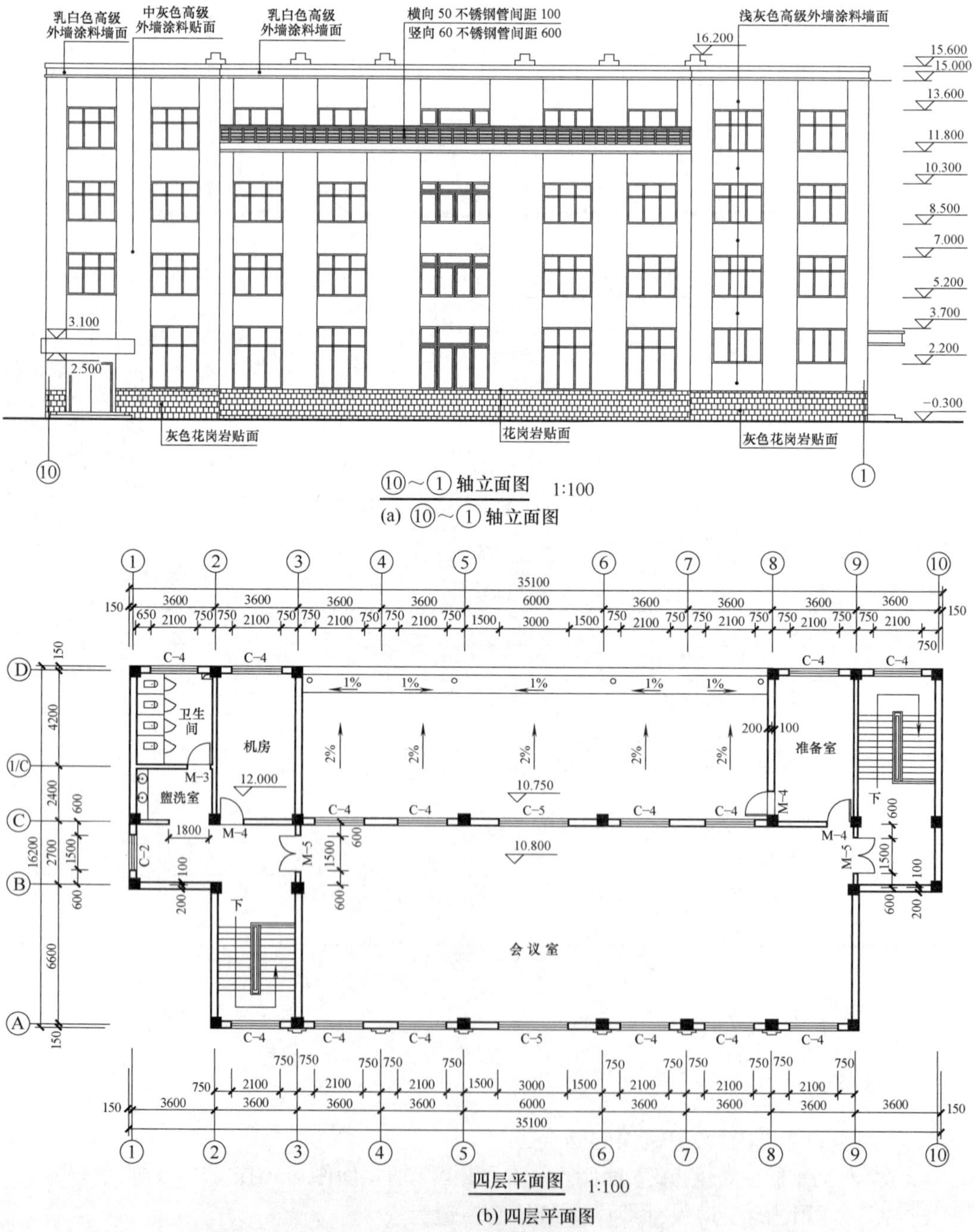

图 3-31　⑩～①轴立面图及四层平面图

二、判断题

1. 建筑立面图可以根据朝向命名。(　　)
2. 建筑立面图一般只标出图两端的轴线及编号，编号应与平面图一致。(　　)

三、解答题

已知一建筑立面图底稿如图 3-32 所示，两端定位轴线编号是①和④，室内外高差为 0.45m，窗台距室外地面 1.45m，窗高 1.8m，挑檐顶面距室外地坪 3.9m，挑檐厚 200mm。请在图中注明：室内地坪、室外地坪、窗台、窗顶面、挑檐顶面及底面的标高。

图 3-32　建筑立面图底稿

任务拓展

用 Revit 软件建立图 3-33 所示的一层墙体、门窗模型。

图 3-33　一层墙体、门窗模型

Revit 创建外墙模型

Revit 创建内墙、门窗模型

文化馆一层墙体、门窗模型

任务五
手绘建筑立面图

思维导图

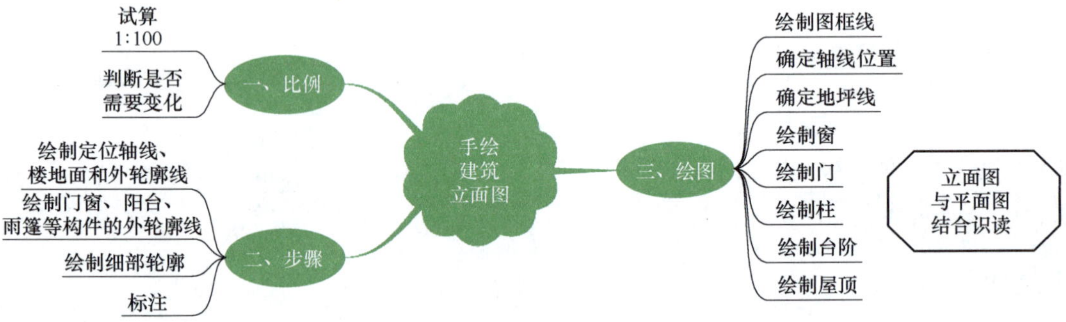

任务引入

手绘如图 3-34 所示的①~⑤轴立面图［该图取自 2021 年第二期“1+X”建筑信息模型（BIM）职业技能等级考试——初级——实操试题第三题］。

要求用 A3 图纸绘制，在图纸内绘制图框线和作业用标题栏。应做到作图准确、布图均匀、图线层次分明、图面整洁、标注齐全、字体工整。

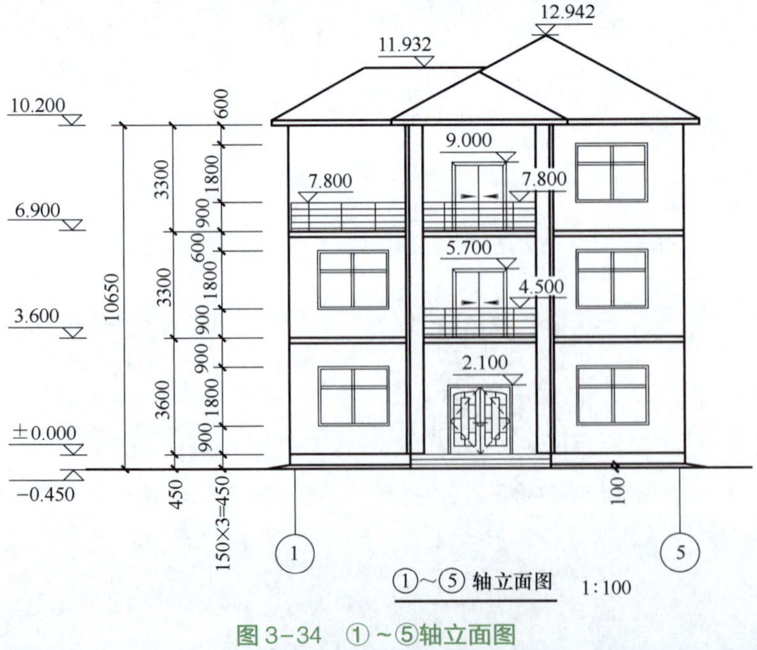

图 3-34 ①~⑤轴立面图

建筑平面图与立面图

任务分析

一、确定绘图比例

由于绘制该套图纸中建筑平面图时采用了 1∶100 的比例，所以在图纸大小不变的情况下，应该用 1∶100 的比例继续绘制建筑立面图，但需要验算高度方向按照该比例是否能布置完全。

由图 3-34 可知，立面图最高处标高为 12.942m，室外地坪的标高为-0.450m，总高度为 13.392m［12.942m-(-0.450m)= 13.392m］，按照 1∶100 的比例，绘制于图上的尺寸为 133.92mm。A3 的图纸去掉图框后上下的高度为 287mm，再去掉右下角的标题栏，剩余高度为 259mm（287mm-28mm=259mm）。因此，建筑立面图在高度方向上完全可以布置得下，所以确定选用 1∶100 的比例。

二、建筑立面图的绘图步骤

建筑立面图
绘图步骤

1. 绘制定位轴线、楼地面和外轮廓线

绘制定位轴线、楼地面和外轮廓线，如图 3-35 所示。虽然建筑立面图只标注两端的轴号，但是在绘制的过程中一定要将各轴线均绘制出来，以便于确定门窗的位置。在建筑立面图中无法看到各轴线以及轴线间的距离，需要到该套图纸的平面图中查找轴间尺寸。

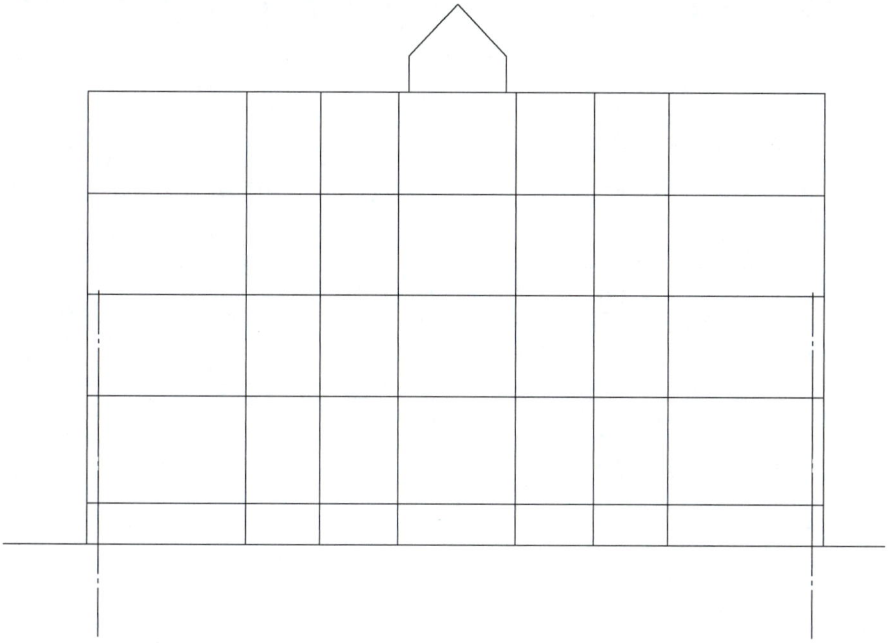

图 3-35　绘制定位轴线、楼地面和外轮廓线

2. 绘制门窗、阳台、雨篷等构件的外轮廓线

绘制门窗、阳台、雨篷等构件的外轮廓线，如图 3-36 所示。在该套图纸的建筑平面图中读取门窗宽度以及门窗左右边缘到轴线的距离，在立面图中读取门窗高度以及门窗上下边缘到楼地面的距离，综合以上尺寸绘制门窗等构件的外轮廓线。

图 3-36　绘制门窗、阳台、雨篷等构件的外轮廓线

3. 绘制细部轮廓

绘制细部轮廓，如图 3-37 所示。

图 3-37　绘制细部轮廓

4. 标注

标注尺寸及必要的文字说明等。

三、绘图指导

1. 绘制图框线

与绘制建筑平面图的第一步相同，在 A3 图纸内绘制图框线。图框线的左侧距离幅面线 25mm，其余边距幅面线 5mm。在整张图纸的右下角绘制作业用标题栏的外边线，如图 1-5 所示，标题栏总长度为 130mm，总高度为 28mm。

2. 确定轴线位置

为了保证建筑立面图布局均匀，需要在绘图之前计算①轴的位置。A3 图纸的图框线内部长度为 390mm，查看该套图纸的一层平面图，计算得到①轴与⑤轴之间的距离为 11400mm，按 1∶100 的比例，图上长度为 114mm。建筑立面图的左侧有三道尺寸线和标高，其宽度按 80mm 计算，则图纸两侧剩余部分为 98mm［(390mm-114mm-80mm)/2=98mm］，①轴距离左侧图框线为 178mm（98mm+80mm=178mm），则可以取距离左侧图框线 180mm 绘制①轴；然后按照平面图中两轴线间的距离，顺次画出②、③、⑤轴，如图 3-38 所示。

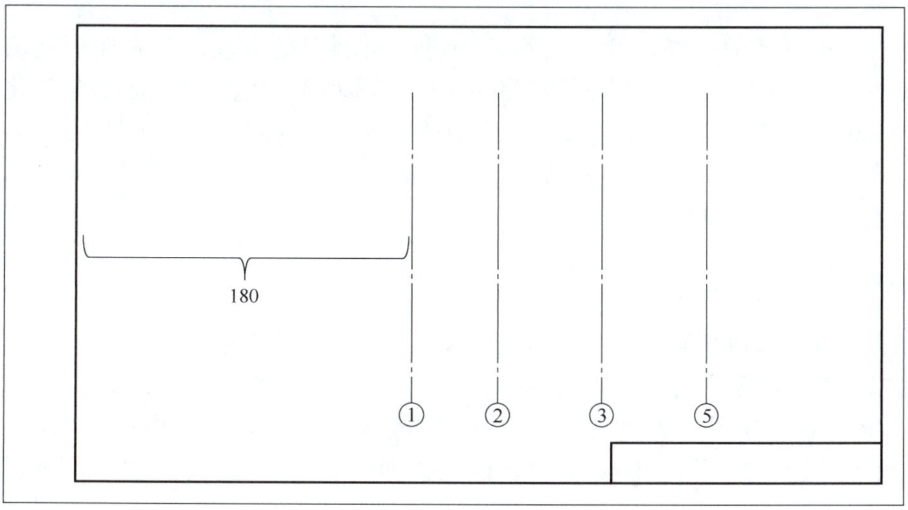

图 3-38　确定轴线的位置

3. 确定地坪线

建筑立面图在图纸上下方向也要居中。根据前面的计算，建筑物绘于图上的总高度为 133.92mm，图纸上下方向绘图区域高度为 259mm，则图纸上下剩余部分为 62.54mm［(259mm-133.92mm)/2=62.54mm］，地坪线与下方图框的距离为 90.54mm［62.54mm+

28mm（标题栏的高度）= 90.54mm]，取整为90mm。地坪线的位置如图3-39所示。在其基础上，根据立面图上的层间尺寸绘制每一层的楼面线。

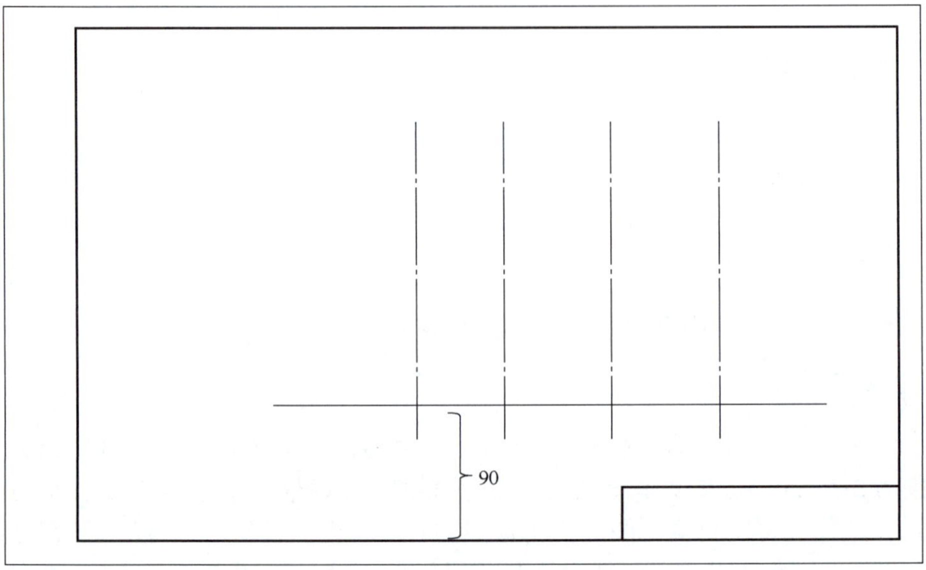

图3-39 确定地坪线的位置

4. 绘制窗

以图3-19所示的一层左侧的窗为例，说明绘制窗的方法。首先在平面图中识读C2118边缘与①轴的距离为750mm，其另一边缘与②轴距离也为750mm，绘于图上的尺寸均为7.5mm。在图3-34所示的立面图中识读该窗下边缘距离室外地坪1350mm，窗高1800mm，绘于图上的尺寸分别为13.5mm和18mm。根据以上数据绘制窗的轮廓线，并用同样的方法绘制其他各窗。

5. 绘制门

绘制门的方式与窗相同，以图3-19所示的一层门为例进行讲解。在平面图中识读M1821边缘与②轴的距离为1050mm，其另一边缘与③轴距离也为1050mm，绘于图上的尺寸均为10.5mm。在图3-34所示的立面图中识读该门下底面与室内地坪平齐，高度为2100mm，绘于图上的尺寸为21mm。根据以上数据绘制门的轮廓线，并用同样的方法绘制其他各门。

6. 绘制柱

从图3-34所示的立面图中可以看出，门前有两根柱，其截面尺寸从平面图中识读为400mm×400mm。左侧柱的左边与200厚的内墙平齐，即柱边在②轴左侧100mm，绘于图上的尺寸为1mm；柱的另一边在②轴右侧绘制3mm。柱的高度为从室内地坪到标高10.200m。用同样的方法可绘制右侧的柱。

7. 绘制台阶

台阶的两侧与两根柱的外缘平齐。共三步台阶，每一步的高度为 0. 15m（0. 45m/3 = 0. 15m），绘于图上的尺寸为 1. 5mm。散水的宽度在平面图中识读为距轴线 950mm，高度为 100mm，绘于图上的尺寸分别为 9. 5mm 和 1mm。

8. 绘制屋顶

通过识读屋顶平面图，可知屋顶的坡度为 30°，且屋顶的边缘距离轴线 650mm。根据设计说明，屋面的厚度为 100mm，则在图中绘制厚度为 1mm、在轴线外 6. 5mm 的屋面板。从屋面板最左侧的角点开始，绘制与屋面呈 30°夹角的射线，与标高为 11. 932m 的水平线相交，即可完成左侧屋面的绘制。右侧则过三个角点分别绘制与水平面呈 30°夹角的射线，形成建筑立面图所示的屋顶。

最后加深图线，完成尺寸标注和文字书写。

任务实施

按照任务要求，用 A3 的图纸独立完成图 3-34 所示①~⑤轴立面图的绘制，完成效果如图 3-40 所示。

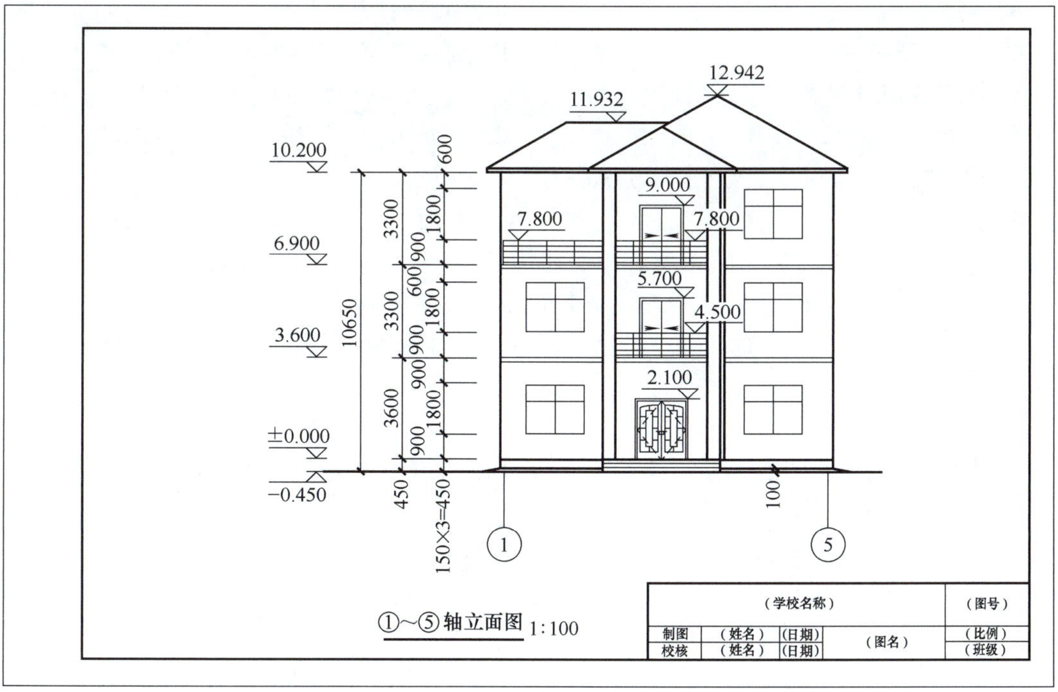

图 3-40 ①~⑤轴立面图完成效果

两人一组，从布局、作图、图线、尺寸标注、字体、图面整洁等方面进行作品互评，具体评分标准如表 3-9 所示。

表 3-9　　作品评分表

活动	项目	得分
绘图（10 分）	布局均匀，建筑立面图位于图纸的中心（1 分）	
	作图准确，轴间尺寸、门窗宽度及高度、柱的尺寸、台阶的尺寸等正确（4 分）	
	图线层次分明（1 分）	
	尺寸标注齐全，图名、比例书写正确（2 分）	
	字体工整，大小一致（1 分）	
	图面整洁（1 分）	
总分		

强化练习

单选题

1. 以下不属于建筑立面图图示内容的是（　　）。

A. 外墙各主要部位标高　　B. 详图索引符号

C. 散水构造做法　　D. 建筑物两端定位轴线

2. 建筑立面图不能用（　　）进行命名。

A. 建筑位置　　B. 建筑朝向

C. 建筑外貌特征　　D. 建筑首尾定位轴线

3. 外墙装饰材料和做法一般在（　　）上表示。

A. 首页图　　B. 平面图　　C. 立面图　　D. 剖面图

4. 建筑物立面图是平行于建筑物各方向外表立面的（　　）。

A. 剖面图　　B. 正投影图　　C. 断面图　　D. 轴测图

5. 从（　　）中可以了解房屋立面上建筑装饰的材料和颜色、屋顶的构造形式、房屋的分层和高度、屋檐的形式以及室内外地面的高差等内容。

A. 立面图　　B. 剖面图　　C. 立面图和剖面图　　D. 平面图

任务拓展

参照①～⑤轴立面图的画法，绘制图 3-41 所示的Ⓔ～Ⓐ轴立面图。

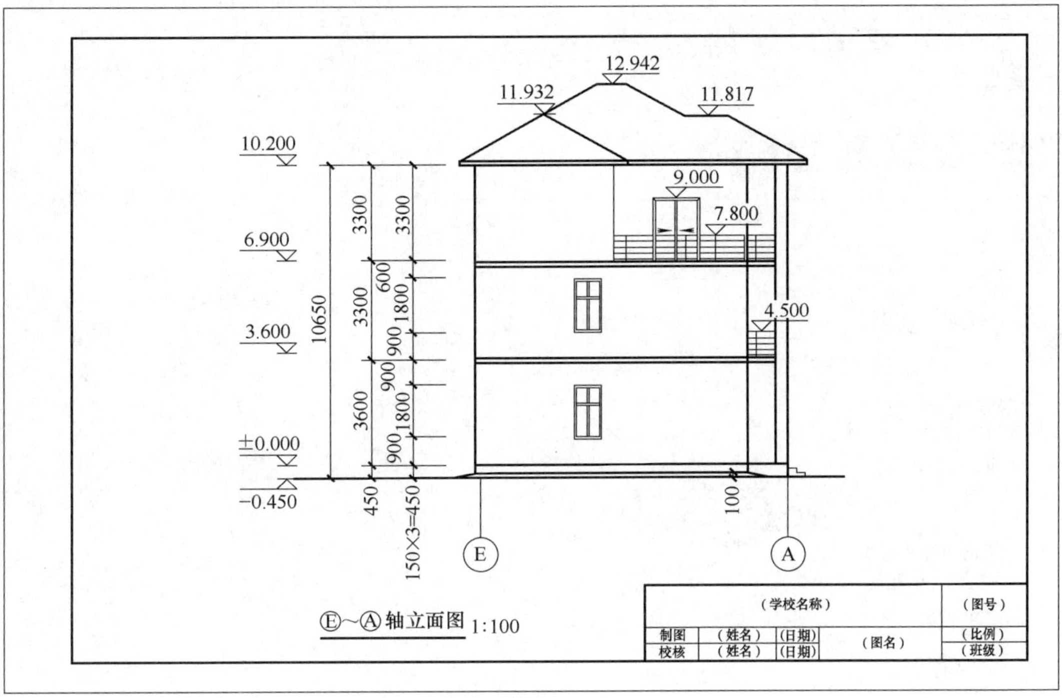
12.942
11.932
11.817
10.200
9.000
7.800
6.900
4.500
3.600
±0.000
−0.450
10650
3300
3300
3300
3300
600
1800
900
900
3600
900
1800
900
450
150×3=450
100
E
A
Ⓔ～Ⓐ轴立面图 1:100
（学校名称）
（图号）
制图
（姓名）
（日期）
（图名）
（比例）
校核
（姓名）
（日期）
（班级）

图 3-41　Ⓔ～Ⓐ轴立面图

任务六
识读建筑剖面图

思维导图

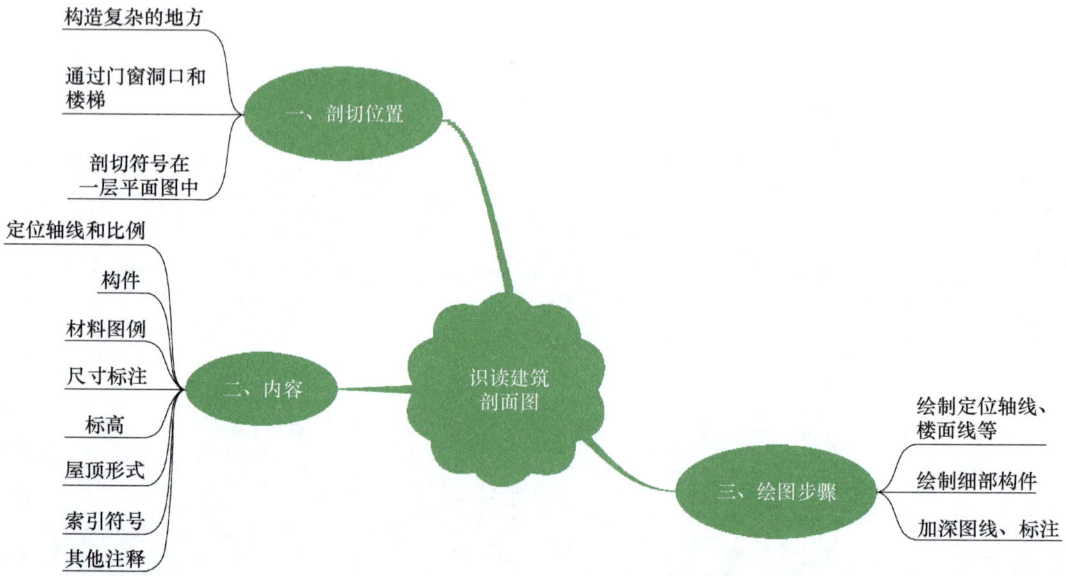

任务引入

通过识读建筑平面图和立面图，能够了解建筑物的外部形状及外墙上门窗的安放位置和内部墙体布置情况，但却不能进行建筑分层、铺设楼板和屋面板，此时需要参考剖面图才能正确施工。请识读图 3-42 所示的文化馆建筑剖面图，并完成讲解任务。

任务分析

识读建筑剖面图要掌握剖面图的形成、内容、轴线、尺寸标注、标高等内容。

一、建筑剖面图的形成

建筑剖面图的形成与内容

假想用一个铅垂剖切平面从上到下将房屋垂直剖开，移去观察者和剖切平面之间的部分，将剩余部分向与剖切平面平行的投影面上作正投影，所形成的图为建筑剖面图。

剖面图应反映房屋全貌，体现房屋内部的构造特征。通常剖切到建筑物内有代表性的地方，如在层高、层数发生变化的地方，构造比较复杂的地方等，剖切平面一般通过门窗洞口和楼梯。

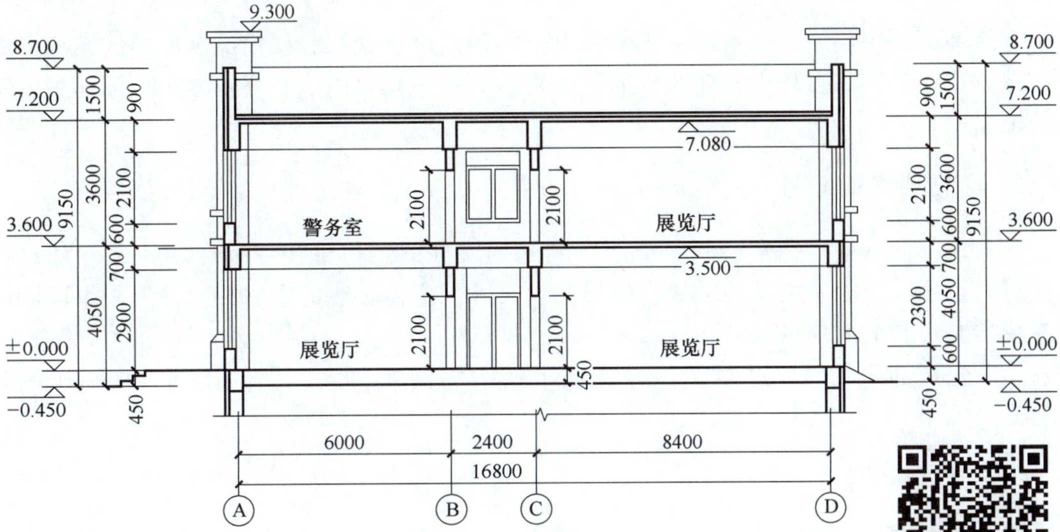

1—1 剖面图 1:100

图 3-42　文化馆建筑剖面图

文化馆剖面图

剖切符号包括剖切位置线和剖视方向线。剖切符号应在一套图纸中的一层平面图中查找。为了在剖面图中反映更多的信息，经常使用带转折的剖切符号，在转角的外侧加注与该符号相同的编号，如图 3-43 所示。

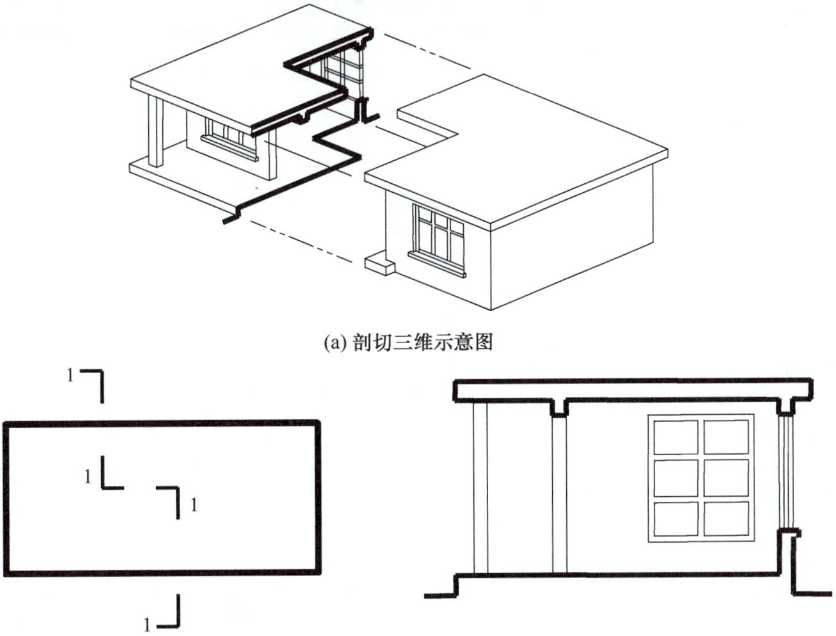

(a) 剖切三维示意图

(b) 一层平面图的剖切符号

(c) 1—1 剖面图

图 3-43　剖切符号与剖面图

二、建筑剖面图的内容

建筑剖面图主要用于表示房屋内部垂直方向的高度、楼层分层情况及简要的结构形式和构造方式。在施工过程中，建筑剖面图是进行分层、砌筑内墙、浇筑楼板、屋面板等工作的依据。

1. 定位轴线和比例

在建筑剖面图中，通常绘制出被剖切到的墙或柱的定位轴线并标注轴间尺寸和总尺寸，有时也可以只绘制两端的轴线、编号和总尺寸。定位轴线的左右相对位置与平面图中按剖视方向观看的方向一致。

绘制建筑剖面图时，通常选用与建筑平面图相同或稍大一些的比例，常用比例为1∶50、1∶100、1∶200。

2. 构件

建筑剖面图中应绘制被剖切到的各种建筑构件，如室外地坪、室内地面、屋面、楼面、外墙、内墙、门窗、楼梯、平台、雨篷、梁等。除了被剖切到的建筑构件外，对于没有被剖到但在投影时能看到的构件，也应该绘制出其轮廓。

《建筑制图标准》（GB/T 50104—2010）列出了构造及配件的图例，表3-10所示为常用门窗在剖面图中的图例，其余部分可查阅标准。剖面图中的门窗左为外，右为内；虚线仅表示窗开启方向，在剖面图中可以省略虚线。

表3-10　常用门窗在剖面图中的图例

序号	名称	图例	序号	名称	图例
1	空门洞	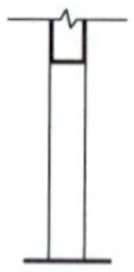	4	上悬窗	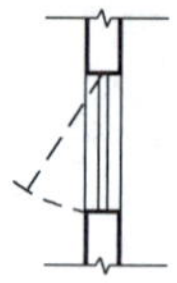
2	单扇平开或单向弹簧门	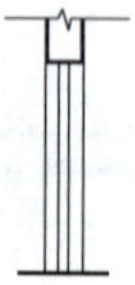	5	中悬窗	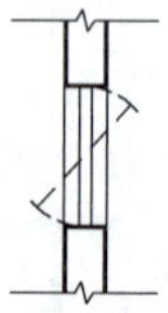
3	竖向卷帘门	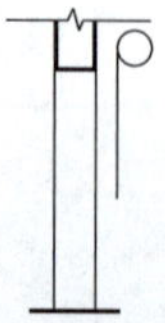	6	下悬窗	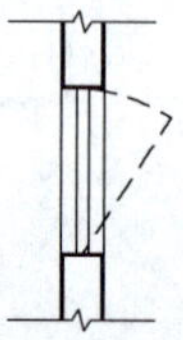

续表

序号	名称	图例	序号	名称	图例
7	固定窗、高窗、推拉窗、立转窗	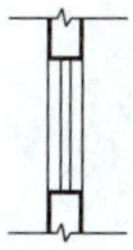	8	百叶窗	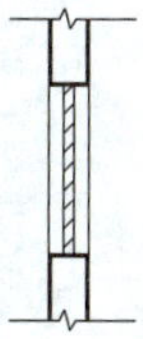

3. 材料图例

钢筋混凝土材料的图例由点、不规则三角形和45°斜线组成；砖墙的图例为45°斜线。在建筑剖面图中应绘制出材料的图例，但由于建筑剖面图的比例较小，可以对材料图例进行简化，如砖墙涂红、钢筋混凝土材料涂黑等。

4. 尺寸标注

在建筑剖面图的左、右两侧应标注三道尺寸线，从外向内分别是总高尺寸、层高尺寸和细部尺寸。细部尺寸表示靠近尺寸标注的墙体上门窗洞口的高度以及门窗上下边缘到临近楼地面的距离。在剖面图的内部也有尺寸标注，用以确定内墙上门窗的位置。

在剖面图的楼梯附近，应标注楼梯每个踏步的宽度和高度、踏步数等，关于楼梯的内容将在下一个任务中详细讲解。如图3-44所示，Ⓕ轴外墙上的一层窗高为1200mm，窗离地高度为900mm；一层半中间平台处的窗高为1300mm，离地高度为1800mm；二层半中间平台处的窗高为1500mm，离地高度为900mm。

5. 标高

在建筑剖面图的一侧或两侧注写标高。主要表达室外地坪、楼地面、窗顶、窗底、女儿墙顶、雨篷顶等部位的标高。

6. 屋顶形式

在建筑剖面图中应表示出建筑物屋顶的形式和排水坡度。建筑物屋顶根据其坡度和结构形式的不同，可分为平屋顶、坡屋顶以及其他屋顶，图3-44中的屋顶为平屋顶。屋面排水坡度的大小与屋面选用的材料、当地降雨量的大小、屋顶结构的形式及经济等因素有关。

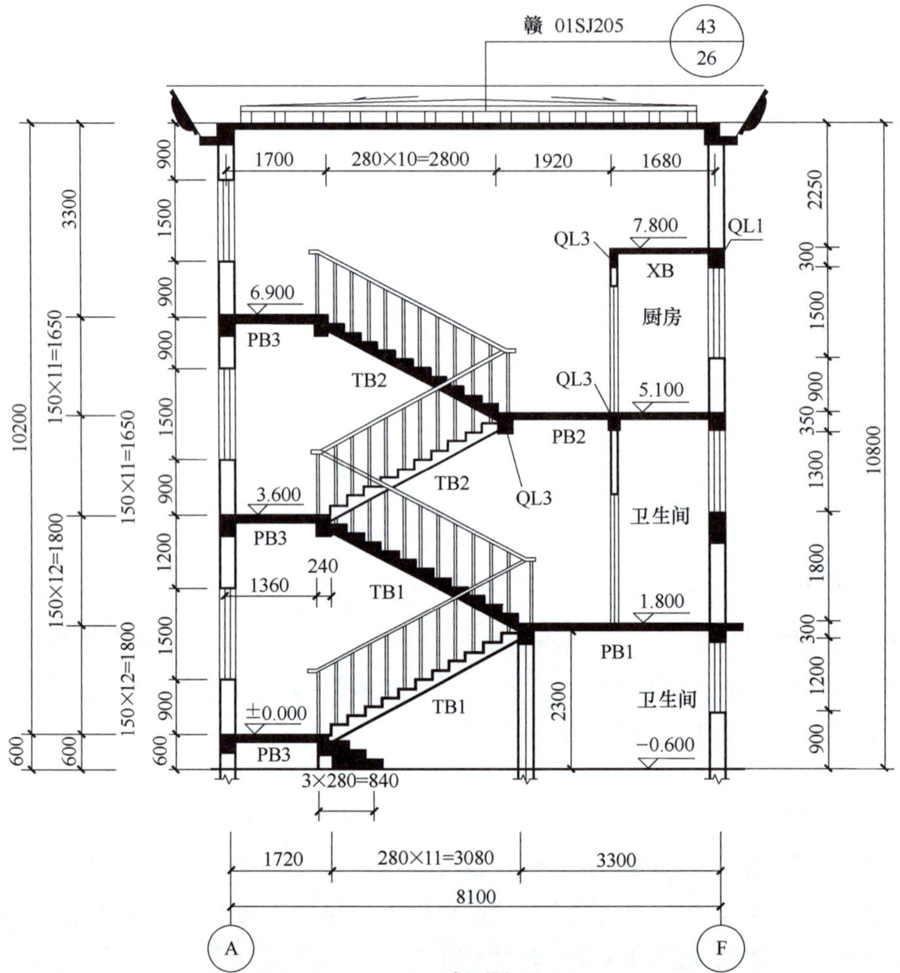

1—1 剖面图 1:100

图 3-44 剖面图中的尺寸标注

7. 索引符号

对于建筑剖面图中表达不清楚的构件，需要绘制详图加以表达。通过索引符号可以确定详图的位置和详图的编号。如图 3-45 所示，索引符号圆的直径应为 10mm，引出线对准圆心，圆内的分数线通过圆心；分母表示详图所在的图纸编号，分子则为详图编号。若分母为横线，则表示详图与索引的图样在一张图纸内。图 3-45 所示的索引符号表示该详图为第二个详图，需要到本套图纸中的第三张图纸中查找。

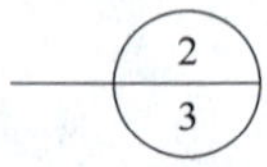

图 3-45 索引符号

此外，有时在索引符号的引出线上注有文字、数字和字母等，用于表示图集的名称。如图 3-44 所示的第 43 个详图，该详图在整套图纸中未绘出，需要到相应的图集中查找。

8. 其他注释

地面、楼面、屋顶的构造与材料做法，可在建筑剖面图中用指引线从所指的部位引出，按其多层构造的层次顺序，逐层用文字说明。此外，也可以用文字说明墙体的材料和做法。若另有详图，或者在施工总说明中已有阐述的，则在建筑剖面图中可以不必注解。对于建筑剖面图中无法用图样表示清楚的内容，则需要必要的文字加以表述。

在图 3-44 中，还有较多的字母，它们均有各自的含义。如“QL”表示圈梁、“TB”表示楼梯板、“PB”表示平台板、“XB”表示悬挑板。

三、建筑剖面图的绘图步骤

绘制建筑剖面图步骤

1. 绘制定位轴线、楼面线等

绘制定位轴线、室内地坪线、室外地坪线、各层楼面线、楼梯平台面、屋面以及女儿墙的墙顶线等，如图 3-46 所示。

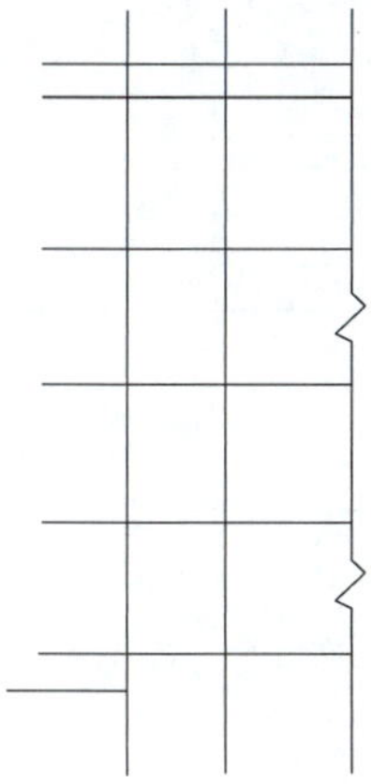

图 3-46　绘制定位轴线、楼面线等

2. 绘制细部构件

绘制墙身、楼板、屋面板、天棚、屋面、门窗洞口、女儿墙、檐口、天沟、阳台、雨篷、楼梯扶手以及过梁、圈梁等细部构件，如图 3-47 所示。

3. 加深图线、标注

如图 3-48 所示，将剖切到的墙线加深，并将钢筋混凝土材料涂黑。标注出尺寸、标高、坡度、定位轴线编号、索引符号。最后注写图名、比例和相关文字说明。

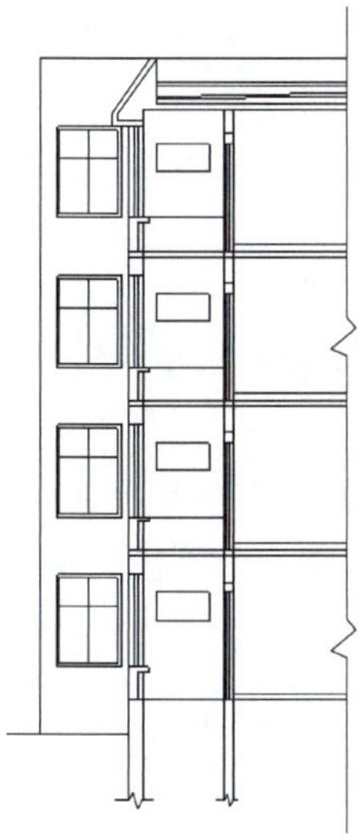

图 3-47　绘制细部构件

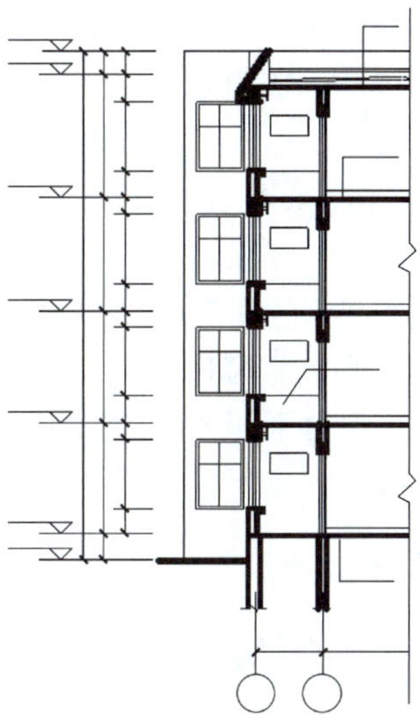

图 3-48　加深图线并将钢筋混凝土材料涂黑

任务实施

四人一组，识读图 3-42 所示的文化馆建筑剖面图，建议与平面图结合识读，组内轮流讲解并共同完成读图及讲图的纪要。进行组间互评，具体评分标准如表 3-11 所示。

识读与绘制建筑剖面图

表 3-11　　作品评分表

活动	项目	识读内容	得分
读图、讲图（10 分）	指出Ⓐ轴外墙上的窗在平面图中的位置，并说明窗的尺寸（2 分）		
	指出Ⓓ轴外墙上的窗在平面图中的位置，并说明窗的尺寸（2 分）		
	指出Ⓑ轴内墙上的门在平面图中的位置，并说明门的尺寸（2 分）		
	指出Ⓑ、Ⓒ轴之间的门窗在平面图中的位置，并说明其尺寸（2 分）		
	楼板、屋面板的厚度（1 分）		
	女儿墙的高度（1 分）		
总分			

强化练习

一、单选题

1. 根据图 3-44，完成以下问题。

（1）Ⓐ轴上一层的窗高为（　　）。

A. 900mm　　B. 1500mm　　C. 900m　　D. 1500m

（2）一层半卫生间地面的标高为（　　）。

A. -0. 600m　　B. 1. 800m　　C. 3. 600m　　D. 5. 100m

（3）屋顶构件的详图需要到对应图集的（　　）页查找。

A. 26　　B. 43　　C. 205　　D. 01

2. 在建筑剖面图中不需要加粗的是（　　）。

A. 室内地坪线　　B. 室外地坪线

C. 被剖到的建筑构件轮廓　　D. 未被剖到的建筑构件轮廓

3. 下列说法不正确的是（　　）。

A. 建筑总平面图中应标明绝对标高　　B. 剖切符号应绘制在一层平面图中

C. 指北针应画在一层平面图中　　D. 构造详图比例一般为 1∶100

二、判断题

1. 建筑剖面图一般选用的比例与建筑平面图相同或稍大一些。（　　）

2. 上悬窗、中悬窗和下悬窗在建筑剖面图上的表示方式相同。（　　）

任务拓展

用 Revit 软件建立图 3-49 所示的楼板模型。

Revit 建立楼板

文化馆
楼板模型

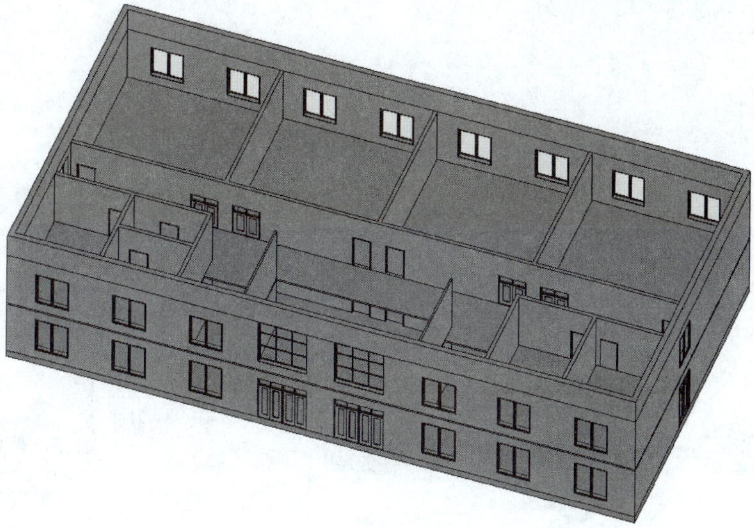

图 3-49　楼板模型

任务七
识读建筑详图

思维导图

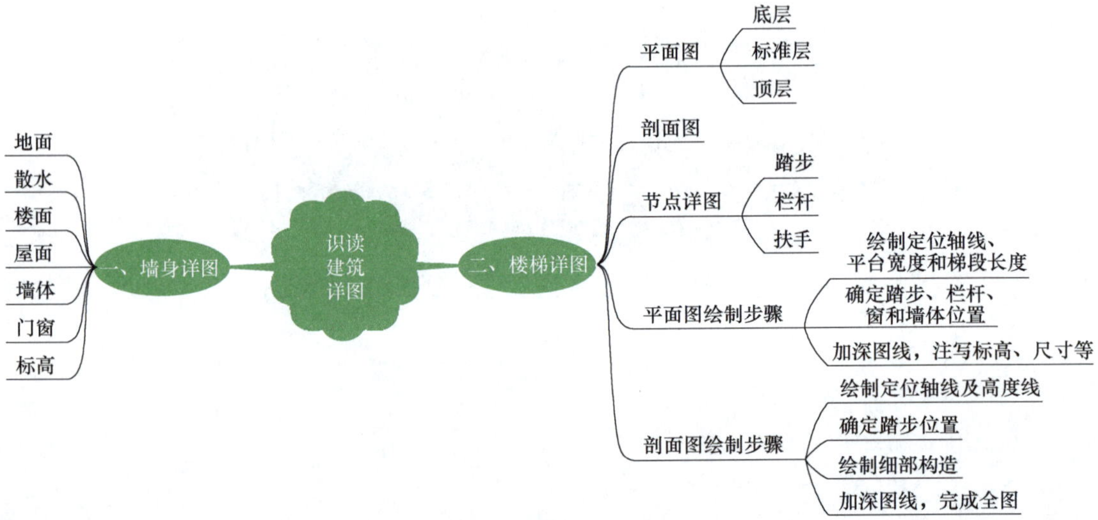

任务引入

文化馆的建筑平面图、立面图、剖面图无法清楚表达墙体、楼梯等细部构造，还需要识读详图。请识读图 3-50 所示的文化馆楼梯详图，并完成讲解任务。

任务分析

建筑平面图、立面图、剖面图通常采用 1∶100 或 1∶200 的比例进行绘制，其绘图比例较小，无法清楚表达房屋某些节点的详细构造，如形状、层次、尺寸、材料和做法等。因此，需要采用较大的比例（1∶20 或 1∶50 等）绘制房屋某一部分的局部放大图，称为建筑详图，也可以称为大样图或节点图。建筑详图包括门窗详图、墙身详图、楼梯详图、台阶详图、阳台详图等。下面以较为复杂的墙身详图和楼梯详图为例进行讲解。

一、墙身详图

识读墙身详图

墙身详图又称为墙身大样图，实际上是建筑剖面图中墙身部分的局部放大图。它详尽地表达了墙身从防潮层到屋顶各主要节点的构造和做

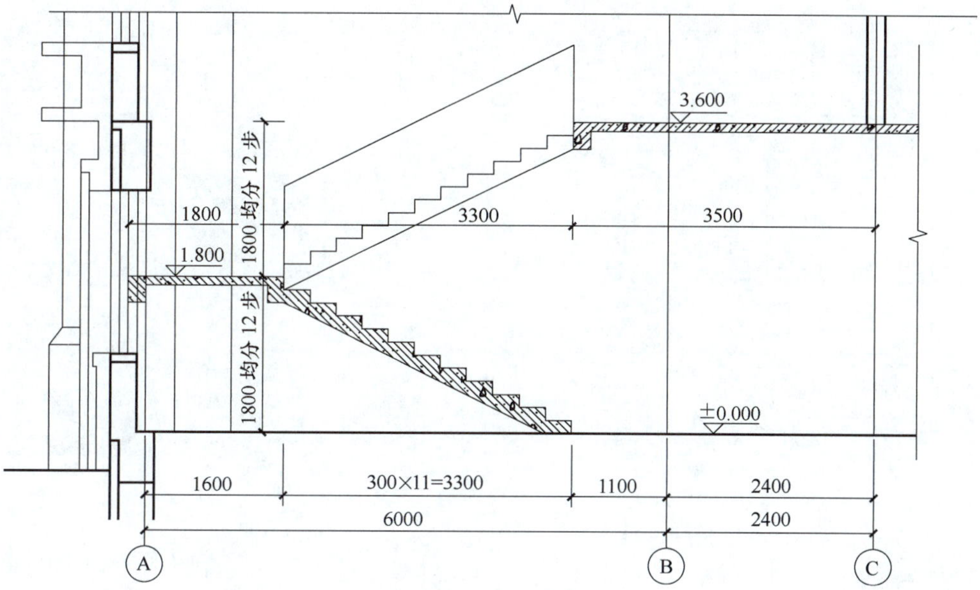

楼梯详图　1:50

图 3-50　文化馆楼梯详图

文化馆楼梯剖面详图

法，如墙身、地面、楼面、屋面的构造情况，以及檐口、门窗顶、窗台、勒脚、防潮层、散水的材料做法等构造情况。绘图时，可以将各个节点连接在一起，中间用折断线断开；也可以单独绘制墙身中某个节点的构造详图，如檐口、窗台等。

图 3-51 所示为⑩轴的外墙身详图，以折断线为分界，将整张图分为四部分进行识读。

1. 散水与地面构造

图 3-52 中折断线以下为散水与地面的构造。

散水又称为防水坡，其作用是将墙脚附近的雨水排泄到离墙脚一定距离的室外地坪的自然土壤中去，以保护外墙的墙基免受雨水的侵蚀。从图 3-51 和图 3-52 中可以读出，散水共包括三个构造层次，由下到上依次为素土夯实、100mm 厚 C15 混凝土和 20mm 厚 1∶2 水泥砂浆。散水宽度为 1000mm，其表面做成 2%的向外的下坡坡度。

室内水磨石地面共有五个构造层次，由下到上依次为素土夯实、100mm 厚 C15 混凝土垫层、素水泥浆、20mm 厚 1∶3 水泥石子浆卧分格条和 10mm 厚水泥面层。

思政：遵纪守法、按图施工

2. 墙体与窗

由图 3-52 可知，墙体是用砖砌筑的，窗台板及外部的平台是钢筋混凝土材料；窗台板厚度为 120mm（钢筋混凝土板厚 80mm，上下各有 20mm 厚的抹灰层）；外挑的板有向外的下坡坡度，其厚度为 100mm。图中两个折断符号中间省略了窗的部分，由图可知窗距离地面 1000mm。值得注意的是，尽管窗被折断符号切断，但是标注的尺寸仍是实际尺寸，即窗高为 1800mm。

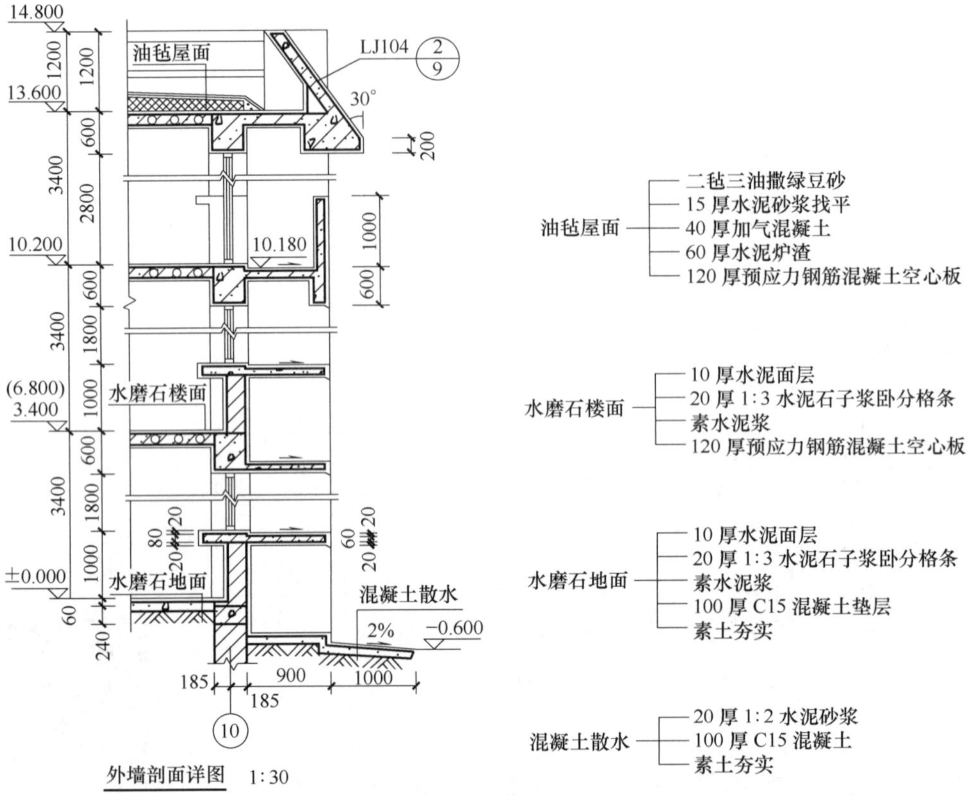

图 3-51　外墙身详图

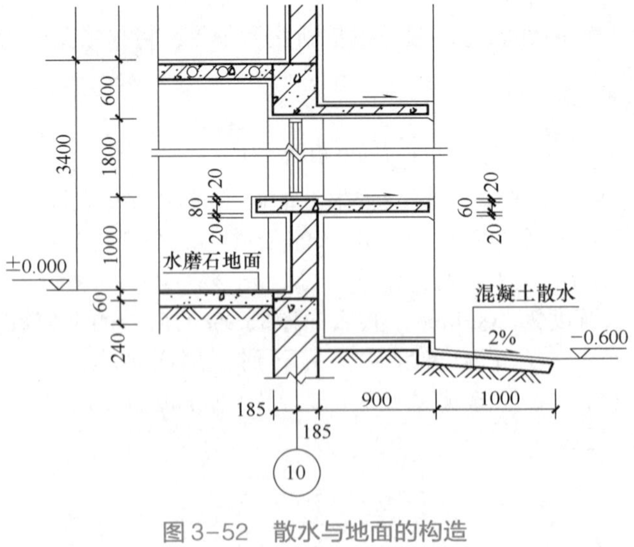

图 3-52　散水与地面的构造

3. 水磨石楼面构造

图 3-53 所示的水磨石楼面共有四个构造层次，可在图 3-51 中查找，由下到上依次为 120mm 厚预应力钢筋混凝土空心板、素水泥浆、20mm 厚 1∶3 水泥石子浆卧分格条和

10mm 厚水泥面层，其上面的三个构造层次与地面的构造相同。水磨石楼面的标高为 3. 400m 和 6. 800m，且二层和三层的楼面做法相同。

4. 四层楼面构造

如图 3-54 所示，10. 200m 标高处为四层楼面，该楼面为水磨石楼面。

由图 3-54 可知，该层的门窗被折断符号剖切。通过门后，进入一个阳台，阳台底板、栏板与下层窗上的过梁整体现浇；阳台栏板高度为 1000mm；阳台板顶的标高为 10. 180m，比同层的室内地面低 0. 020m。

5. 屋面构造

图 3-54 中折断线以上绘出了屋面详图。屋面一共包括五个构造层次，可在图 3-51 中查找，由下到上依次为 120mm 厚预应力钢筋混凝土空心板、60mm 厚水泥炉渣、40mm 厚加气混凝土、15mm 厚水泥砂浆找平、二毡三油撒绿豆砂。

屋面的挑檐处引出了索引符号。其中，$\frac{2}{9}$表示应参考第九页的第二个详图。此外，屋面与垂直面呈 30°，挑檐的高度为 1200mm；窗上部的过梁与挑檐现浇在一起，过梁的高度为 600mm；该屋面的标高为 13. 600m，该标高为预应力钢筋混凝土板面及结构层的标高，不包括上面的四个构造层次。

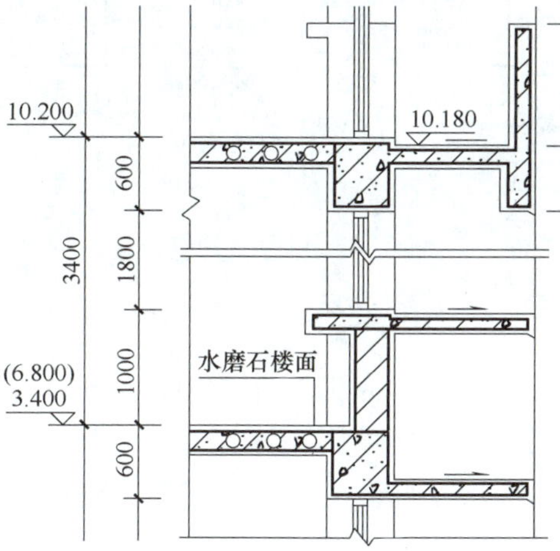

图 3-53　水磨石楼面构造

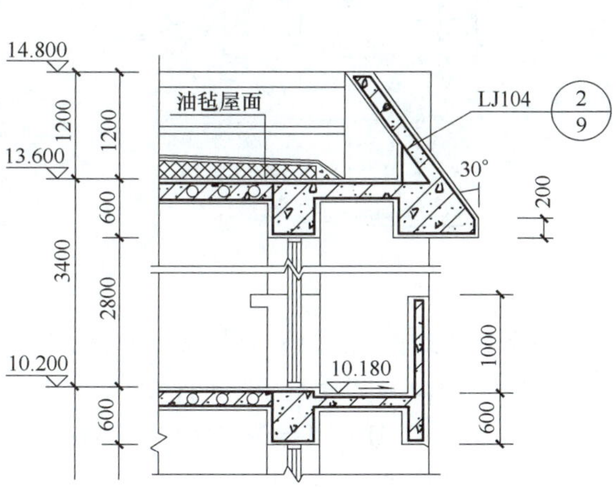

图 3-54　四层楼面及屋面构造

二、楼梯详图

楼梯详图的内容

楼梯详图主要用于表达楼梯的类型、结构形式、各部位的尺寸及装饰装修做法等，是楼梯施工的主要依据。楼梯详图包括楼梯平面图、楼梯剖面图以及踏步栏杆、扶手等楼梯节点详图。

1. 楼梯平面图

楼梯平面图是建筑平面图中楼梯间部分的局部放大图。在楼梯平面图中，通常应分别绘制出楼梯底层平面图、中间各层平面图和顶层平面图。如果中间各层的楼梯位置、踏步数、梯段长度都完全相同，可以只画一个。

楼梯平面图主要表明梯段的长度和宽度、上行或下行的方向、踏步数和踏面宽度、楼梯休息平台的宽度、栏杆扶手的位置等。如图 3-55 所示，底层平面图中的 45°折断符号应以楼梯平台板与梯段的分界线处为起始点画出，使第一梯段的长度保持完整。楼梯平面图梯段上行或下行的方向是以各层楼地面为基准标注的，向上称为上行，向下称为下行，并用长线箭头和文字在梯段上注明上行、下行的方向及踏步总数。在楼梯平面图中，除注明楼梯间的开间和进深尺寸、楼梯面和平台面的尺寸及标高外，还需要注明各细部的详细尺寸。此外，常用踏面数与踏步宽度的乘积表示梯段的长度。由于梯段最上面的踏面与平台面或楼面重合，所以在平面图中每一个梯段画出的踏面数总是比级数少 1。楼梯踏步的水平面称为踏面，与踏面垂直的面称为踢面，踢面的高度即为踏步高度。

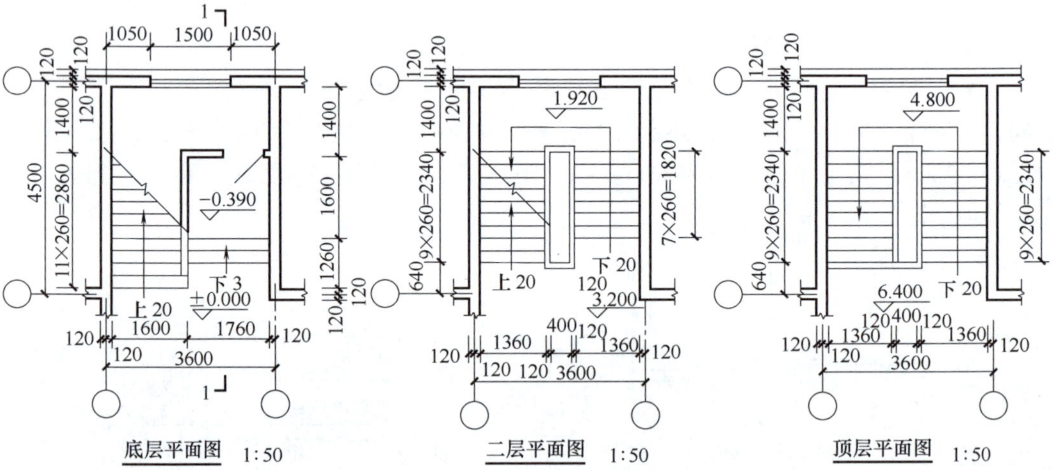

图 3-55 楼梯平面图

在图 3-55 中，底层平面图第一个梯段长度为 11×260＝2860mm，说明该梯段共有 12 个踏步，每个踏面的宽度为 260mm。踏步“上 20”指从一楼到二楼共 20 个踏步，该梯段的宽度为 1600mm，中间平台的宽度为 1400mm。在楼梯底层平面图上有剖切符号，说明这套图纸里有楼梯 1—1 剖面图。

楼梯二层平面图与底层平面图的区别在于二层平面图绘制了两个梯段，楼层平台和中间平台的标高发生了变化，梯段的宽度变为 1360mm，梯井宽度为 400mm。左侧梯段踏步数为 10，右侧梯段踏步数为 8。

在楼梯顶层平面图上看不到 45°折断符号，且只有向下的方向。顶层到下一层也是 20 个踏步。

2. 楼梯剖面图

楼梯剖面图是指建筑剖面图中楼梯间部分的局部放大图。在多层建筑中，若中间层楼梯完全相同时，可以只画出底层、中间层，顶层的楼梯剖面图，在中间层处用折断符号分开，并在中间层的楼面和楼梯平台面上注写适用于其他中间层楼面的标高。若楼梯间的屋面构造做法没有特别之处，一般不再画出。

在楼梯剖面图中应标注楼梯间的进深尺寸和轴线编号、楼地面和中间平台的标高、楼梯间外墙上门窗洞口的高度尺寸和标高、各梯段和栏杆栏板的高度尺寸。梯段的高度尺寸可以用级数与踢面高度的乘积表示。

如图 3-56 所示，第一个梯段的高度为 12×160 = 1920mm，说明每个踏步的高度为 160mm，共 12 个踏步。由图 3-56 可以看出，与中间平台相连的外墙上有多扇窗，最下面一层的窗高为 580mm，底标高为 0.900m。

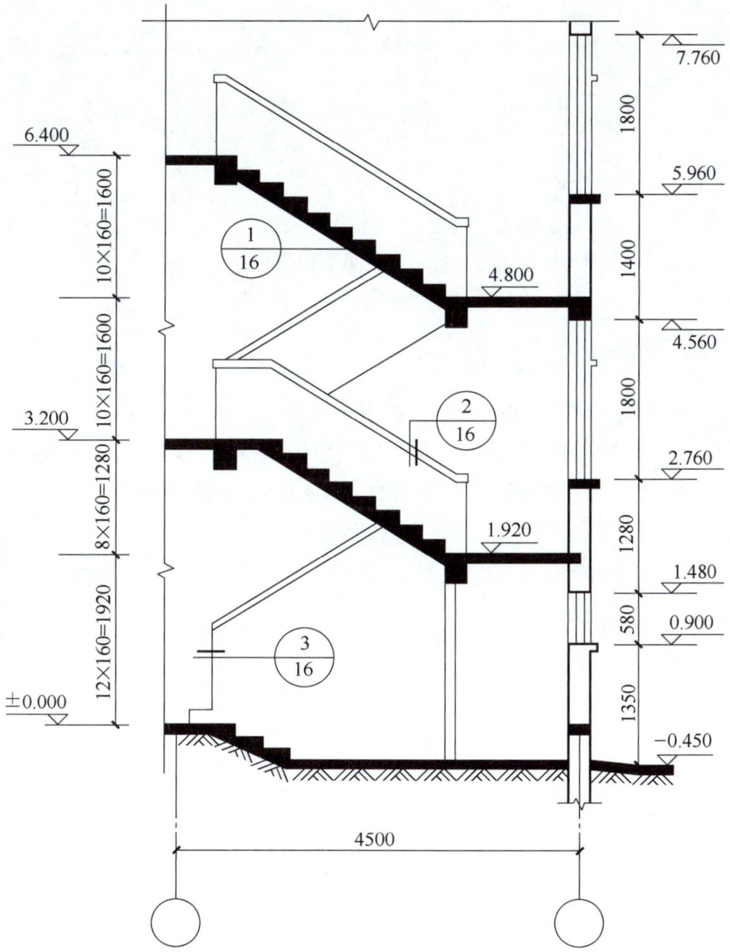

图 3-56　楼梯剖面图

3. 楼梯节点详图

在图 3-56 所示的楼梯剖面图中有三个详图索引符号，分别对应踏步、扶手和栏板的位置。图 3-57 所示为楼梯节点详图。

1 号踏步详图由水平踏面和垂直踢面组成。踏步表面抹灰层厚度为 20mm，钢筋混凝土楼梯板厚为 100mm。距离踏步边缘 40mm 处设一道防滑条，采用金刚砂材料，其宽度为 30mm，嵌入抹灰层 10mm，凸出抹灰层 7mm。

2 号扶手详图表达了断面的结构尺寸为 53mm×60mm，其外侧有 1∶2 水泥砂浆抹面。扶手处抹灰后的断面呈梯形。由 3 号详图可知栏板抹灰层厚度为 20mm。

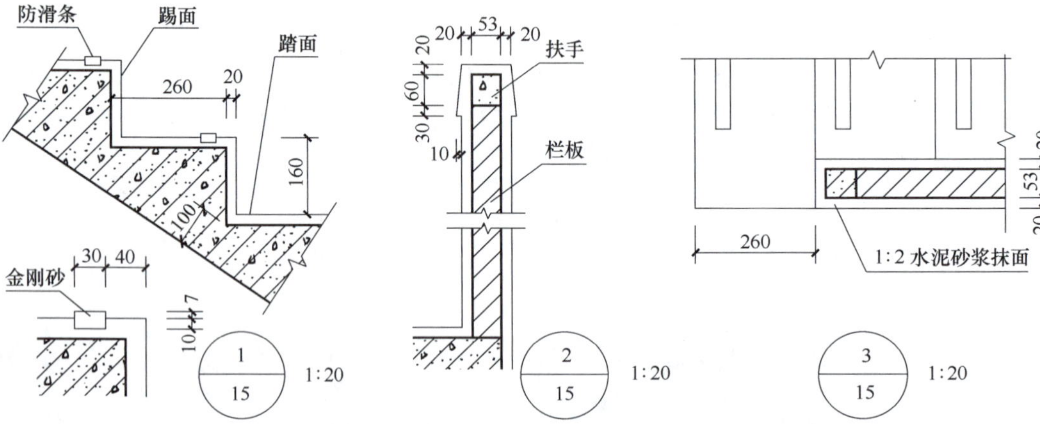

图 3-57　楼梯节点详图

4. 楼梯平面图的绘制步骤

（1）绘制定位轴线、平台宽度和梯段长度

如图 3-58 所示，根据楼梯的进深、开间绘制出对应轴线的位置；根据楼梯平台的宽度确定平台线，自平台线起量出梯段水平投影长度，定出踏步的起步线。

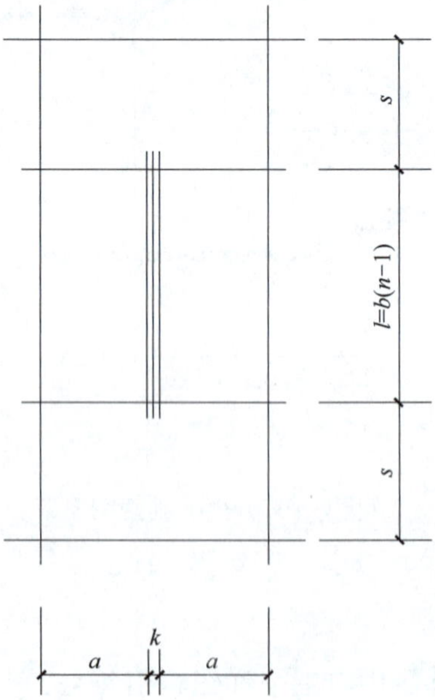

图 3-58　绘制定位轴线、平台宽度和梯段长度

楼梯详图的
绘制步骤

（2）确定踏步、栏杆、窗和墙体的位置

如图 3-59 所示，采用两平行线间距任意等分的方法，作出平台线和起步线之间的踏

步等分点，然后分别作踏步平行线；绘出栏杆，确定窗和墙体的位置。

(3) 加深图线，注写标高、尺寸等

如图 3-60 所示，绘制上、下行箭头，加深图线，注写标高、尺寸、图名、比例及文字说明等。如果是底层楼梯平面图要绘制剖切符号和折断线等。

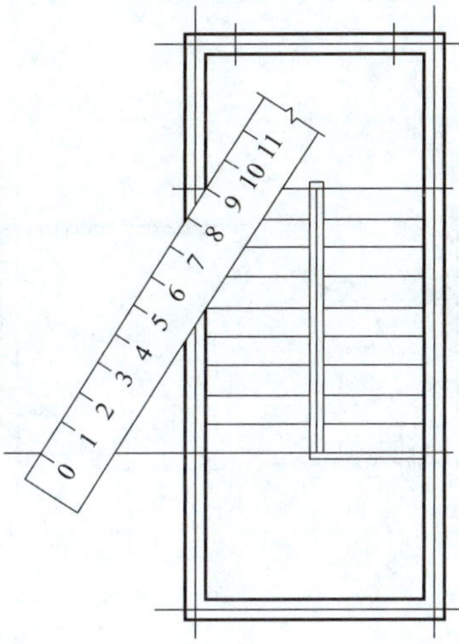

图 3-59 确定踏步、栏杆、窗和墙体的位置

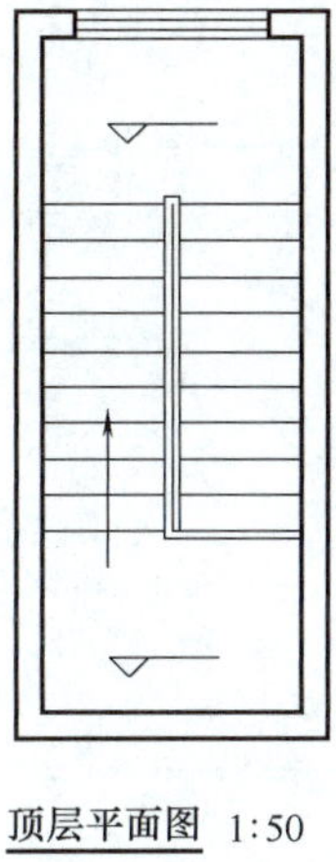

图 3-60 加深图线并注写标高、尺寸等

5. 楼梯剖面图的绘制步骤

(1) 绘制定位轴线及高度线

如图 3-61 所示，绘制定位轴线，确定地面、各层楼面和平台面的高度线，并确定楼梯段的起始位置。

(2) 确定踏步位置

如图 3-62 所示，确定楼面、平台的宽度，并确定起步线、平台线的位置；根据踏步的高和宽以及踏步数进行分格，画出踏步轮廓线。

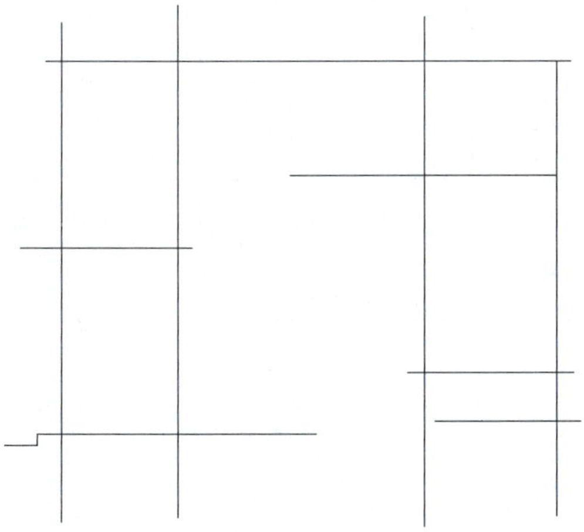

图 3-61 绘制定位轴线及高度线

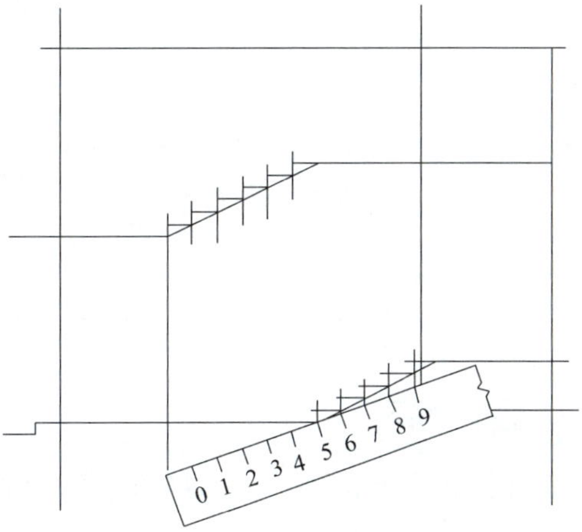

图 3-62 确定踏步位置

（3）绘制细部构造

如图 3-63 所示，绘制墙身轮廓线及细部构造，如栏杆或栏板、扶手、梁、板、门窗等。

（4）加深图线，完成全图

如图 3-64 所示，检查后加深图线，在剖切到的轮廓线范围内绘制材料图例。最后注写标高和尺寸，完成全图。

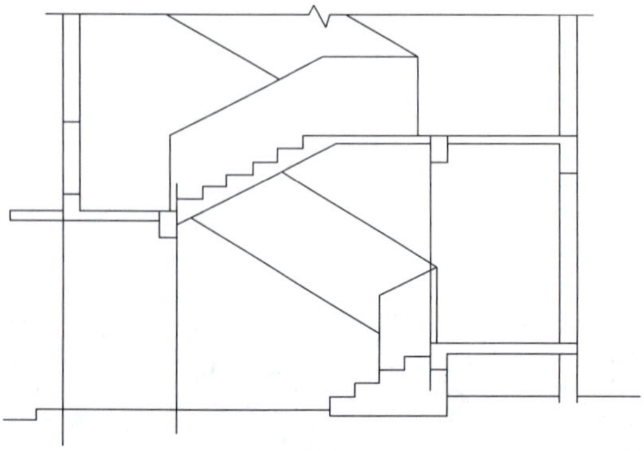

图 3-63　绘制细部构造

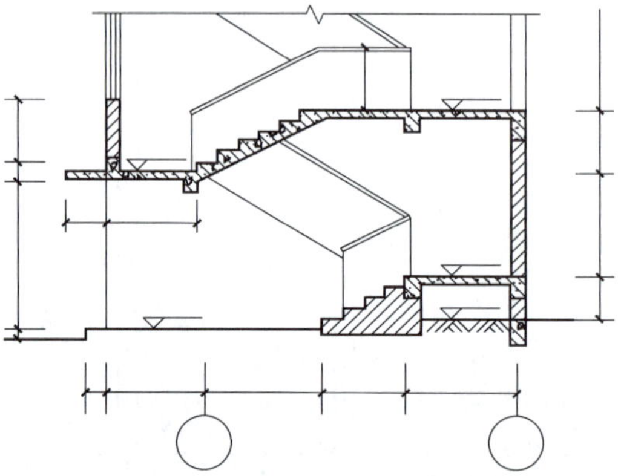

图 3-64　加深图线并绘制材料图例

任务实施

四人一组，识读图 3-50 所示的文化馆楼梯详图，建议与平面图结合识读。组内轮流讲解并共同完成读图、讲图的纪要。进行组间互评，具体评分标准如表 3-12 所示。

识读楼梯详图

表 3-12　　作品评分表

活动	项目	识读内容	得分
读图、讲图（10 分）	第一梯段的踏步数、踏步的高度和宽度（3 分）		
	第二梯段的踏步数、踏步的高度和宽度（3 分）		
	中间平台的标高（1 分）		
	中间平台的宽度（1 分）		
	二层的楼层平台宽度（1 分）		
	梯段的宽度（1 分）		
总分			

强化练习

1. 由图 3-65 可知，1#楼梯第 1 跑梯段步数为（　　）。

A. 11　　B. 15　　C. 16　　D. 17

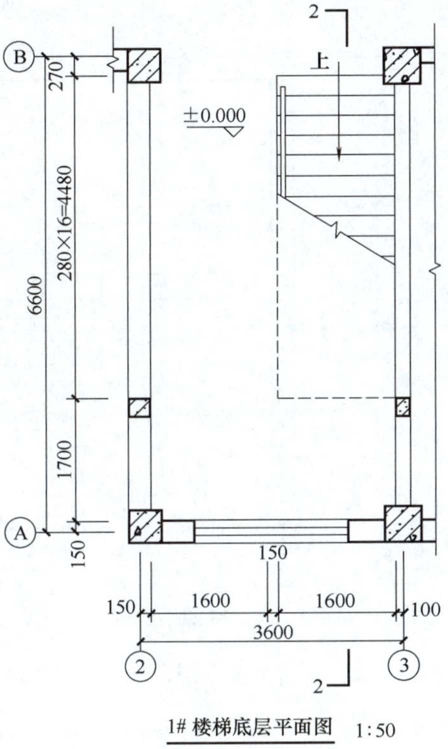

图 3-65　1#楼梯底层平面图

2. 根据图 3-66 和图 3-67，完成下列问题。

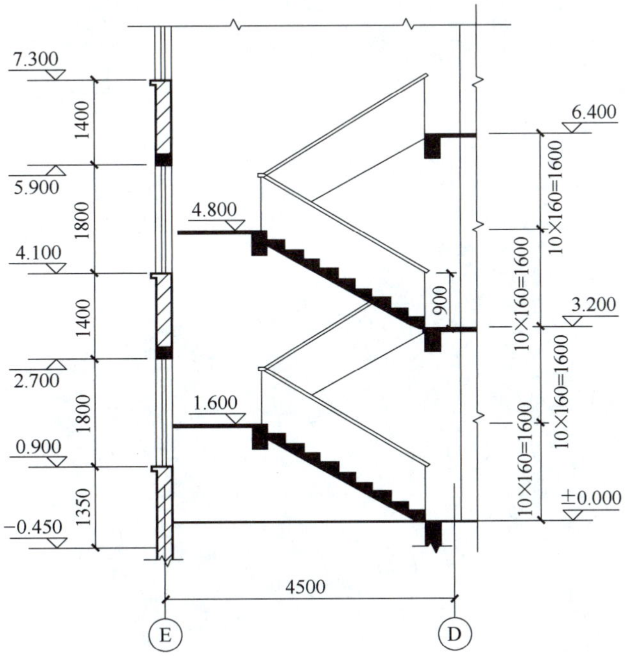

图 3-66　楼梯详图

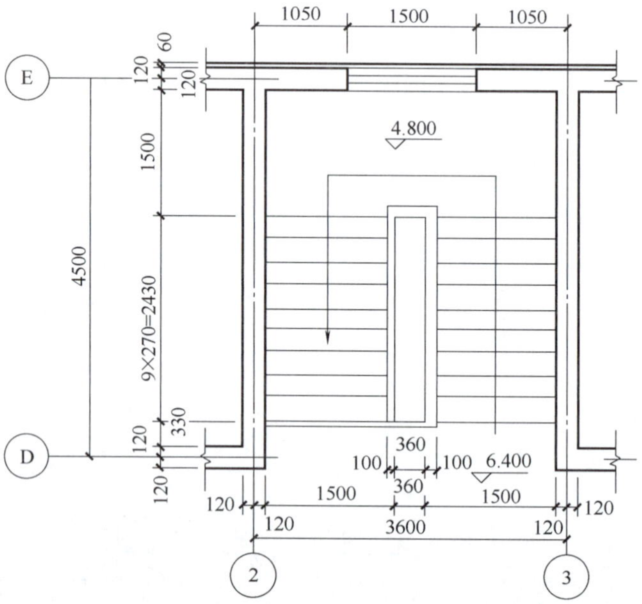

图 3-67　楼梯平面图

（1）图中的楼梯平面图为（　　）层平面图。
（2）从一层平台到二层平台有（　　）个踏步。
（3）栏杆扶手的高度为（　　）。
（4）一层的层高为（　　），二层的层高为（　　）。
（5）楼梯的开间为（　　）。
（6）梯井的宽度为（　　）。
（7）墙体厚度为（　　），墙体的材料为（　　）。

任务拓展

用 Revit 软件建立图 3-68 所示的楼梯模型。

Revit 建立楼梯模型

文化馆楼梯模型

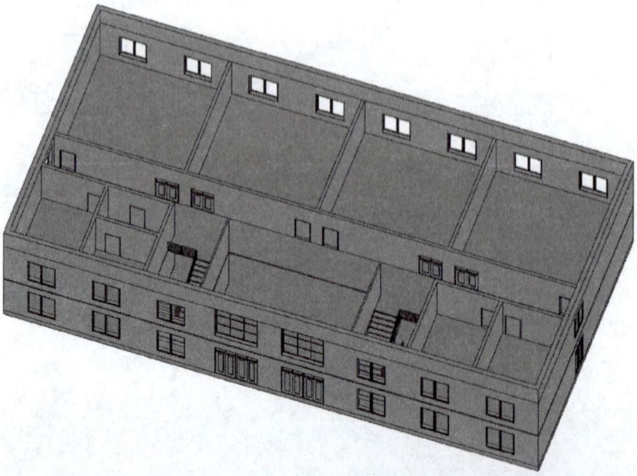

图 3-68　楼梯模型

任务八
建筑识图汇报

文化馆建筑平面图、立面图、剖面图、详图

文化馆三维模型

任务引入

四人一组，制作主题为识读文化馆建筑施工图的PPT。可以利用文化馆的三维模型及图片，对照建筑平面图、立面图、剖面图、详图进行讲解，重点突出图纸间的对应关系。

任务实施

每组由两名同学负责汇报，另外两名同学负责答辩，由评委打分。具体评分标准如表3-13所示。

表3-13　作品评分表

活动	项目	得分
建筑识图汇报（10分）	PPT制作精美（1分）	
	汇报者声音洪亮、思路清晰（1分）	
	汇报内容包括层高及墙体、楼板、屋顶等构件的尺寸，无遗漏、无错误（3分）	
	汇报内容包括门窗、楼梯、台阶、散水等构件的尺寸和位置，无遗漏、无错误（3分）	
	两位答辩者正确回答问题（2分）	
总分		

强化练习

一、单选题

1. 主要用来确定新建房屋的位置、朝向以及周边环境关系的是（　　）。

A. 建筑平面图　B. 建筑立面图　C. 总平面图　D. 功能分区图

2. 定位轴线用于确定（　　）。

A. 尺寸界线　B. 索引符号　C. 中心线　D. 墙和柱等的位置

3. 在建筑平面图中，绘制墙体的线为（　　）

A. 粗实线　B. 细实线　C. 点画线　D. 虚线

4. 除房屋的（　　）外，房屋的其他图样均标注相对标高。

A. 楼层结构平面布置图　B. 总平面图

C. 屋顶平面图　D. 基础平面图

5. 关于建筑剖面图的描述，下列说法正确的是（　　）。
A. 是房屋的水平投影　　B. 是房屋的水平剖面图
C. 是房屋的垂直剖面图　　D. 是房屋的垂直投影图

6. 下列叙述中不正确的是（　　）。
A. 2%表示长度为100、高度为2的坡度倾斜度
B. 指北针一般画在总平面图和一层平面图上
C. 总平面图中的尺寸单位为毫米，标高尺寸单位为米
D. 总平面图的所有尺寸单位均为米，标注至小数点后两位

二、判断题

1. 建筑立面图是平行于建筑物各方向外表立面的正投影图。（　　）
2. 一般用分数表示附加轴线的编号，其中分母表示后一根轴线的编号。（　　）
3. 建筑物内各层结构布置一致时，可只画一张平面图。（　　）

任务拓展

用 Revit 软件建立图 3-69 所示的屋面模型。

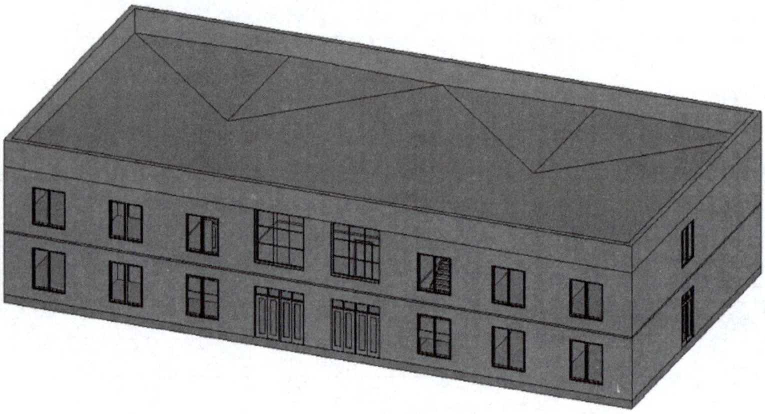

图 3-69　屋面模型

Revit 建立屋面模型

任务九
识读柱平法施工图

思维导图

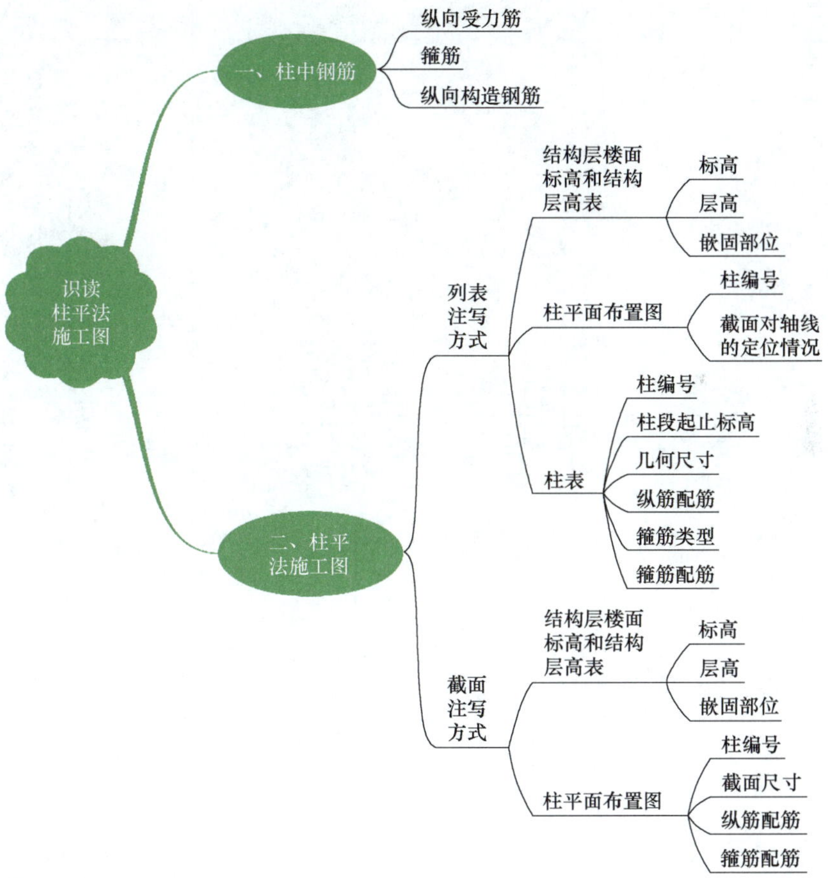

任务引入

为了保证建筑物具有足够的强度，需要为梁、板、柱、基础等承重构件设计合适的尺寸，并在内部布置合适的钢筋，这些内容应在结构施工图中读取。请识读全国高等职业院校土建施工类专业首届“鲁班杯”建筑工程识图技能竞赛图纸中的柱平法施工图（图 3-70），对各种柱的尺寸和配筋有所了解，并完成讲解任务。

柱平法施工图

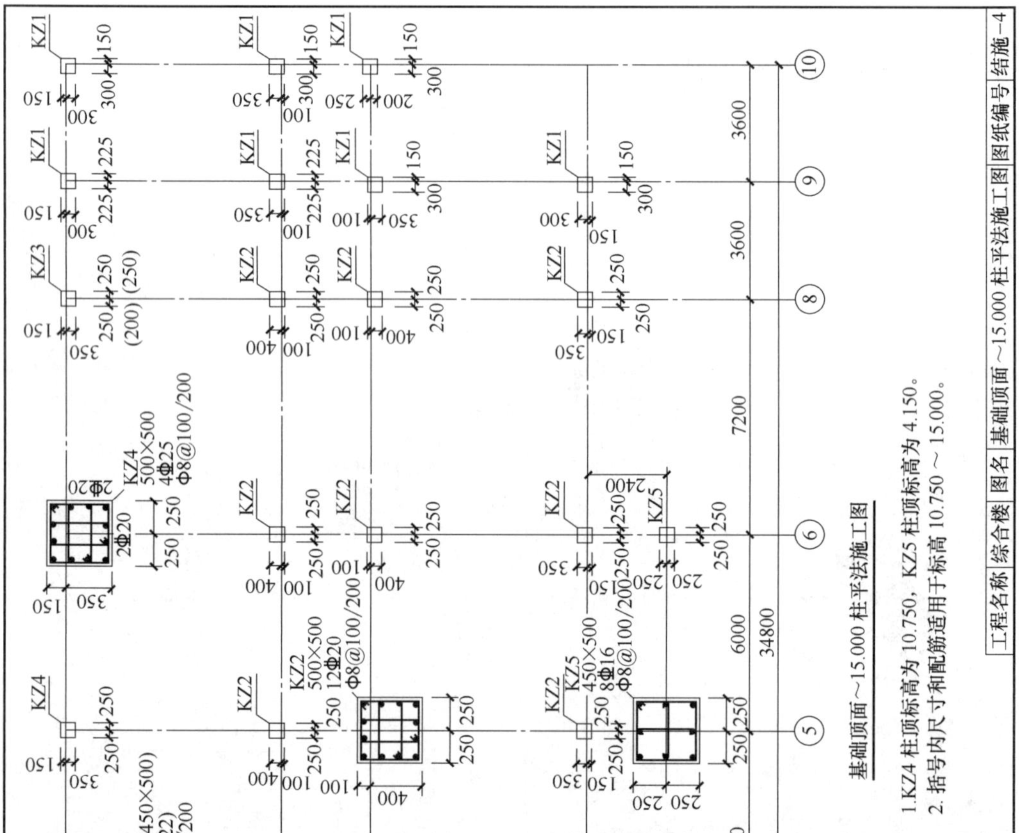
基础顶面～15.000 柱平法施工图
1.KZ4 柱顶标高为 10.750，KZ5 柱顶标高为 4.150。
2. 括号内尺寸和配筋适用于标高 10.750 ～ 15.000。
屋顶 15.000
4 10.750 4.250
3 7.450 3.300
2 4.150 3.300
1 −0.050 4.200
层号 标高(m) 层高(m)
结构层楼面标高
结构层高
工程名称 综合楼 图名 基础顶面～15.000 柱平法施工图 图纸编号 结施-4
KZ3
500×500(450×500)
4Φ25(4Φ22)
Φ8@100/200
KZ4
500×500
4Φ25
Φ8@100/200
KZ2
500×500
12Φ20
Φ8@100/200
KZ5
450×500
8Φ16
Φ8@100/200
KZ1
450×450
4Φ25
Φ8@100/200
34800
15900

图 3-70 柱平法施工图

任务分析

识读柱平法施工图要掌握柱中钢筋的布置、柱平法施工图列表注写方式和截面注写方式表达的含义。下面按照《混凝土结构施工图平面整体表示方法制图规则和构造详图》（22G101—1）中的规定进行介绍。

《混凝土结构施工图平面整体表示方法制图规则和构造详图》（22G101—1）柱平法施工图

柱平法施工图——列表注写

一、柱中钢筋

框架柱在框架结构中承受梁和板传来的荷载，并将荷载传给基础，是主要的竖向支撑结构。框架柱如图 3-71 所示，其内部有纵向钢筋和箍筋，如图 3-72 所示。

1. 纵向受力筋

当柱所受的荷载位于柱的中心时，柱为轴心受压构件，纵向受力筋均匀地布置于柱周边，与混凝土共同承受压力，如图 3-73 所示。当柱所受的荷载存在单向偏心时，柱为偏心受压构件，纵向受力筋位于柱的两边，如图 3-74 所示。

图 3-71　框架柱

图 3-72　框架柱纵向钢筋和箍筋

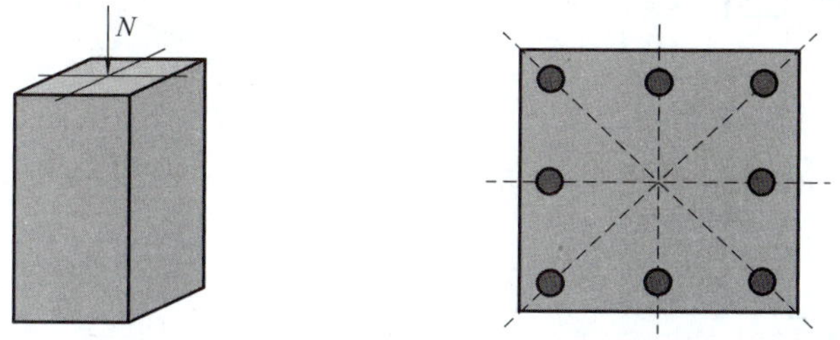

(a) 荷载位于柱中心　　(b) 纵向受力筋沿柱周边布置

图 3-73　轴心受压柱的受力与纵向受力筋布置

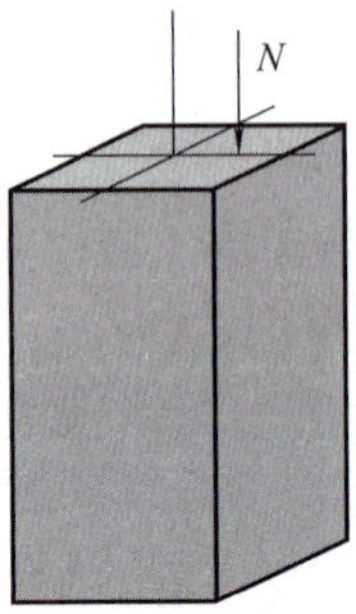

(a) 荷载存在单向偏心

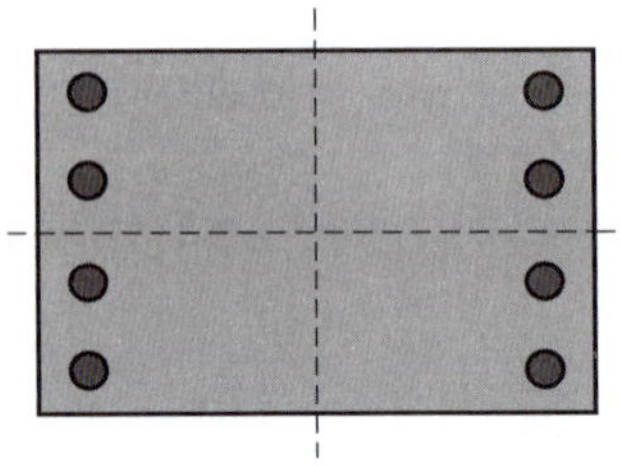

(b) 纵向受力筋沿柱两边布置

图 3-74　偏心受压柱的受力与纵向受力筋布置

2. 箍筋

柱中箍筋布置于纵筋的外侧且与纵筋垂直。箍筋的作用为固定纵向钢筋位置、承受剪力和弯矩、环箍约束芯部混凝土。箍筋有加密区和非加密区之分，加密区贯穿于梁与柱相交处，且在梁顶部和底部向外延伸一定范围。根据图集中的规定，一般情况下加密区长度应取柱截面长边尺寸（或圆形截面直径）、柱净高的 1/6 和 500mm 中的最大值。

3. 纵向构造钢筋

如图 3-75 所示，偏心受压柱长边（h）为 600～1000mm 时，需要在每条长边中部布置一根构造钢筋；长边为 1000～1500mm 时，则在每条长边中部均匀布置两根构造钢筋。

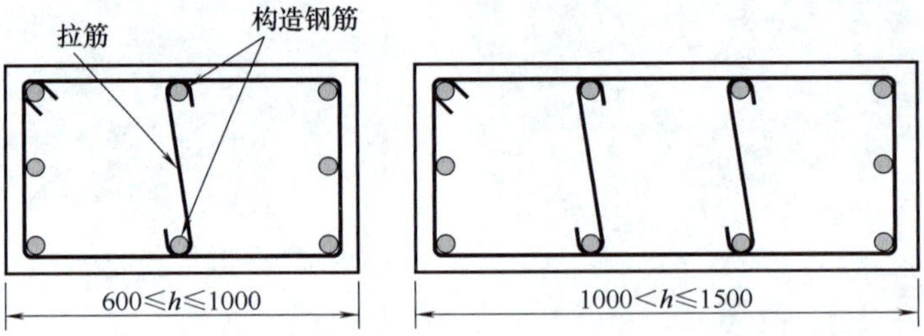

图 3-75　偏心受压柱纵向构造钢筋布置

二、柱平法施工图

柱平法施工图是在柱平面布置图上采用列表注写方式或截面注写方式进行的尺寸及配筋表达。柱平面布置图可采用适当比例单独绘制，也可与剪力墙平面布置图合并绘制。

1. 列表注写方式

列表注写方式的柱平法施工图如图 3-76 所示，由结构层楼面标高和结构层高表、柱平面布置图、柱表三部分组成。

层号	标高 (m)	层高 (m)
屋面 2	65.670	
塔层 2	62.370	3.30
屋面 1（塔层 1）	59.070	3.30
16	55.470	3.60
15	51.870	3.60
14	48.270	3.60
13	44.670	3.60
12	41.070	3.60
11	37.470	3.60
10	33.870	3.60
9	30.270	3.60
8	26.670	3.60
7	23.070	3.60
6	19.470	3.60
5	15.870	3.60
4	12.270	3.60
3	8.670	3.60
2	4.470	4.20
1	−0.030	4.50
−1	−4.530	4.50
−2	−9.030	4.50

结构层楼面标高
结构层高

注：上部结构嵌固部位：−4.530m

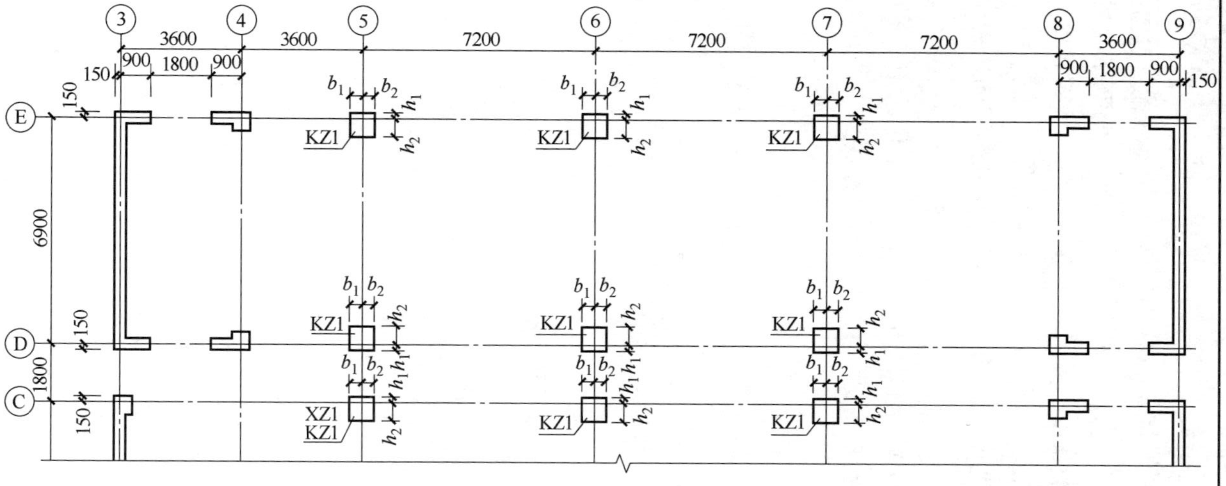

柱　表

柱编号	标高 (m)	$b \times h$(mm×mm)（圆柱直径 D）	b_1(mm)	b_2(mm)	h_1(mm)	h_2(mm)	全部纵筋	角筋	b 边一侧中部筋	h 边一侧中部筋	箍筋类型号	箍筋	备注
KZ1	−4.530～−0.030	750×700	375	375	150	550	28Φ25				1(6×6)	Φ10@100/200	—
	−0.030～19.470	750×700	375	375	150	550	24Φ25				1(5×4)	Φ10@100/200	
	19.470～37.470	650×600	325	325	150	450		4Φ22	5Φ22	4Φ20	1(4×4)	Φ10@100/200	
	37.470～59.070	550×500	275	275	150	350		4Φ22	5Φ22	4Φ20	1(4×4)	Φ8@100/200	
XZ1	−4.530～8.670						8Φ25				按标准构造详图	Φ10@100	⑤×Ⓒ轴KZ1中设置

−4.530～59.070 柱平法施工图（局部）

注：1. 如采用非对称配筋，需在柱表中增加相应栏目分别表示各边的中部筋。
2. 箍筋对纵筋至少隔一拉一。
3. 本页示例表示地下一层（−1 层）、首层（1 层）柱端箍筋加密区长度范围及纵筋连接位置均按嵌固部位要求设置。
4. 层高表中，竖向粗线表示本页柱的起止标高为 −4.530 ～ 59.070m，所在层为 −1 ～ 16 层。

柱平法施工图列表注写方式示例							图集号	22G101-1
审核	郁银泉	校对	高志强	设计	曹俊		页	1-7

图 3-76　−4.530 ~ 59.070 柱平法施工图（局部）

（1）结构层楼面标高和结构层高表

在图 3-76 左侧的结构层楼面标高和结构层高表中注写了各层的楼面标高及层高，表中粗线对应的标高为柱平法施工图适用的标高范围，表下部标明嵌固部位为-4.530m。嵌固部位是指使上下两部分结构之间没有相对位移和转动的连接部位。当框架柱嵌固部位在基础顶面时，在图纸中无须注明；框架柱嵌固部位不在基础顶面时，应在层高表嵌固部位标高下使用双细线注明。框架柱嵌固部位不在地下室顶板，但仍需考虑地下室顶板对上部结构实际存在的嵌固作用时，可在层高表地下室顶板标高下使用双虚线注明，嵌固部位处要注意箍筋加密区长度范围及纵向钢筋连接位置。

思政：韩国三丰百货商场发生整体垮塌

（2）柱平面布置图

在柱平面布置图上，应分别标注每根柱的编号和柱截面对轴线的定位情况。图 3-76 所示的九根柱均为 KZ1，每根柱左边、右边与轴线的距离为 b_1、b_2，柱上边、下边与轴线的距离为 h_1、h_2。

（3）柱表

柱表中应注写柱编号、柱段起止标高、几何尺寸（含柱截面对轴线的定位情况）、纵筋配筋的具体数值及箍筋类型和箍筋配筋情况。柱编号中的字母是柱类型代号，如“KZ”表示框架柱、“ZBZ”表示转换柱、“XZ”表示芯柱，在类型代号后加数字序号共同构成柱编号。箍筋共有四种类型，如图 3-77 所示。

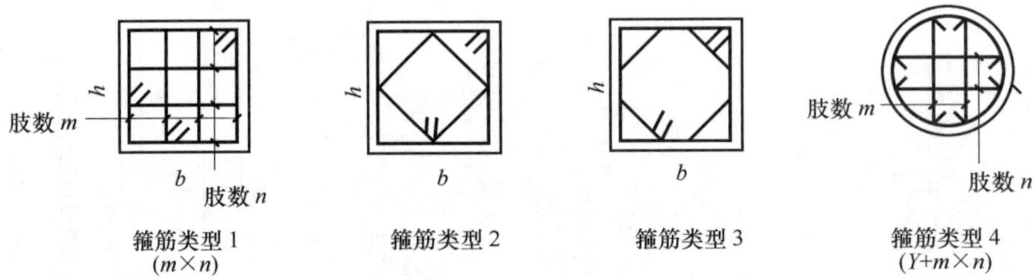

图 3-77　箍筋类型

以图 3-76 中柱表的第一行内容为例，“KZ1”表示 1 号框架柱；标高范围为-4.530m 至-0.030m；柱截面尺寸为 750mm×700mm；与柱平面布置图中的 b_1、b_2 对应的数值均为 375mm；h_1 对应的数值为 150mm，h_2 对应的数值为 550mm；全部纵筋共 28 根，直径为 25mm 的三级钢，均匀分布，四个角各布置 1 根钢筋，除了四个角外，每边各布置 6 根纵筋；箍筋采用类型 1，为 6 肢箍×6 肢箍，直径为 10mm 的一级钢，加密区间距为 100mm，非加密区间距为 200mm。

2. 截面注写方式

截面注写方式的柱平法施工图如图 3-78 所示，由结构层楼面标高和结构层高表、柱平面布置图两部分组成。

（1）结构层楼面标高和结构层高表

截面注写方式与列表注写方式的结构层楼面标高和结构层高表相同，如图 3-78 所示。

柱平法施工图——截面注写

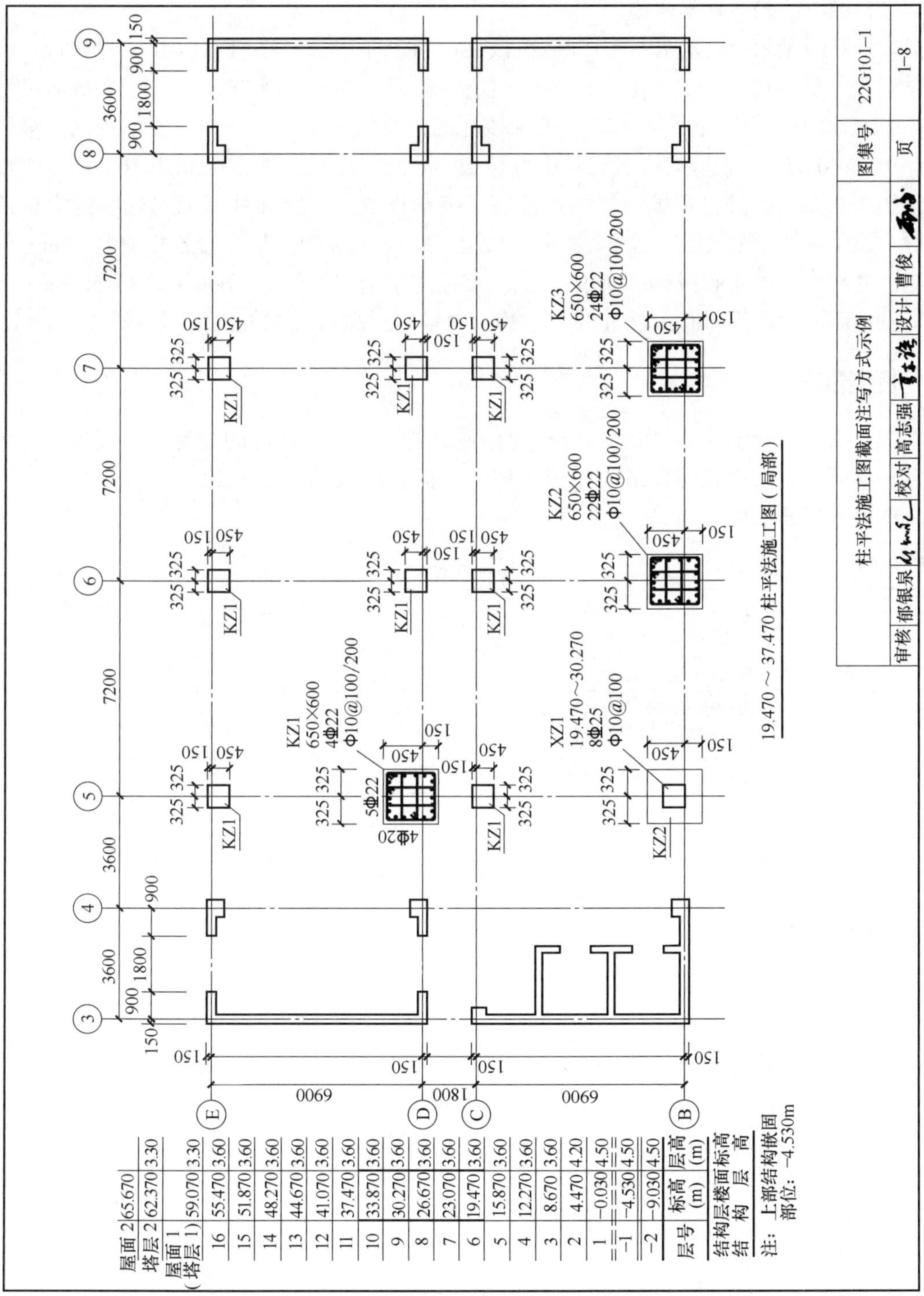

图3-78　19.470～37.470 柱平法施工图（局部）

（2）柱平面布置图

在柱平面布置图上，分别在同一编号的柱中选择一个截面，以直接注写截面尺寸和配筋具体数值的方式表达柱平法施工图。

以⑤轴和Ⓓ轴相交处的 KZ1 为例，在该柱的右上角引出一条直线，共注写四行，称为集中标注。第一行“KZ1”表示 1 号框架柱；第二行“650×600”表示该柱的截面尺寸为 650mm×600mm；第三行“4 Φ 22”表示该柱的角筋为 4 根直径 22mm 的三级钢；第四行“φ 10@ 100/200”表示该柱箍筋采用直径 10mm 的一级钢，加密区间距 100mm，非加密区间距 200mm。此外，在柱的周围也注写了钢筋根数、直径和柱截面对轴线的定位情况，称为原位标注，如 KZ1 的上部注写的“5 Φ 22”表示 b 边一侧布置 5 根直径 22mm 的三级钢。柱箍筋采用 4 肢箍×4 肢箍的形式。该柱的下边与Ⓓ轴之间的距离为 150mm，上边与Ⓓ轴之间的距离为 450mm，左边、右边与⑤轴的距离均为 325mm。

任务实施

四人一组，识读图 3-70 所示综合楼的柱平法施工图，包括柱的类型、截面尺寸、纵筋信息、箍筋信息及标高等。组内轮流讲解并共同完成读图及讲图的纪要。进行组间互评，具体评分标准如表 3-14 所示。

表 3-14　　作品评分表

活动	项目	识读内容	得分
读图、讲图（10 分）	柱编号、种类、数量(2 分)		
	框架柱的起止标高(1 分)		
	各种框架柱的截面尺寸(2 分)		
	各种框架柱的纵筋信息(2 分)		
	各种框架柱的箍筋信息(1 分)		
	各框架柱的位置(2 分)		
总分			

强化练习

单选题

1. 图 3-79 所示的 2 号框架柱的截面尺寸为（　　）。

A. 500mm×500mm　　B. 500mm×600mm

C. 600mm×600mm　　D. 550mm×600mm

2. 图 3-79 所示的 2 号框架柱的箍筋间距为（　　）。

A. 200mm　　B. 100mm

C. 150mm　　D. 160mm

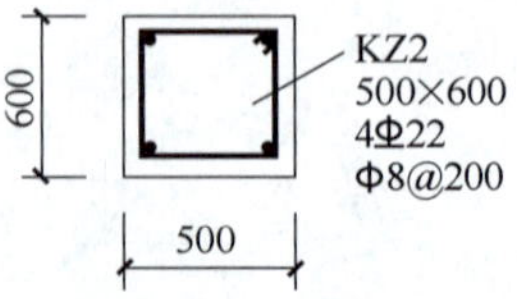

图 3-79　KZ2 截面

3. 根据表 3-15 所示的内容，可读出一层柱内的纵筋直径为（　　）。

表 3-15　　　　柱表

柱号	标高（m）	$b \times h$（mm×mm）	全部纵筋	角筋	b 边中部筋	h 边中部筋
KZ1	-0.050～17.950	750×700	20Ф25	—	—	—
	17.950～37.950	650×600	—	4Ф22	4Ф22	4Ф20

A. 28mm　　　B. 24mm　　　C. 25mm　　　D. 22mm

4. 根据表 3-16 所示的内容，可读出顶层柱箍筋直径为（　　）。

表 3-16　　　　柱表

柱号	标高（m）	全部纵筋	角筋	b 边中部筋	h 边中部筋	箍筋
KZ1	-0.050～17.950	20Ф25	—	—	—	Φ10@100/200
	17.950～37.950	—	4Ф22	4Ф22	4Ф20	Φ8@100/200

A. 8mm　　　B. 10mm　　　C. 12mm　　　D. 14mm

任务拓展

识读《混凝土结构施工图平面整体表示方法制图规则和构造详图》（22G101—1）中页 2-9 的内容，学习框架柱纵向钢筋连接构造。

《混凝土结构施工图平面整体表示方法制图规则和构造详图》（22G101—1）柱纵筋构造

任务十
识读梁平法施工图

思维导图

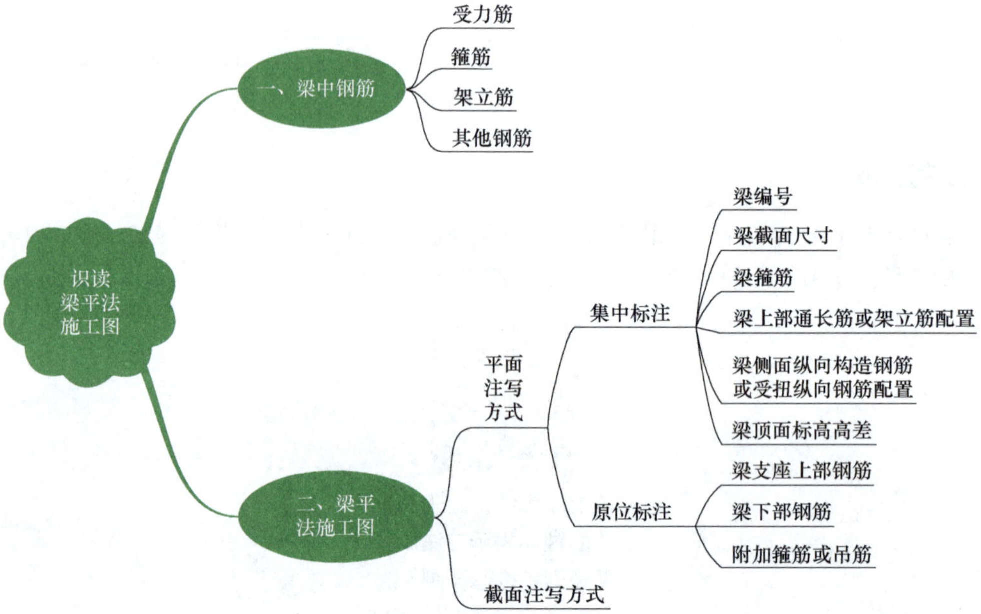

任务引入

请识读全国高等职业院校土建施工类专业首届“鲁班杯”建筑工程识图技能竞赛图纸中的梁平法施工图（图3-80），对各种梁的尺寸和配筋有所了解，并完成讲解任务。

4. 150 梁平法施工图

任务分析

识读梁平法施工图要掌握梁中钢筋的布置、梁平法施工图表达的含义。下面按照《混凝土结构施工图平面整体表示方法制图规则和构造详图》(22G101—1)中的规定进行介绍。

《混凝土结构施工图平面整体表示方法制图规则和构造详图》(22G101—1)梁平法施工图

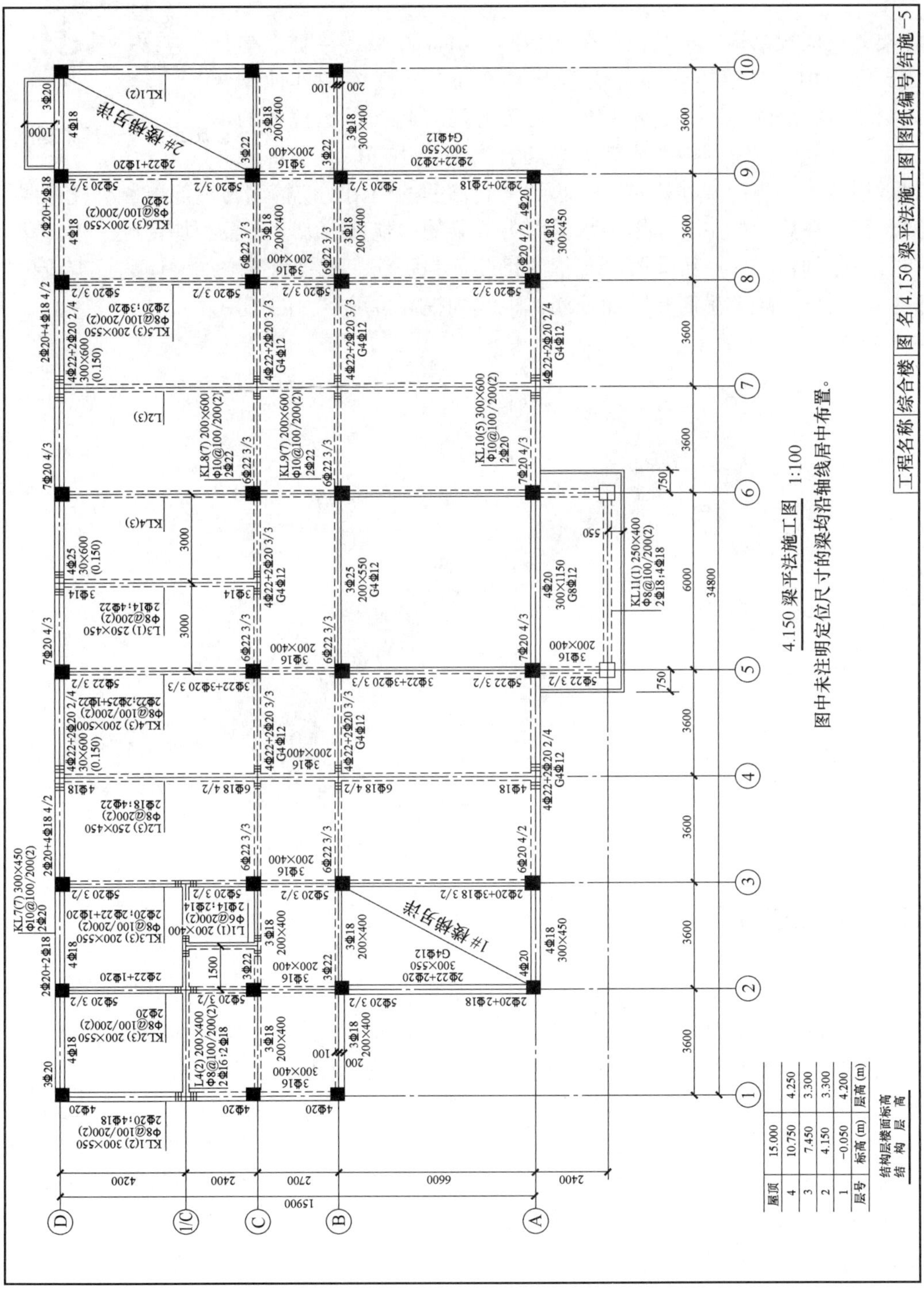
工程名称 综合楼 图名 4.150梁平法施工图 图纸编号 结施-5
4.150梁平法施工图 1:100
图中未注明定位尺寸的梁均沿轴线居中布置。
屋顶 15.000
4 10.750 4.250
3 7.450 3.300
2 4.150 3.300
1 -0.050 4.200
层号 标高(m) 层高(m)
结构层楼面标高
结构层高

图3-80　梁平法施工图

一、梁中钢筋

梁平法
施工图——集中标注

框架梁在框架结构中承受板传来的荷载，并将荷载传给柱，是主要的支撑结构。框架梁内部有受力筋、箍筋、架立筋和其他钢筋。如图 3-81 所示，底部钢筋和负筋是受力筋，起到承担拉力的作用。上部钢筋可以是受力筋或者架立筋，当为受力筋时，与混凝土一起承担压力；当为架立筋时，仅起到架起箍筋的作用，使箍筋与纵筋能够绑扎形成钢筋骨架。箍筋在梁中的主要作用为承受剪力，梁的两端剪力大，布置为加密区，中部剪力小，布置为非加密区。在梁体两侧布置的钢筋称为腰筋，主要用于增加梁体的抗剪或抗扭能力。除此之外，还有吊筋和附加箍筋，也起到提高抗剪能力的作用。

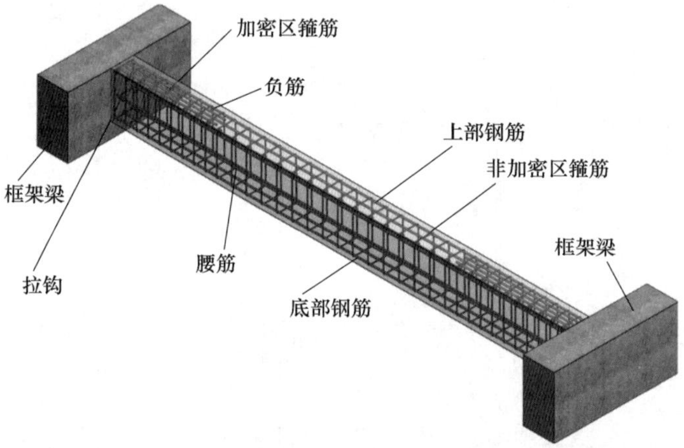

图 3-81　梁中钢筋

二、梁平法施工图

梁平法施工图是在梁平面布置图上采用平面注写方式或截面注写方式进行的尺寸及配筋表达。一般施工图主要采用平面注写方式。在梁平面布置图中，应分别按梁的不同结构层（标准层），将全部梁与其他关联的柱、墙、板一起采用适当比例绘制。

平面注写方式是在梁的平面布置图上，分别在不同编号的梁中各选一根梁，在其上注写截面尺寸和配筋具体数值以表达梁平法施工图。梁的平面注写包括集中标注和原位标注，如图 3-82 所示。集中标注表达梁的通用数值，原位标注表达梁的特殊数值。当集中标注中的某项数值不适用梁的某部位时，则将该项数值在该部位原位标注。施工时，一般按照原位标注取值优先原则执行。

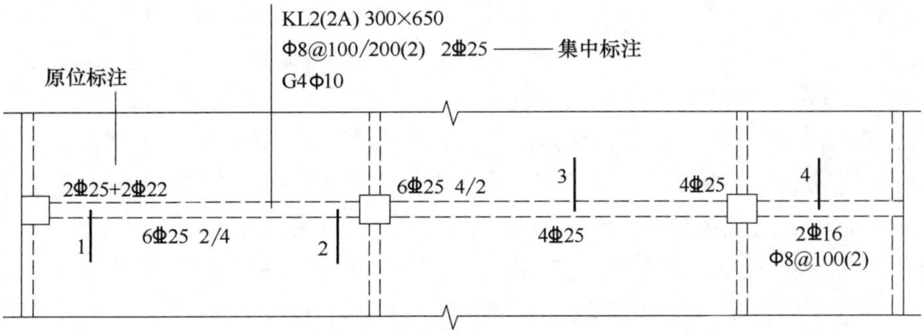

图 3-82　集中标注和原位标注

1. 集中标注

梁集中标注的内容包括五项必注值及一项选注值（集中标注可以从梁的任意一跨引出）。必注值包括梁编号、梁截面尺寸、梁箍筋、梁上部通长筋或架立筋配置、梁侧面纵向构造钢筋或受扭纵向钢筋配置，选注值包括梁顶面标高高差。

（1）梁编号

梁编号由梁类型、代号、序号、跨数及有无悬挑代号组成，并应符合表 3-17 所示的规定。在图 3-82 中，梁编号位于集中标注的第一行，"KL2（2A）"表示 2 号框架梁，其两跨一端悬挑。

表 3-17　梁编号

梁类型	代号	序号	跨数及是否带有悬挑
楼层框架梁	KL	××	（××）、（××A）或（××B）
屋面框架梁	WKL	××	（××）、（××A）或（××B）
框支梁	KZL	××	（××）、（××A）或（××B）
非框架梁	L	××	（××）、（××A）或（××B）
悬挑梁	XL	××	（××）、（××A）或（××B）
井字梁	JZL	××	（××）、（××A）或（××B）

注：（××A）为一端有悬挑，（××B）为两端有悬挑，悬挑不计入跨数。

（2）梁截面尺寸

当为等截面梁时，截面尺寸用 $b \times h$ 表示，即截面宽度×截面高度；当梁有竖向加腋时，截面尺寸用 $b \times h\ Yc_1 \times c_2$ 表示，其中 c_1 为腋长，c_2 为腋高；当梁有水平加腋时，截面尺寸用 $b \times h\ PYc_1 \times c_2$ 表示，其中 c_1 为腋长，c_2 为腋宽；当有悬挑梁且根部和端部的高度不同时，用斜线分隔根部与端部的高度值，即为 $b \times h_1/h_2$。在图 3-82 中，梁截面尺寸位于集中标注的第一行，"300×650"表示梁宽为 300mm，梁高为 650mm。

（3）梁箍筋

梁箍筋包括钢筋级别、直径、加密区与非加密区的间距及肢数。箍筋加密区与非加密区的不同间距及肢数需要用"/"分隔；当加密区与非加密区的箍筋肢数相同时，则将肢数注写一次，肢数应写在括号内。在图 3-82 中，箍筋位于集中标注第二行，"Φ8@100/200（2）"

表示箍筋采用直径 8mm 的一级钢，加密区间距 100mm，非加密区间距 200mm，均为双肢箍。

（4）梁上部通长筋或架立筋配置

当位于梁上部同一排的钢筋中既有位于角部的通长筋，又有位于中部的架立筋时，应用“+”将通长筋和架立筋关联。注写时须将角部纵筋写在“+”的前面，架立筋写在加号后面的括号内，以示不同直径通长筋的区别。当全部采用架立筋时，则将其写入括号内。当梁的上部纵筋和下部纵筋为全跨相同，且多数跨配筋相同时，此项可加注下部纵筋的配筋值，用“;”将上部与下部纵筋的配筋值分隔开来，少数跨不同时，采用原位标注。在图 3-82 中，集中标注第二行中“2 Φ25”表示通长筋为 2 根直径 25mm 的三级钢。

（5）梁侧面纵向构造钢筋或受扭纵向钢筋配置

当梁腹板高度不小于 450mm 时，须配置纵向构造钢筋，所注写规格与根数应符合规范规定。此项注写以大写字母 G 打头，后面注写梁两个侧面的总配筋值，且对称配置。当梁侧面须配置受扭纵向钢筋时，则以大写字母 N 打头。受扭纵向钢筋应满足梁侧面纵向构造钢筋的间距要求，且不再重复配置纵向构造钢筋。在图 3-82 中，集中标注第三行的“G4 ⌀10”表示该梁布置纵向构造钢筋，梁每侧边布置 2 根直径 10mm 的一级钢，两侧共 4 根。

（6）梁顶面标高高差

梁顶面标高高差指相对于结构层楼面标高高差值，对于位于结构夹层的梁，则指相对于结构夹层楼面标高的高差。有高差时，须将其写入括号内，无高差时不注。当某梁的顶面高于所在结构层的楼面标高时，其标高高差为正值，反之为负值。在图 3-82 中，集中标注中没有该项，则表示该层的梁顶部与楼面平齐。

2. 原位标注

梁平法

施工图——原位标注

梁原位标注包括梁支座上部钢筋、梁下部钢筋、附加箍筋或吊筋。当梁集中标注的内容（梁截面尺寸、箍筋、上部通长筋或架立筋、梁侧面纵向构造钢筋或受扭纵向钢筋、梁顶面标高高差中的某一项或几项数值）不适用某跨或某悬挑部分时，则将其不同数值原位标注在该跨或该悬挑部位，施工时应按原位标注数值取用。

（1）梁支座上部钢筋

梁支座上部钢筋含通长筋在内的所有纵筋，标注在梁上方该支座处。当上部纵筋多于一排时，用“/”将各排纵筋自上而下分开。当同排纵筋有两种直径时，用“+”将两种直径的纵筋相连，注写时将角部纵筋写在前面。当梁中间支座两边的上部纵筋不同时，须在支座两边分别标注；当梁中间支座两边的上部纵筋相同时，可仅在支座的一边标注配筋值，另一边省去不注。在图 3-82 中，第一跨左侧支座上部的钢筋“2 Φ25+2 Φ22”表示该支座上部钢筋为一排，角部为 2 根直径 25mm 的三级钢，中部为 2 根直径 22mm 的三级钢。

（2）梁下部钢筋

梁的下部钢筋标注在梁下部跨中的位置。当下部钢筋多于一排时，用“/”将各排钢筋自上而下分开。当同排钢筋有两种直径时，用“+”将两种直径的钢筋相连，注写时角筋写在前面。当梁下部钢筋不全部伸入支座时，将梁支座下部钢筋减少的数量写在括号内。在图 3-82 中，第一跨下部的钢筋“6 ⏀25 2/4”表示该跨梁下部钢筋为两排，上一排为 2 根直径 25mm 的三级钢，下一排为 4 根直径 25mm 的三级钢。

（3）附加箍筋或吊筋

附加箍筋或吊筋直接画在平面图中的主梁上，用线引注总配筋值（附加箍筋的肢数注在括号内）。当多数附加箍筋或吊筋相同时，可在梁平法施工图上统一注明；少数与统一注明值不同时，再原位引注。如图 3-83 所示，附加箍筋在主梁内、次梁的两侧，共 8 根直径 8mm 的一级钢，双肢箍；吊筋为 2 根直径 18mm 的三级钢。

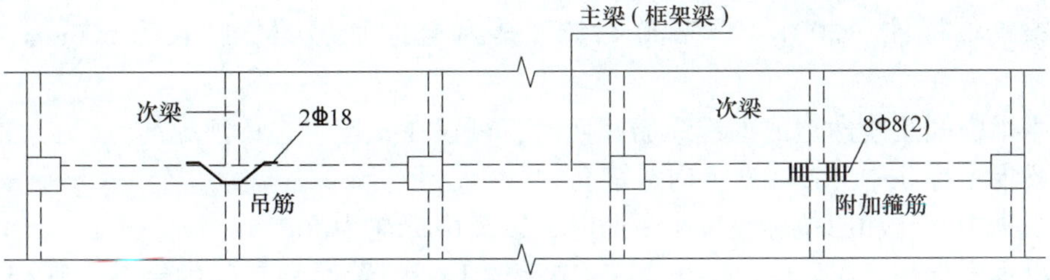

图 3-83　附加箍筋和吊筋

任务实施

四人一组，识读图 3-80 所示综合楼的梁平法施工图，包括梁的类型、截面尺寸、纵筋信息、箍筋信息等。组内轮流讲解并共同完成读图及讲图的纪要。进行组间互评，具体评分标准如表 3-18 所示。

表 3-18　作品评分表

活动	项目	识读内容	得分
读图、讲图（10 分）	梁编号、种类（2 分）		
	框架梁的标高（1 分）		
	各种框架梁的截面尺寸（2 分）		
	各种框架梁的纵筋信息（2 分）		
	各种框架梁的箍筋信息（1 分）		
	各框架梁的位置（1 分）		
	是否有附加箍筋和吊筋（1 分）		
总分			

强化练习

一、单选题

1. 标在梁上下两侧的为（　　）标注。

A. 集中　　B. 原位　　C. 原始　　D. 个别

2. KL7（3）表示（　　）。

A. 3 根 7 号梁　　B. 7 号框架梁，三跨

C. 7 号框架柱，三跨　　　　　　　　　D. 7 号框架梁，三跨一端悬挑

3. Φ10@100/200（2）表示（　　）。

A. 箍筋为直径 10mm 的一级钢，间距 100mm，双肢箍

B. 箍筋为直径 10mm 的三级钢，间距 100mm，双肢箍

C. 箍筋为直径 10mm 的一级钢，加密区间距 100mm，非加密区间距 200mm，双肢箍

D. 箍筋为直径 10mm 的三级钢，加密区间距 100mm，非加密区间距 200mm，双肢箍

二、判断题

1. 梁集中标注“300×750 *Y*500×250”表示竖向加腋梁，腋长为 500mm，腋高为 250mm。(　　)

2. 当梁中间支座两边的上部纵筋相同时，可仅在支座一边标注配筋。(　　)

3. 梁集中标注中“N”表示构造钢筋。(　　)

4. 当集中标注和原位标注发生矛盾时，以集中标注为准。(　　)

5. 梁集中标注“2Φ22+(4Φ12)”表示梁上部配置两种直径的钢筋，直径为 22mm 的钢筋布置在中间。(　　)

任务拓展

识读《混凝土结构施工图平面整体表示方法制图规则和构造详图》（22G101—1）中页 1-33 的内容，学习框架梁平法施工图截面注写方式。

《混凝土结构施工图平面整体表示方法制图规则和构造详图》（22G101—1）梁截面注写

任务十一
识读板平法施工图

思维导图

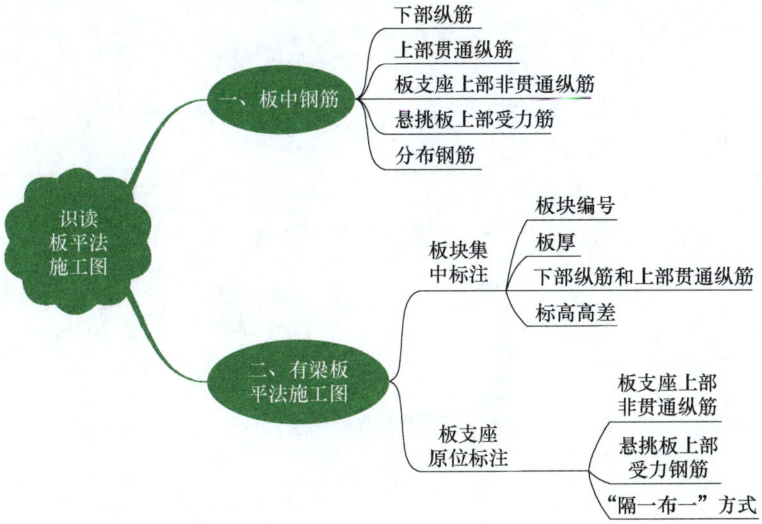

任务引入

请识读全国高等职业院校土建施工类专业首届“鲁班杯”建筑工程识图技能竞赛图纸中的板平法施工图（图 3-84），对各种板的尺寸和配筋有所了解，并完成讲解任务。

4. 150 板平法施工图

任务分析

识读板平法施工图要掌握板中钢筋的布置、板平法施工图表达的含义。下面按照《混凝土结构施工图平面整体表示方法制图规则和构造详图》（22G101—1）中的规定对有梁板平法施工图进行介绍。

《混凝土结构施工图平面整体表示方法制图规则和构造详图》（22G101—1）板

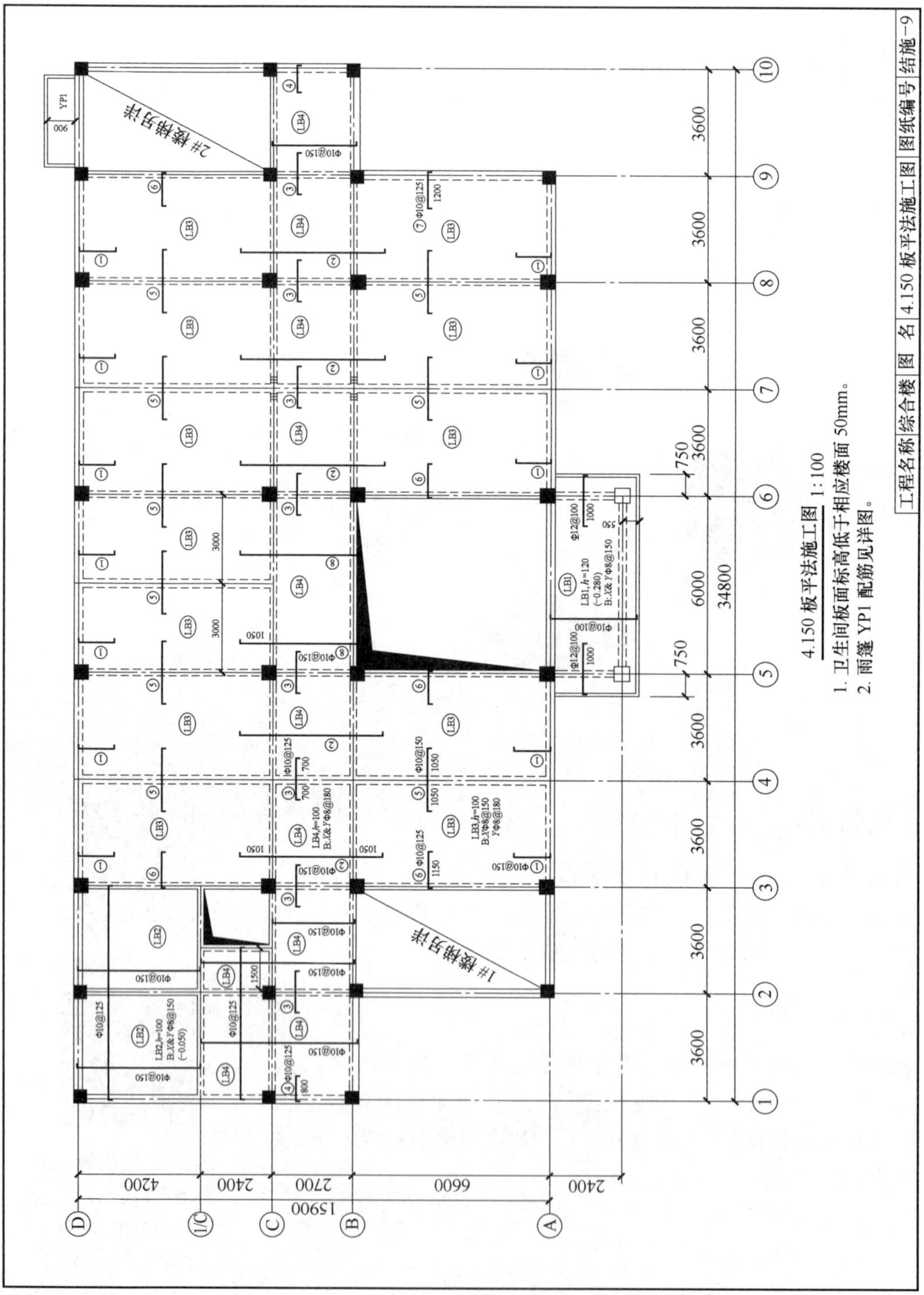
4.150 板平法施工图 1:100
1. 卫生间板面标高低于相应楼面 50mm。
2. 雨篷 YP1 配筋见详图。
工程名称 综合楼 图 名 4.150 板平法施工图 图纸编号 结施-9
1#楼梯另详
2#楼梯另详
LB1, h=120 (−0.280) B: X& YΦ8@150
LB2, h=100 B: X& YΦ8@150 (−0.050)
LB3, h=100 B: XΦ8@150 YΦ8@180
LB4, h=100 B: X& YΦ8@180
34800
15900

图 3-84 板平法施工图

一、板中钢筋

有梁板中的钢筋包括下部纵筋、上部贯通纵筋、板支座上部非贯通纵筋、悬挑板上部受力筋以及分布钢筋。分布钢筋与板支座上部非贯通纵筋垂直且绑扎在一起，通常在图纸说明中注明。

有梁板平法施工图

二、有梁板平法施工图

有梁板的平法施工图是在楼面板和屋面板布置图上采用平面注写方式表达板的尺寸与配筋的施工图。板平面注写主要包括板块集中标注和板支座原位标注。

1. 板块集中标准

板块集中标注的内容包括板块编号、板厚、下部纵筋和上部贯通纵筋以及当板面标高不同时的标高高差。

（1）板块编号

板块编号由板类型代号和序号构成，“LB”为楼面板代号，“WB”为屋面板代号，“XB”为悬挑板代号，“YXB”为延伸悬挑板代号。对于普通楼面，两向均以一跨为一块板；对于密肋楼盖，两向主梁均以一跨为一块板。所有板块应逐一编号，在相同编号的板块中选择一块进行集中标注，其他仅注写置于圆圈内的板编号。如图 3-85 所示，每块板上均有楼面板的板块编号，左下角楼面板集中标注，其他只写板号。

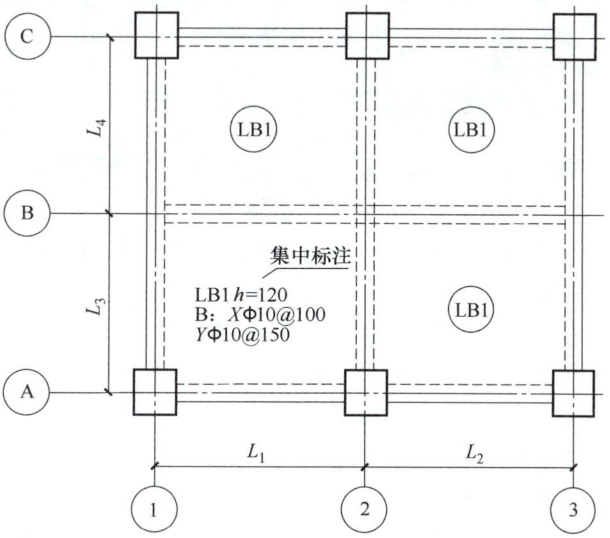

图 3-85　有梁板平法施工图（一）

（2）板厚

板厚注写为“h=×××”，当为悬挑板且端部和根部厚度不同时，用“/”分隔，注写为“h=×××/×××”。当图下方的说明中统一注明板厚时，此项可以不注写。在图 3-85 中，板厚为 120mm。

（3）下部纵筋和上部贯通纵筋

纵筋按板块的下部纵筋和上部贯通纵筋分别注写，当板块上部不设贯通纵筋时则不注写。以“B”表示下部纵筋，以“T”表示上部贯通纵筋，“B&T”表示下部与上部钢筋。“X”和“Y”表示方向，当两向轴网正交布置时，从左向右为 X 方向，从下向上为 Y 方向。当轴网转折时，局部坐标方向顺轴网转折角度作相应转折。当轴网向心布置时，切向为 X 方向，径向为 Y 方向。X 向钢筋以“X”打头，Y 向钢筋以“Y”打头，两向纵筋配置相同时则以“$X\&Y$”打头。在图3-85中，1号楼面板下部X方向纵筋为直径10mm的一级钢，间距为100mm；Y方向纵筋为直径10mm的一级钢，间距为150mm。在悬挑板下部配置有构造钢筋时，X方向以X_c打头，Y方向以Y_c打头注写。如图3-86所示，该延伸悬挑板下部X方向的构造钢筋为直径8mm的一级钢，间距为150mm；Y方向的构造钢筋为直径8mm的一级钢，间距为200mm；上部X方向贯通纵筋为直径8mm的一级钢，间距为150mm。

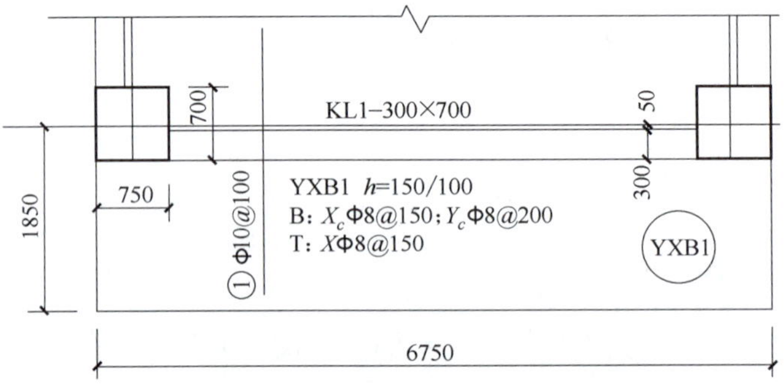

图3-86 有梁板平法施工图（二）

（4）标高高差

板面标高高差是指相对于结构层楼面标高的高差，应将其注写在括号内，有高差时注写，没有高差则不注。负数表示该楼板面低于本层楼面板的标高。在图3-85和图3-86中，均没有标高项，表示各板面标高均为楼面标高。

2. 板支座原位标注

板支座原位标注包括板支座上部非贯通纵筋和悬挑板上部受力钢筋。

（1）板支座上部非贯通纵筋

板支座原位标注的钢筋应在配筋相同跨的第一跨表示。垂直于板支座绘制一段适宜长度的中实线，用以表示支座上部非贯通纵筋，并在线段上方注写钢筋编号、配筋值，有时也会在后面加括号，括号内标注横向连续跨数以及是否布置到梁的悬挑端。在线段下方注写非贯通纵筋自支座边线向跨内的伸出长度，若线段下方只有一个数值，表示两侧对称伸出，否则需要注写两个伸出长度。如图3-87所示，与②轴垂直的2号钢筋为直径8mm的一级钢，间距为150mm，连续布置两跨，钢筋总长度为1900mm。

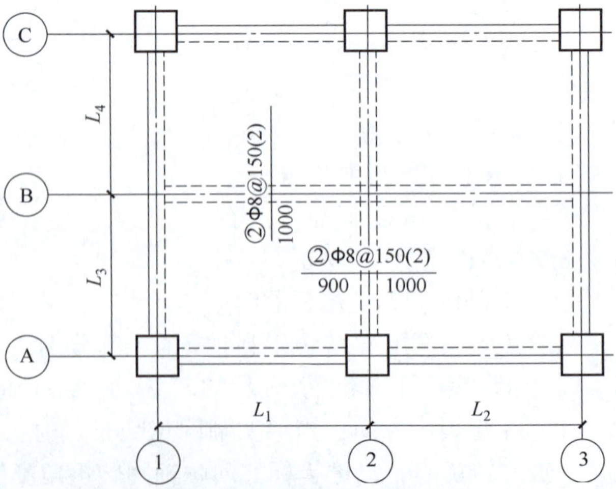

图3-87 板支座上部非贯通纵筋

（2）悬挑板上部受力钢筋

悬挑板上部受力钢筋的注写与板支座上部非贯通纵筋基本相同，

不同之处在于悬挑板上部受力钢筋不注贯通全跨或伸出至全悬挑一侧的长度值，只注明非贯通纵筋另一侧的伸出长度值。

当板的上部已配置有贯通纵筋，但需要增配板支座上部非贯通纵筋时，应结合已配置的同向贯通纵筋的直径与间距，采取“隔一布一”方式配置。若板上部配置贯通纵筋Φ12@250，该跨同向配置的上部支座非贯通纵筋Φ12@250，表示在该支座上部设置的纵筋实际为Φ12@125，其中1/2为贯通纵筋，1/2为非贯通纵筋。

任务实施

四人一组，识读图3-84所示综合楼的板平法施工图，包括板的编号、厚度、纵筋信息及标高等。组内轮流讲解并共同完成读图及讲图的纪要。进行组间互评，具体评分标准如表3-19所示。

板配筋图识读

表3-19　作品评分表

活动	项目	识读内容	得分
读图、讲图（10分）	楼面板编号、种类(1分)		
	楼面板的标高(1分)		
	楼面板的厚度(1分)		
	楼面板的下部纵筋(2分)		
	楼面板的上部贯通纵筋(2分)		
	标高高差(1分)		
	楼面板支座上部非贯通纵筋(2分)		
总分			

强化练习

一、单选题

当板的集中标注为“(-0.050)”时表示（　　）。

A. 该板面标高高于本层楼面的标高0.050mm。

B. 该板面标高低于本层楼面的标高0.050mm。

C. 该板面标高高于本层楼面的标高0.050m。

D. 该板面标高低于本层楼面的标高0.050m。

二、判断题

1. 板支座上部非贯通纵筋和悬挑板上部受力筋，在原位标注中表示。(　　)

2. “YXB1 h=150/100”表示1号延伸悬挑板，板的根部厚度为100mm，板的端部厚度为150mm。(　　)

3. 当悬挑板的端部改变截面厚度时，用“/”分隔根部与端部的高度值。(　　)

任务拓展

识读《混凝土结构施工图平面整体表示方法制图规则和构造详图》(22G101—1)中

页 1-40 至 1-43 的内容，学习无梁楼盖的平法施工图。

《混凝土结构施工图
平面整体表示方法
制图规则和构造详
图》(22G101—1)
无梁楼盖

项目四

识读别墅施工图与建模

任务一　识读别墅施工图

任务二　场地布置

任务三　输出图纸

BIM（Building Information Modeling）是建筑信息模型的简称。BIM 技术贯穿于建筑全生命周期的各个阶段，指导建筑与结构设计、建筑施工及运营管理。BIM 技术能够将二维图纸转换为三维模型，实现视觉逼真的最佳效果，还具备分析、模型检查、复杂造型、深化设计、造价管理、运营管理等功能。

图 4-1 所示为国家会展中心（上海），其总建筑面积超 1500000m^2，集展览、会议、活动、商业、办公、酒店等多种业态为一体，是世界上较大的会展综合体。其总承包项目部引入 BIM 技术，为工程主体结构进行建模，然后把各专业建好的模型与总包建好的主体结构模型进行合模，有效地修正模型，解决施工矛盾，消除隐患，避免了返工、修整。

图 4-2 所示为上海老港再生能源利用中心，是目前为止亚洲地区的生活垃圾发电厂中较大的项目。该项目应用 BIM 技术，显著缩短了设计时间，同时通过对模型的深化设计，有效节约了成本，体现了节能减排、绿色环保的理念，响应了国家号召，真正实现了老港再生能源利用中心的存在价值。

此外，还有许多堪称经典的工程也运用了 BIM 技术，如“中国尊”“上海中心大厦”“上海迪士尼乐园”“望京 SOHO”“武汉绿地中心”等。

图 4-1　国家会展中心

图 4-2　上海老港再生能源利用中心

BIM 技术以其自身的优势，推动着我国整个建筑行业的进步与发展。在未来，BIM 技术将会在越来越多的工程中得到应用。与此同时，高校也在积极开展建筑信息模型（BIM）职业技能等级考试以及全国和各省高等院校 BIM 应用技能大赛，极大地促进了 BIM 技术的学习与应用。本项目借助 BIM 技术，在建模的过程中介绍识读施工图的要点，并介绍如何在软件中进行场地布置和输出图纸等内容。

项目目标

知识目标

1. 了解用软件布置人物、植物、车辆等构件的方法。
2. 了解软件场景中渲染的设置方法。
3. 掌握别墅建筑平面图、立面图、剖面图的内容。
4. 掌握场地的布置方法。
5. 掌握输出门窗表、输出图纸的内容。

能力目标

1. 能够用 BIM 软件布置场地、人物、植物等。
2. 能够用 BIM 软件渲染场景。
3. 能够正确识读别墅平面图、立面图、剖面图。
4. 能够根据别墅平面图、立面图、剖面图的对应关系为建立建筑模型提供数据。
5. 能够输出整套图纸。

任务一
识读别墅施工图

思维导图

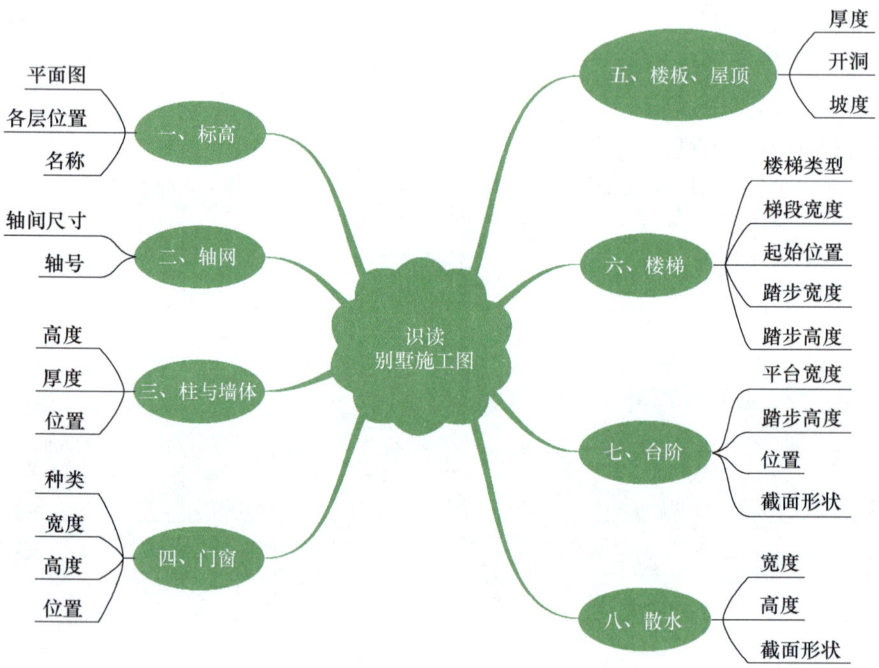

任务引入

随着信息化时代的到来，作为工程项目的参与建设人员，既要掌握扎实的施工图识读技能，又要懂得 BIM 技术。请按照建模人员对施工图的识读深度要求，在建模过程中提供相应的数据，熟悉软件操作，最后完成 2021 年第二期“1+X”建筑信息模型（BIM）职业技能等级考试——初级——实操试题第三题别墅施工图的识读任务。

2021 年第二期“1+X”建筑信息模型（BIM）职业技能等级考试——初级——实操试题

任务分析

Revit 2018 是应用范围较广泛的一款 BIM 建模软件，其操作界面如图 4-3 所示。在图 4-3 中，最上面一行为快速访问工具栏，包括打开、保存、打印、改变线型粗细等常用命令。第二行为选项卡，创建建筑模型时常用建筑、插入、注释、体量与场地、视图等选项卡。选项卡下为相应的命令行，包括各种命令，如建筑选项卡下有墙、门、窗、柱、屋顶、楼板等绘制构件的命令。操作界面所占面积最大的部分是绘图区域，其左侧为属性面板，用于修改各构件的长度、宽度、厚度等；右侧为项目浏览器，用于选择相应的视图。界面左上方为文件菜单，可对文件进行相应操作。最下方为视图控制栏，可以调整比例、详细程度和视图样式等。

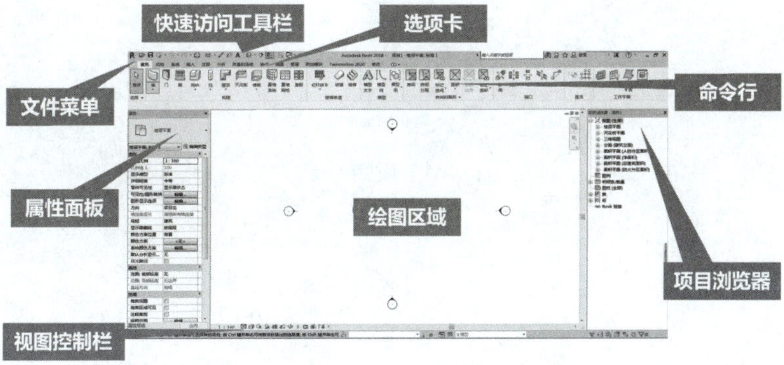

图 4-3　Revit 2018 操作界面

在 Revit 软件中建立一栋别墅的模型，需要经过设定标高、建立轴网、建立柱与墙体模型、安装门窗、布置楼板和屋顶、设置楼梯、布置台阶、布置散水等步骤，下面按照顺序逐一进行介绍。

一、设定标高

建立 BIM 模型——建立标高

1. 识读要点

本项目所提供的图纸中，在一层平面图、二层平面图、三层平面图、屋顶平面图中均能读出各层的标高；在①~⑤轴立面图、⑤~①轴立面图、Ⓐ~Ⓔ轴立面图、Ⓔ~Ⓐ轴立面图的任意一张中也可以看出全楼的标高。从下到上分别为室外地坪、1F、2F、3F、屋顶的标高，其对应的数值分别为-0. 450、±0. 000、3. 600、6. 900 和 10. 200。

2. 建模操作步骤

双击 Revit 图标，单击“建筑样板”进入建模界面。在项目浏览器中选择立面视图，双击“东”“西”“南”“北”任意立面均可。此时绘图区呈现两条标高线，单击较高一条标高线的名称处，将“标高 2”改为“2F”，标高值改为“3. 600”。用同样的方法，将“标高 1”改为“1F”。

对于该别墅项目，还需要绘制三条标高线。单击建筑选项卡下的“标高”命令，在±0. 000 以下任意位置单击，水平向右移动光标，再次单击结束移动，然后将标高值改为“-0. 450”，名称改为“室外地坪”。用同样的方法，在 3. 600 以上绘制两条标高线，依次修改标高值和名称。已完成的标高设定如图 4-4 所示。

图 4-4 设定标高

二、建立轴网

1. 识读要点

在各层平面图中均能读出轴网的布置情况。如①轴和②轴之间的距离为 3600mm，Ⓐ轴和Ⓑ轴之间的距离为 1500m。上下轴线布置一致，左右轴线也布置一致。

2. 建模操作步骤

建立轴网

打开项目浏览器中的“楼层平面”视图，双击“1F”，进入一层平面视图中。单击建筑选项卡下的“轴网”命令，在绘图区域单击起点位置，竖直向下拖动光标，然后单击终点，便绘制出了一条轴线，轴号默认为①轴。此时可以修改轴线的属性，单击属性面板的“编辑类型”，将轴线内部由“无”改为“连续”，勾选相应选项，使两端均显示轴号。绘制②轴时，通常采用复制的方式。选中①轴，单击“复制”命令，勾选绘图区域上方的“多个”，将光标放于①轴右侧，输入①轴和②轴之间的距离，单击 Enter 键后出现软件默认的②轴。连续输入②轴和③轴、③轴和④轴、④轴和⑤轴之间的距离，便可绘制出③轴、④轴、⑤轴。绘制完所有的横轴之后，再绘制纵轴。在①轴左侧单击起点位置，水平向右拖动光标到⑤轴右侧单击终点位置，便绘制出了一条轴线，轴号默认为⑥轴。将其轴号修改为Ⓐ后再进行复制，软件会自动按照Ⓑ、Ⓒ、Ⓓ、Ⓔ的方式命名轴号。已完成的轴网如图 4-5 所示。

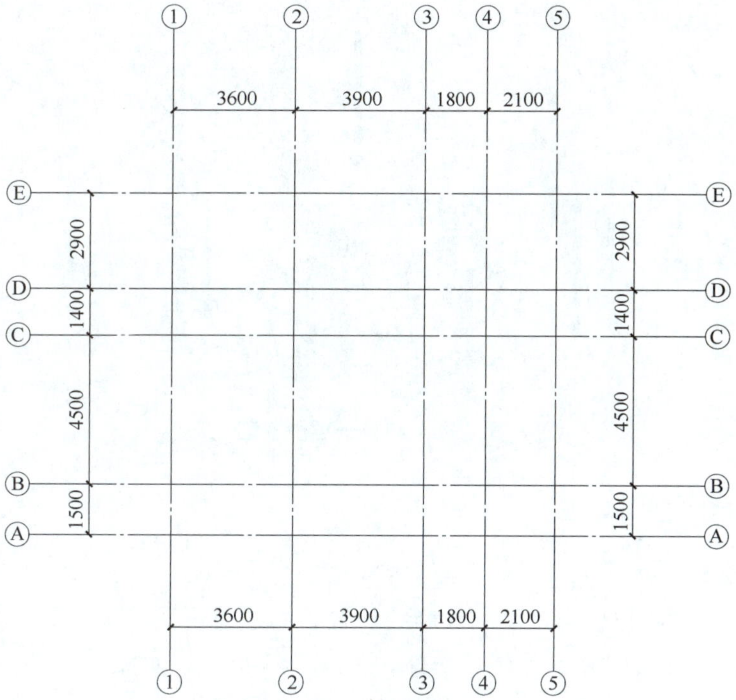

图 4-5　建立轴网

三、建立柱与墙体模型

1. 建立柱模型

（1）识读要点

从一层平面图中可以读出有两种大小的柱子，但在图上未标注各柱的截面尺寸。由题目说明可知柱截面为 300mm×300mm 以及 400mm×400mm。其中，300mm×300mm 的柱共 16 根，400mm×400mm 的柱共 2 根，在图中可以读出其布置情况。

（2）建模操作步骤

首先在项目中载入柱模型。在插入选项卡下单击“载入族”命令，依次双击“结构”→“柱”文件夹，选择“混凝土正方形”柱，单击“打开”，将该柱加载到项目中。然后单击建筑选项卡下“柱”→“结构柱”命令，再单击属性面板的“编辑类型”，复制一根柱，将其命名为“300×300”，修改柱子的截面长度和宽度均为 300mm，单击“确定”完成柱的设置。识读一层平面图中柱的位置，在绘图区域中单击相应的轴线交点，布置 16 根柱子。用同样的方法，布置两根 400mm×400mm 的柱，可以采用“对齐”命令或“移动”命令修改柱到正确的位置。已完成的一层柱模型如图 4-6 所示。

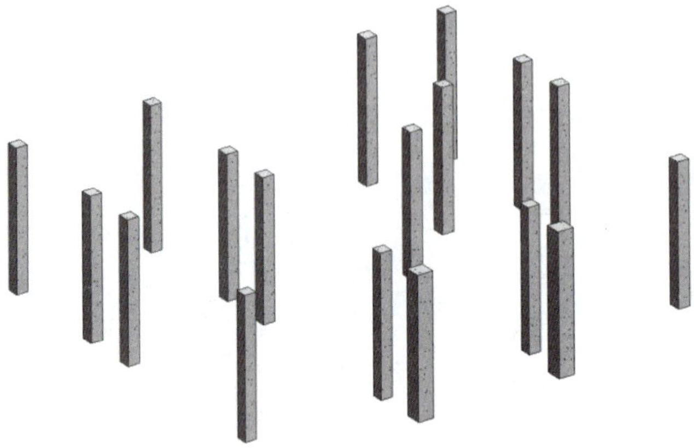

图 4-6　建立一层柱模型

2. 建立墙体模型

建立墙体模型

（1）识读要点

从一层平面图中可以读出内墙和外墙的位置。由题目说明可知外墙厚度为 300mm，从外到内有三个构造层次，分别为 10mm 厚灰色涂料、280mm 厚混凝土砌块、10mm 厚白色涂料；内墙厚度为 200mm，也有三个构造层次，分别为 10mm 厚白色涂料、180mm 厚混凝土砌块、10mm 厚白色涂料。

（2）建模操作步骤

绘制墙体需要在项目浏览器中选择一层平面视图，单击建筑选项卡中的“墙”→“墙：建筑”命令，然后单击属性面板的“编辑类型”，在对话框内复制一种墙体，修改名称为“外墙”。接着，单击“编辑”，再插入两个构造层次。分别输入三个构造层次的厚度和材质，单击“应用”和“确定”，完成墙体设置。根据图纸将外墙布置在相应的位置上，为防止外墙内外层次颠倒，应按照顺时针方向布置墙体。用同样的方法，新建内墙并布置内墙。已完成的一层墙体模型如图 4-7 所示。

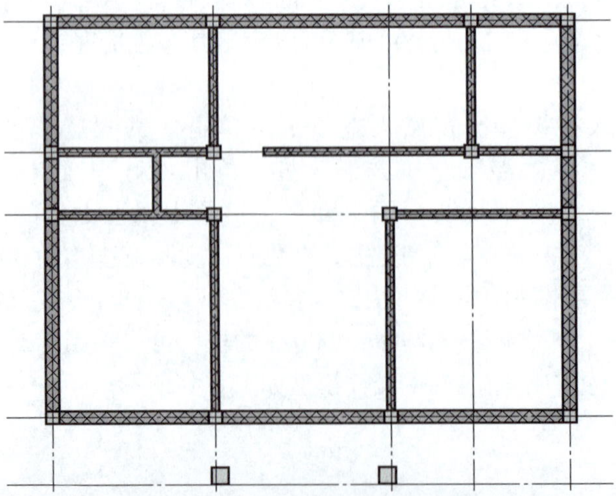

图 4-7　建立一层墙体模型

四、安装门窗

建立门窗模型

1. 识读要点

从一层平面图中可以读出门窗的名称，图中最里面一道尺寸标注为细部尺寸，表示门窗的宽度和位置。门窗的高度在对应的立面图或者在门窗表中查看。有些图纸中的门窗名称也可以反映出门窗的尺寸，例如“M1821”表示门的宽度为1800mm，高度为2100mm。

2. 建模操作步骤

以M1821为例，在插入选项卡下单击“载入族”命令，依次双击“建筑”→“门”→“普通门”→“平开门”→“双扇门”文件夹，选择与立面图的中的M1821形式一致的“双面嵌板镶玻璃门6”，单击“打开”，将该门载入项目中。在建筑选项卡下单击“门”，则在属性面板处显示刚刚载入的“双面嵌板镶玻璃门6”。单击“编辑类型”，然后单击“复制”，输入门的名称，修改门的高度和宽度，再单击“确定”。在一层平面视图的绘图区域，将门布置在相应的墙体上。单击安放后的一个门或窗，软件中将显示该门或窗的边缘与相邻墙体内侧的距离，单击数字进行相应修改，然后按Enter键确定。完成窗的布置后，需要在属性面板中调整窗底高度。用同样的方法，布置所有的门窗。已完成的一层门窗模型如图4-8所示。

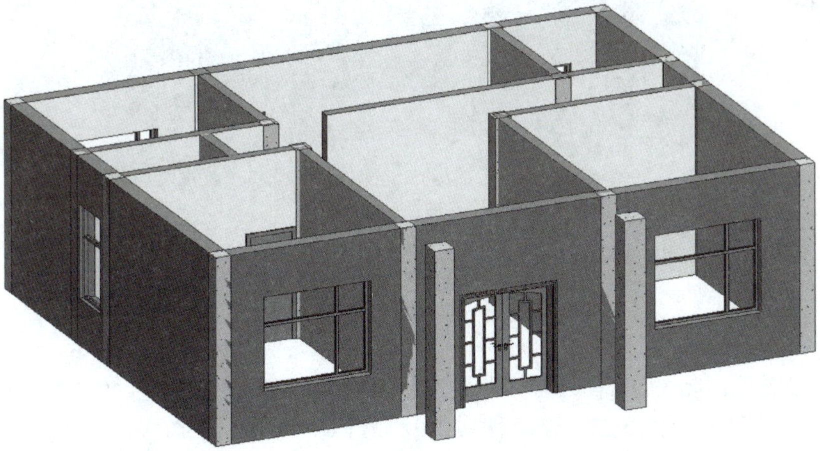

图4-8　建立一层门窗模型

五、布置楼板和屋顶

1. 识读要点

在剖面图中可以读出楼板的厚度，由于本套图纸中未显示剖面图，楼板的厚度需要到题目说明中查找。由题目说明可知一层底板的厚度为 450mm，屋顶板厚度为 100mm，其他各层楼板的厚度为 150mm。从屋顶平面图中可以读出屋檐挑出轴线外 650mm，屋顶的坡度为 30°。

2. 建模操作步骤

建立三层别墅柱、墙体、门窗模型

建立楼板、屋顶模型

在建立楼板之前，需要将各层柱、墙体、门窗建立完毕。应用软件中的复制功能，可以大大提高建模的效率。在一层平面视图中框选一层已经建成的柱、墙体、门窗，单击“复制到剪切板”，再单击“粘贴”下面的倒三角，选择“与选定的标高对齐”，然后选择“2F”，单击“确定”，则在二层建立了与一层同样的柱、墙体、门窗构件。根据二层的平面图修改模型，得到正确的二层模型。用同样的方法，完成三层模型的建立。已完成的三层别墅柱、墙体、门窗模型如图 4-9 所示。

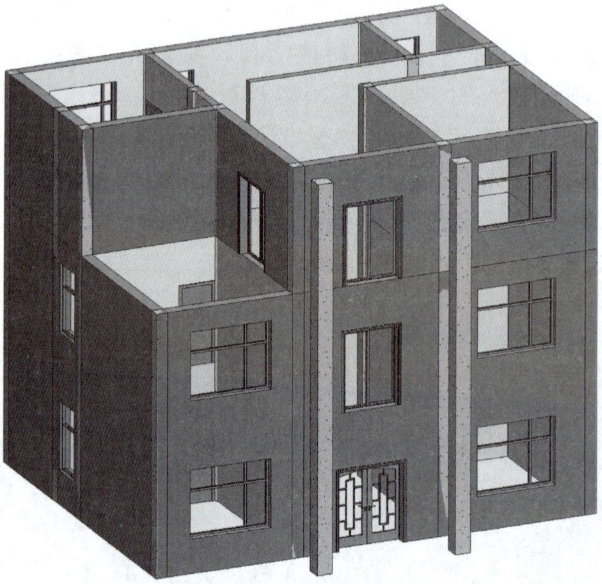

图 4-9　建立三层别墅柱、墙体、门窗模型

绘制楼板需要在项目浏览器中选择一层平面视图，单击建筑选项卡下的“楼板”命令，然后单击属性面板的“编辑类型”，单击“复制”，输入板的名称“450mm”，再单击“确定”。接着，单击“编辑”，修改楼板的材质和厚度，单击“应用”和“确定”。然后使用绘制直线的方式画出楼板的边缘线，并要求直线组成闭合区域。用同样的方式，绘制出二层、三层的楼板。已完成的楼板模型如图 4-10 所示。

绘制屋顶需要在项目浏览器中选择屋顶平面视图，单击建筑选项卡下的“迹线屋顶”命令，在属性面板处新建 100mm 厚的混凝土屋面，软件默认的坡度为 30°，由于图纸中屋顶的坡度恰好为 30°，所以无须修改。使用绘制直线的方式，在绘图区域上方一行中输入挑出尺寸“650”，从①轴与Ⓔ轴的交点开始，依次单击屋顶的各个角点，绘制出屋面板的外轮廓，最后回到起点形成闭合区域，单击命令行的“对号”即可完成屋顶的绘制。已完成的屋顶模型如图 4-11 所示。

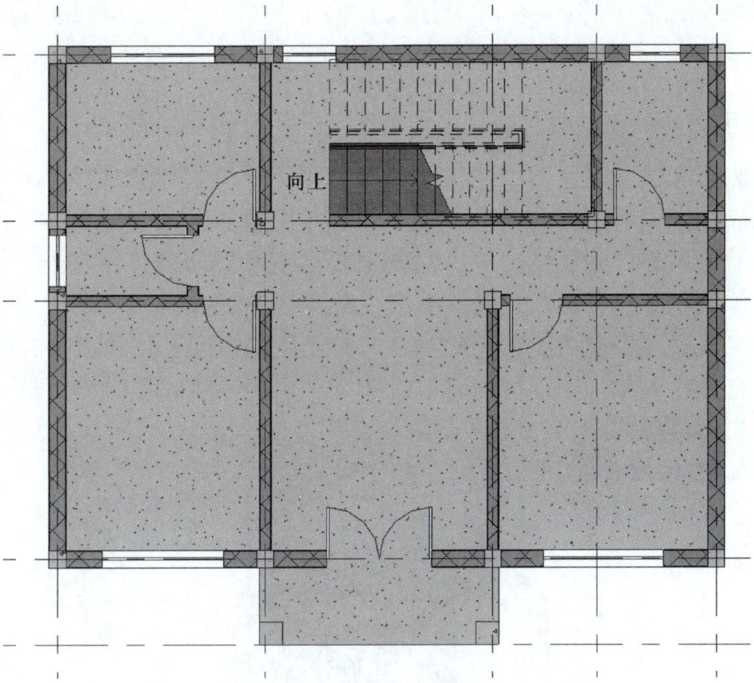

图 4-10　建立楼板模型

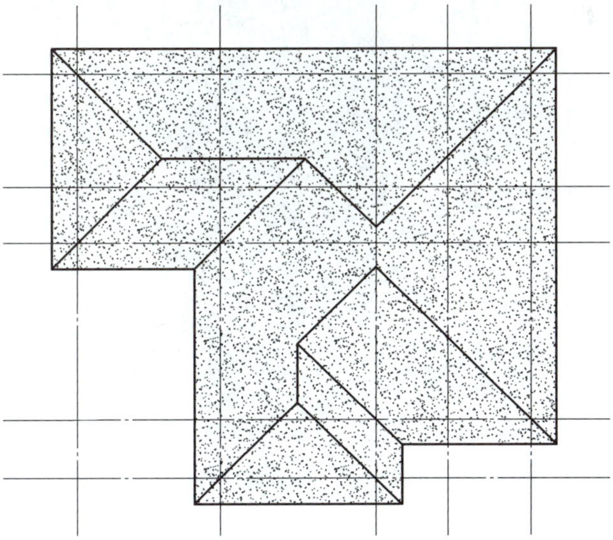

图 4-11　建立屋顶模型

六、设置楼梯

1. 识读要点

在楼梯详图中可以读出每个梯段的踏步数、踏步的宽度和高度、梯段的宽度、梯井尺寸等。如从一层到二层的楼梯有两个梯段，每个梯段的宽度为 1200mm；梯井宽度为 250mm；每个梯段有 12 个踏步，每个踏步的高度为 150mm，宽度为 300mm。

2. 建模操作步骤

建立楼梯模型

绘制楼梯需要在项目浏览器中选择一层平面视图，单击建筑选项卡下的“楼梯”命令，选择双跑楼梯，在绘图区域上方输入梯段宽度和梯井宽度，选择右侧对齐，在属性面板中输入踏步高度和踏步宽度。在绘图区域单击楼梯第一个梯段的起点及终点，然后单击第二个梯段的起点和终点，即可完成一层楼梯的绘制。此时软件自动生成中间平台和两侧的栏杆扶手，须将靠墙一侧的栏杆扶手删除。用同样的方法，建立二层到三层的楼梯。需要说明的是，在绘制楼板时可以预留楼梯的洞口，若没有预留，则应在“按面”命令下为楼板开洞。已完成的楼梯模型如图 4-12 所示。

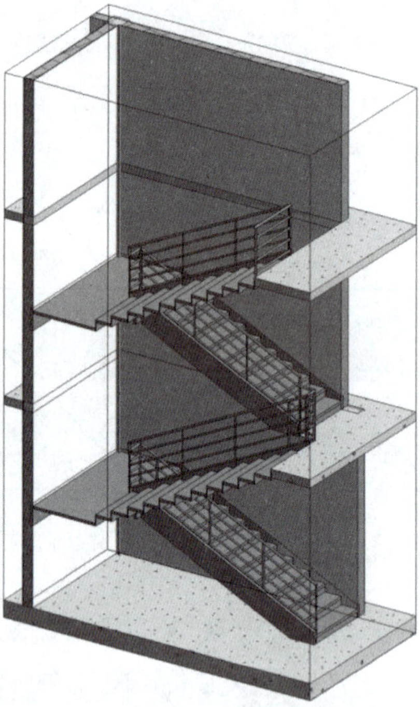

图 4-12　建立楼梯模型

七、布置台阶

1. 识读要点

在一层平面图中可以读出台阶共三级，从室外到室内的第一、二级宽度为 300mm，最上面一层的台阶平台宽度为 1500mm，台阶的长度为 4100mm。在立面图中可以读出台阶每一个踏步的高度为 150mm。

2. 建模操作步骤

绘制台阶需要在项目浏览器中选择室外地坪视图，单击建筑选项卡下的“构件”命令，然后单击“内建模型”，找到“常规模型”后选中并单击“确定”，输入名称“台阶”后再单击“确定”。选择“放样”命令，单击“绘制路径”，在绘图区域用直线方式将台阶的长度绘制出来后单击“对号”，再单击“编辑轮廓”，选择东立面打开视图。按照台阶的截面绘制出宽度为300mm、高度为150mm的两级踏步，单击“对号”两次，即可完成台阶的绘制。已完成的台阶模型如图4-13所示。

图4-13　建立台阶模型

八、布置散水

1. 识读要点

在立面图中可以读出散水的高度为100mm，由题目说明可知散水的宽度为800mm，平面图中显示散水与台阶相接。

2. 建模操作步骤

建立台阶、散水模型

内建散水的模型，选择“放样”命令，单击“绘制路径”，在绘图区域用直线方式沿着外墙外边线绘制散水的路径，并与台阶相接。单击“编辑轮廓”，选择东立面打开视图。按照散水的截面绘制出宽度为800mm、高度为100mm的直角三角形，单击“对号”两次，即可完成散水的绘制。已完成的散水模型如图 4-14 所示。

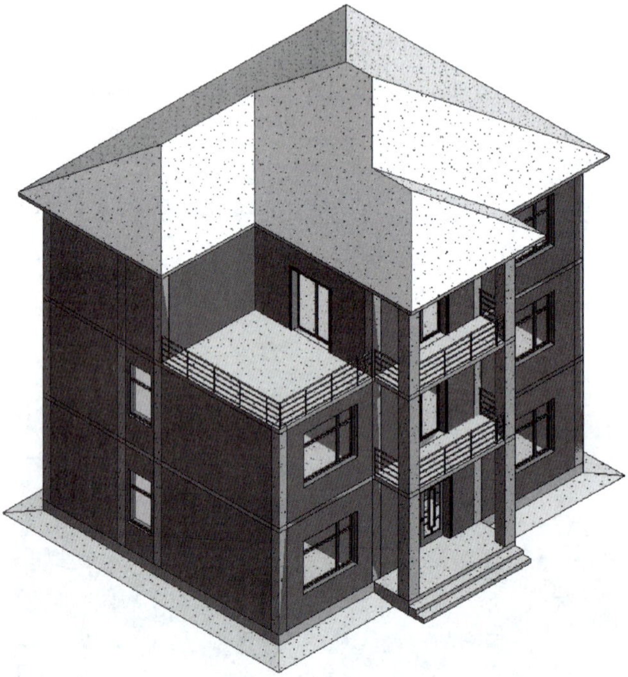

图 4-14　建立散水模型

任务实施

四人一组，组内轮流按照识读要点进行汇报，并共同完成读图、讲图的纪要。进行组间互评，具体评分标准如表 4-1 所示。

表 4-1　作品评分表

活动	项目	识读内容	得分
读图、讲图（10 分）	各层的标高(1 分)		
	各横轴与各纵轴之间的距离(1 分)		
	柱的截面尺寸，各种不同柱的布置位置(1 分)		
	墙体的厚度，构造层次，内外墙的位置(1 分)		
	各种门窗的类型、名称、尺寸与位置(1 分)		
	二层、三层的柱、墙体、门窗布置与一层的区别(1 分)		
	各层楼板的厚度(1 分)		
	屋面板的厚度、坡度和位置(1 分)		
	各层楼梯的梯段宽度、梯井尺寸、踏步数，踏步宽度、踏步高度，楼梯的起始位置(1 分)		
	台阶的级数、长度、宽度和高度，散水的位置，截面的宽度和高度(1 分)		
总分			

强化练习

根据2021年第二期“1+X”建筑信息模型（BIM）职业技能等级考试——初级——实操试题第三题的图纸完成以下题目。

一、单选题

1. 别墅中共有窗（　　）扇。

A. 15　　B. 16　　C. 17　　D. 18

2. M1821出现在第（　　）层。

A. 一　　B. 二　　C. 三　　D. 一和二

3. M1521为（　　）。

A. 推拉门　　B. 平开门　　C. 旋转门　　D. 单扇门

4. 二层的C1818共（　　）扇。

A. 一　　B. 二　　C. 三　　D. 四

5. 三层一共有（　　）种门。

A. 一　　B. 二　　C. 三　　D. 四

二、判断题

1. 位于Ⓔ轴上，①、②轴之间的窗居中布置。（　　）
2. 一层和二层楼梯的踏步数不同。（　　）
3. 二层栏杆和三层栏杆的位置不同。（　　）
4. 位于②轴上的墙体均为200mm厚的内墙。（　　）

任务拓展

识读2021年第四期“1+X”建筑信息模型（BIM）职业技能等级考试——初级——实操试题第三题的屋顶平面图图纸（图4-15），注意该屋顶与本任务中所练习图纸的区别。

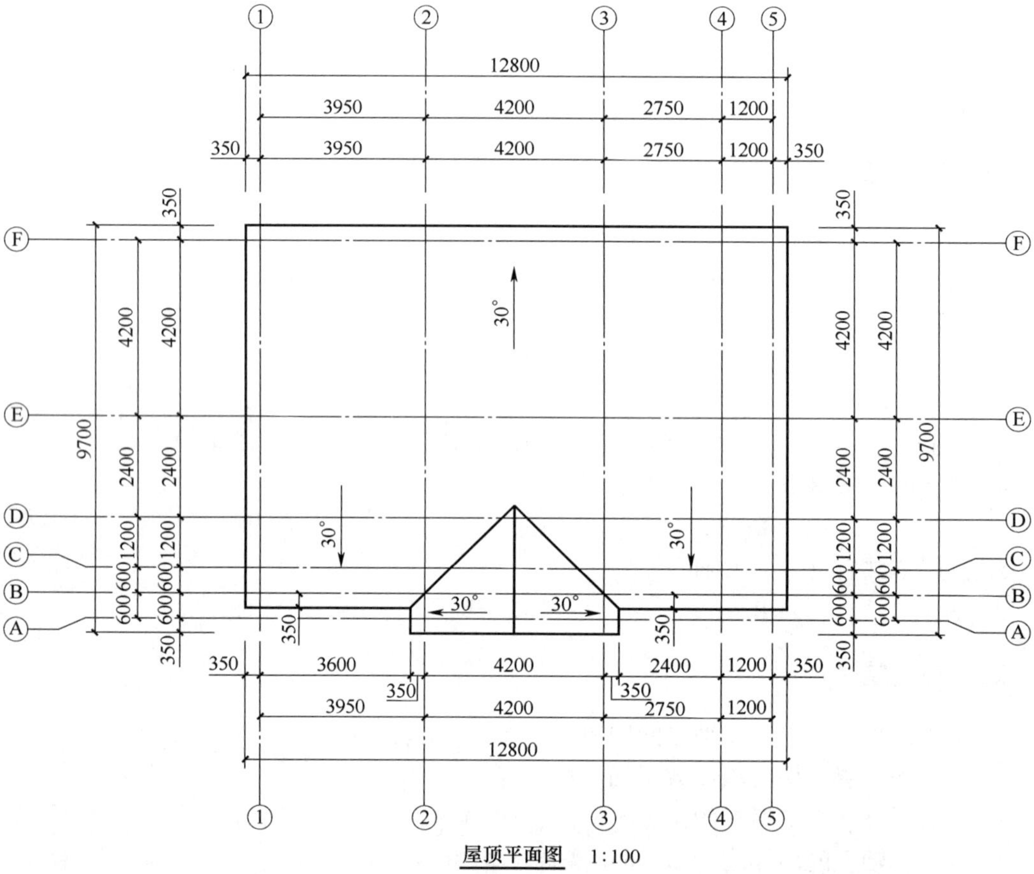

图 4-15 屋顶平面图

2021 年第四期“1+X”建筑信息模型（BIM）职业技能等级考试——初级——实操试题

任务二
场地布置

思维导图

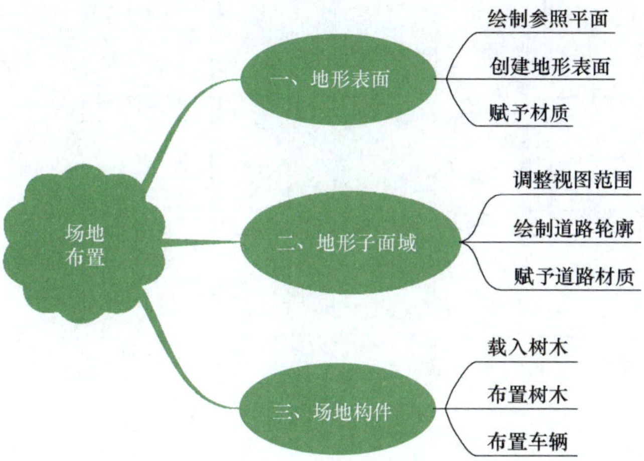

任务引入

工程项目的建模人员应能够进行场地布置，包括地面、道路、树木、车辆等。场地设计应符合当地城市规划要求，满足使用功能要求和技术要求，同时还应满足规范要求和交通组织要求，做到经济合理。此外，应合理进行绿化景观设计和环境保护设计，考虑可持续发展的要求。请在别墅模型的基础上，进行场地的设计和布置。

别墅模型

任务分析

场地布置包括地形表面设置、地形子面域设置和场地构件设置。

一、地形表面

地形表面是建筑场地地形或地块地形的图形表示。建立草坪的地形表面可按以下步骤进行。

1. 绘制参照平面

在项目浏览器中展开“楼层平面”选项，双击视图名称“场地”，进入场地平面视图。为了便于捕捉，在场地平面视图中根据绘制地形的需要，绘制四个参照平面。单击建筑选项卡中“工作平面”面板的“参照平面”命令，分别与①轴、⑤轴、Ⓐ轴、Ⓔ轴取一定距离建立参照平面，每两个参照平面都有一个交点。已完成的参照平面如图 4-16 所示。

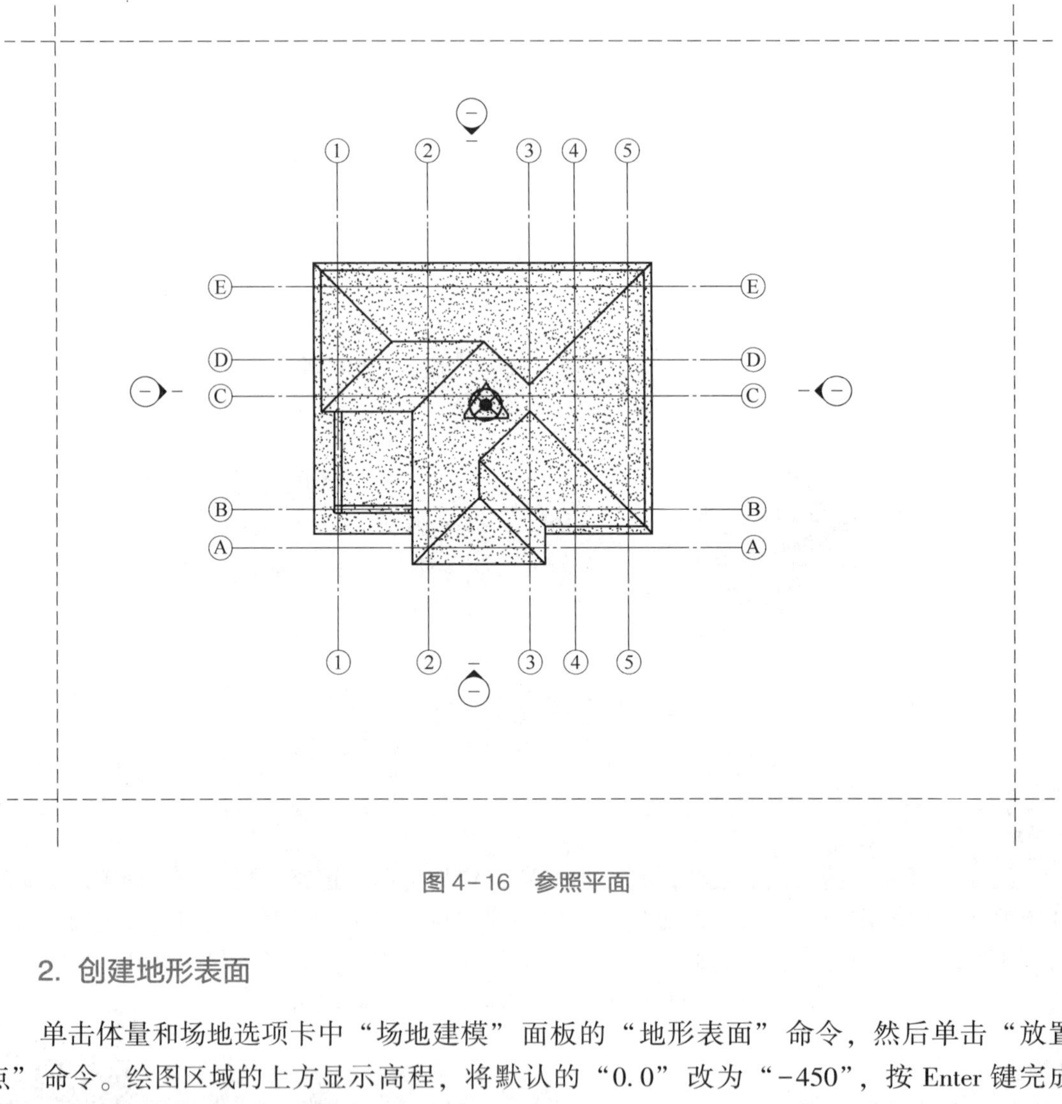

图 4-16 参照平面

2. 创建地形表面

单击体量和场地选项卡中“场地建模”面板的“地形表面”命令，然后单击“放置点”命令。绘图区域的上方显示高程，将默认的“0.0”改为“-450”，按 Enter 键完成高程值的设置。高程的数值应与室外地坪的标高保持一致。顺时针依次单击参照平面的四个交点，即放置了四个高程为“-450”的点，并形成了以该四点为端点的高程为“-450”的一个地形平面。

3. 赋予材质

单击绘制完成的场地，在属性面板中可以看到“材质和装饰”。将光标放置在“材质”右侧，在“按类别”处单击三点号，弹出“材质浏览器”对话框，如图 4-17 所示。

在搜索栏输入“草”，下部的搜索结果将出现植物和草。双击“植物”，右侧勾选“使用渲染外观”，单击右下角的“应用”和“确定”，即可关闭该对话框。此时便给地形表面添加了草地材质，如图 4-18 所示。

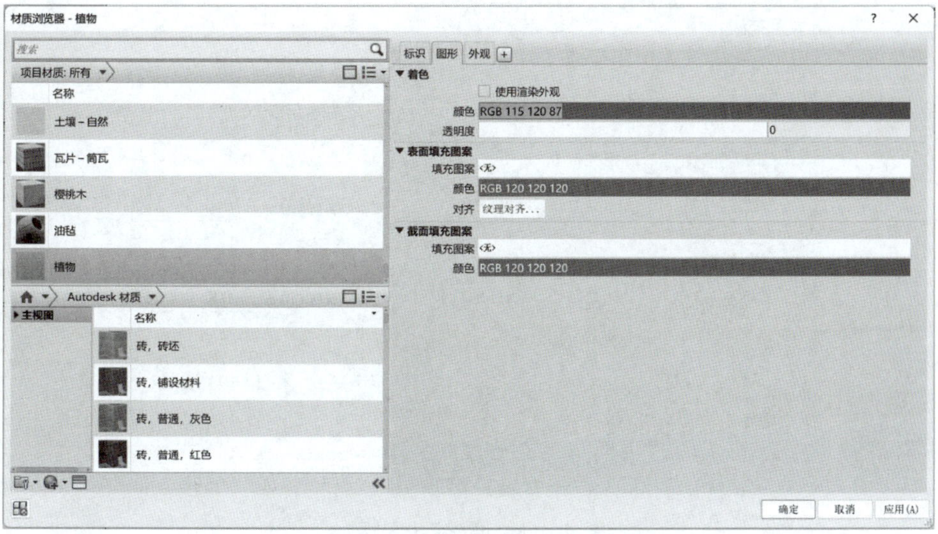

图 4-17　“材质浏览器”对话框

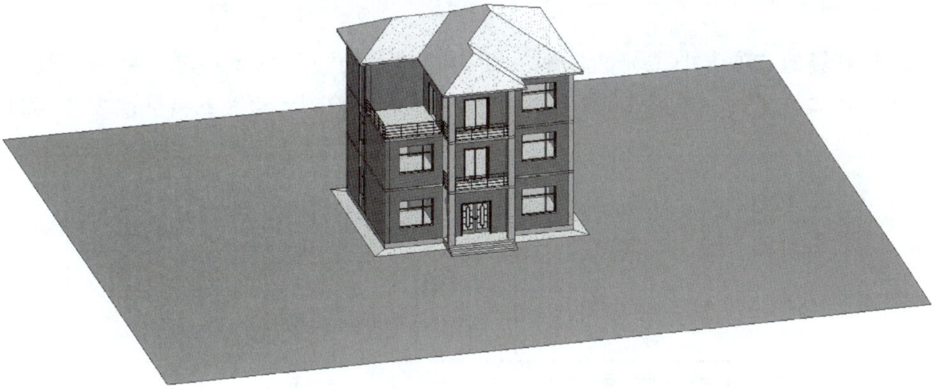

图 4-18　添加地形表面材质

二、地形子面域

“子面域”工具是在现有地形表面中绘制的区域，用该工具可以在地形表面绘制道路或停车场区域。绘制道路可按以下步骤进行。

1. 调整视图范围

在场地平面视图下，将光标放置于绘图区域，在任意空白处单击，转换到楼层平面的属性栏。拖动属性栏右侧的滚动条，找到“视图范围”，单击“编辑”按钮，弹出“视图范围”对话框。将“顶部”改为“标高之上（2F）”，“偏移”改为“0.0”；“底部”改为“标高之下（室外地坪）”，“偏移”改为“-1000.0”；“视图深度”的“标高”改为“标高之下（室外地坪）”，“偏移”改为“-1000.0”，如图 4-19 所示。编辑完成后单击“应用”和“确定”，即可完成视图范围的调整。

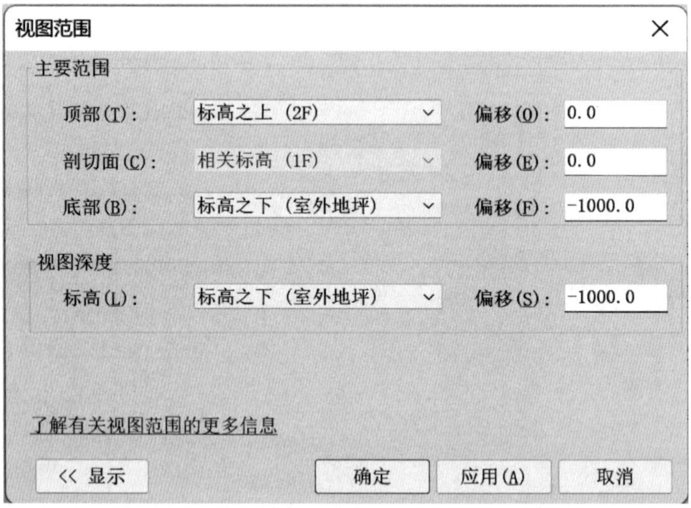

图 4-19　调整视图范围

2. 绘制道路轮廓

单击体量和场地选项卡中“修改场地”面板的“子面域”命令，进入草图绘制模式。默认的绘图方式为“直线”，可绘制如图 4-20 所示的子面域轮廓，道路的宽度设为“4000”。

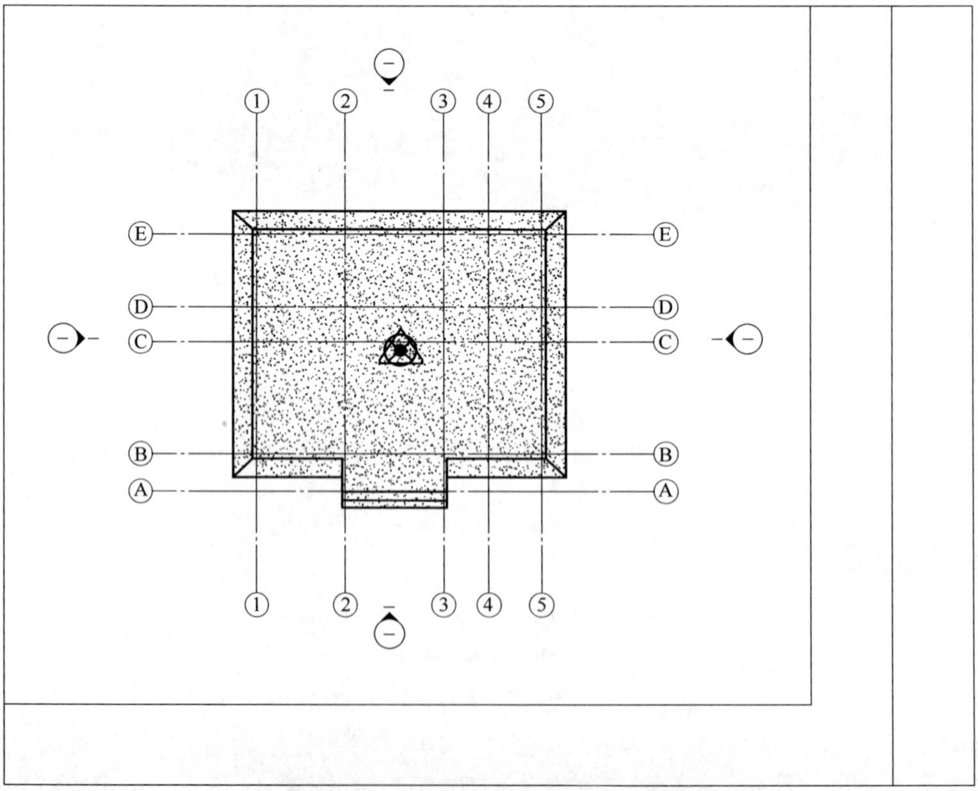

图 4-20　“直线”方式绘制道路轮廓

如图 4-21 所示，在道路的转角处选用“圆角弧”的绘图方式。单击外侧相交的两根道路轮廓线，然后输入圆角半径为“8000”；单击内侧相交的两根道路轮廓线，输入圆角半径为“6000”。转角处道路如图 4-22 所示。

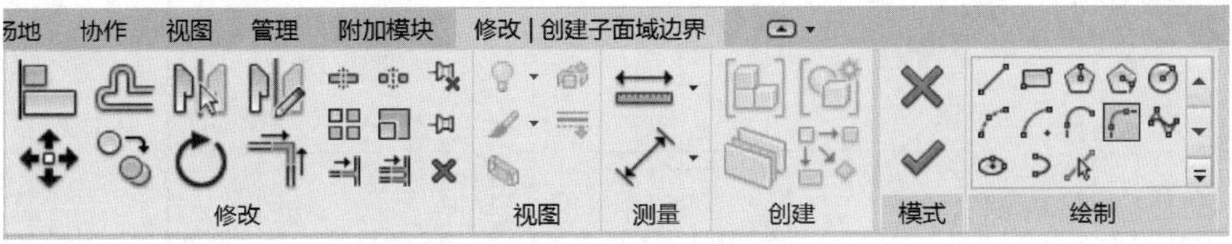

图 4-21　选择“圆角弧”绘图方式

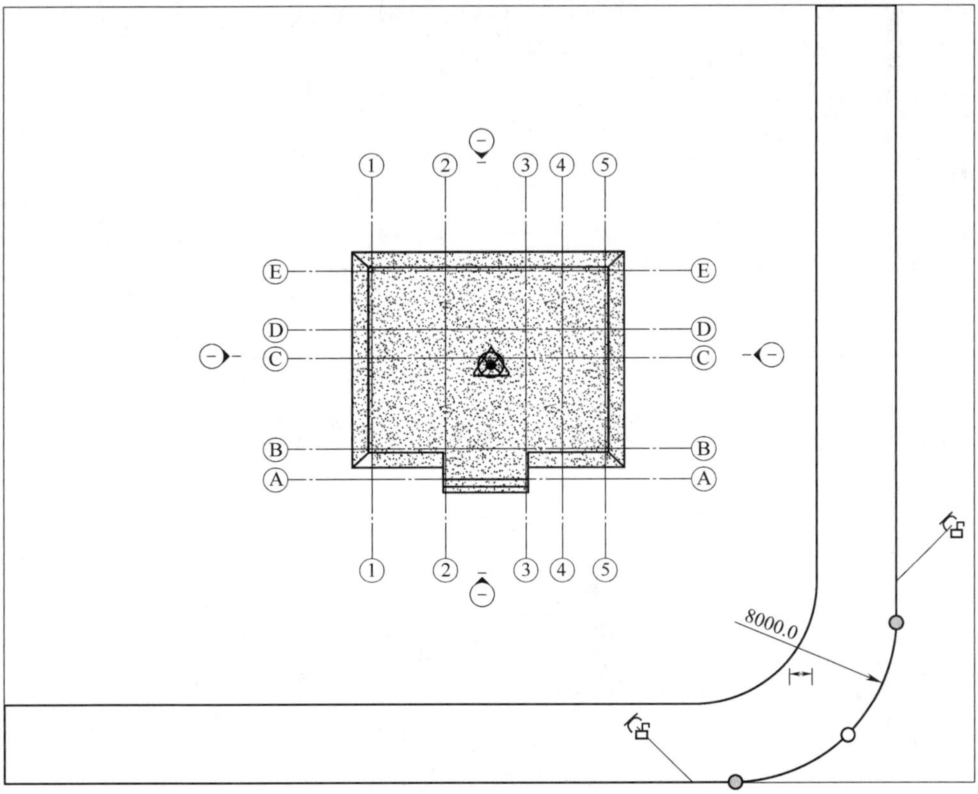

图 4-22　“圆角弧”方式绘制道路转角轮廓

按上述绘图的方法，为别墅设计道路，自由控制尺寸，可参考图 4-23。

3. 赋予道路材质

单击绘制完成的道路，在属性面板的“材质和装饰”下，将光标放置在“材质”右侧，在“按类别”处单击三点号，弹出“材质浏览器”对话框。在搜索栏输入“路”，下部的搜索结果将出现“砖，铺设材料”和“沥青，人行道”。双击“沥青，人行道”，右侧勾选“使用渲染外观”，单击右下角的“应用”和“确定”，即可关闭该对话框。此时便给道路添加了砖的材质，如图 4-24 所示。

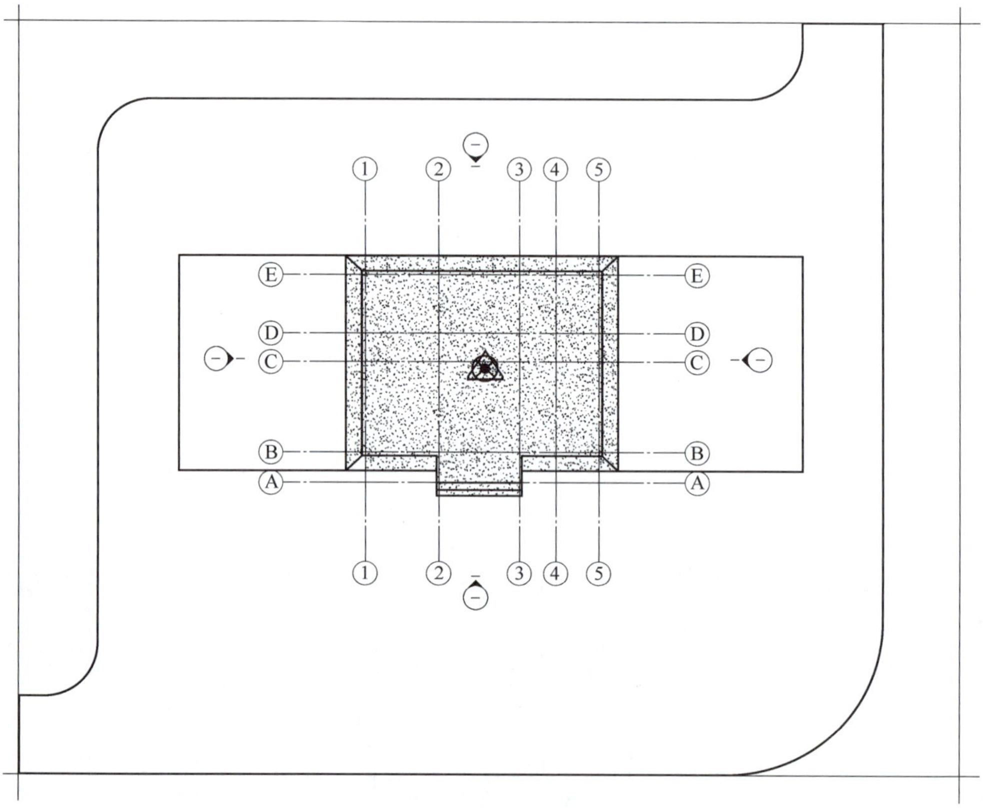

图 4-23　道路设计参考图

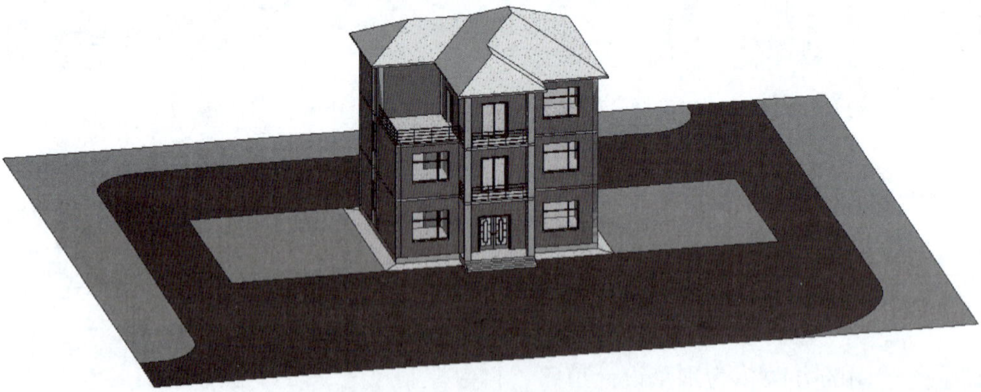

图 4-24　添加道路材质

三、场地构件

有了地形表面和道路，再配上生动的花草、树木、车辆等场地构件，可以使整个场景更加丰富。场地构件的绘制在默认的“场地”视图中完成。

1. 载入树木

在插入选项卡下单击“载入族”命令，依次双击“建筑”→“植物”→“3D”→“乔木”文件夹，选择“白杨 3D”，单击“打开”，将乔木载入项目中。

2. 布置树木

单击体量和场地选项卡中“场地建模”面板的“场地构件”命令，左侧属性面板中将显示刚载入的“白杨 3D”。在绘图区域内单击要摆放树木的位置，即可将树木放置到场地中，如图 4-25 所示。

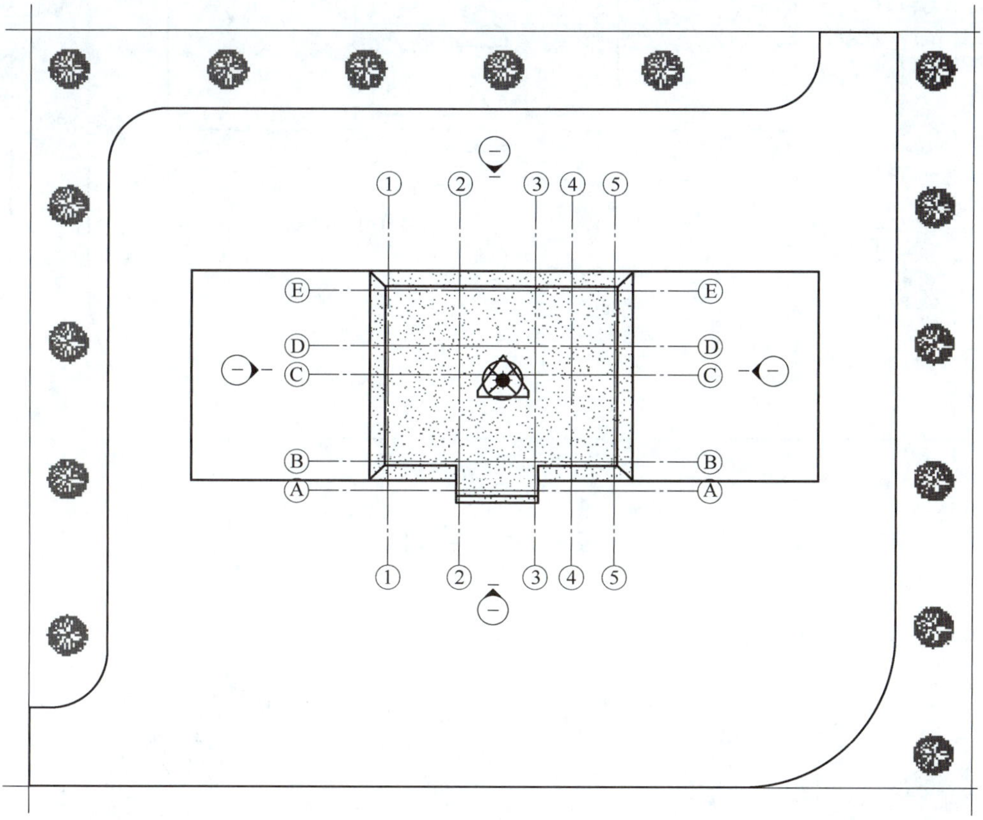

图 4-25　布置树木

3. 布置车辆

在插入选项卡下单击“载入族”命令，依次双击“建筑”→“配景”文件夹，选择“RPC 甲虫”，将其载入项目中并放置到场地中，如图 4-26 所示。

任务实施

按照任务要求，独立完成场地布置，完成效果如图 4-26 和图 4-27 所示。

场布模型

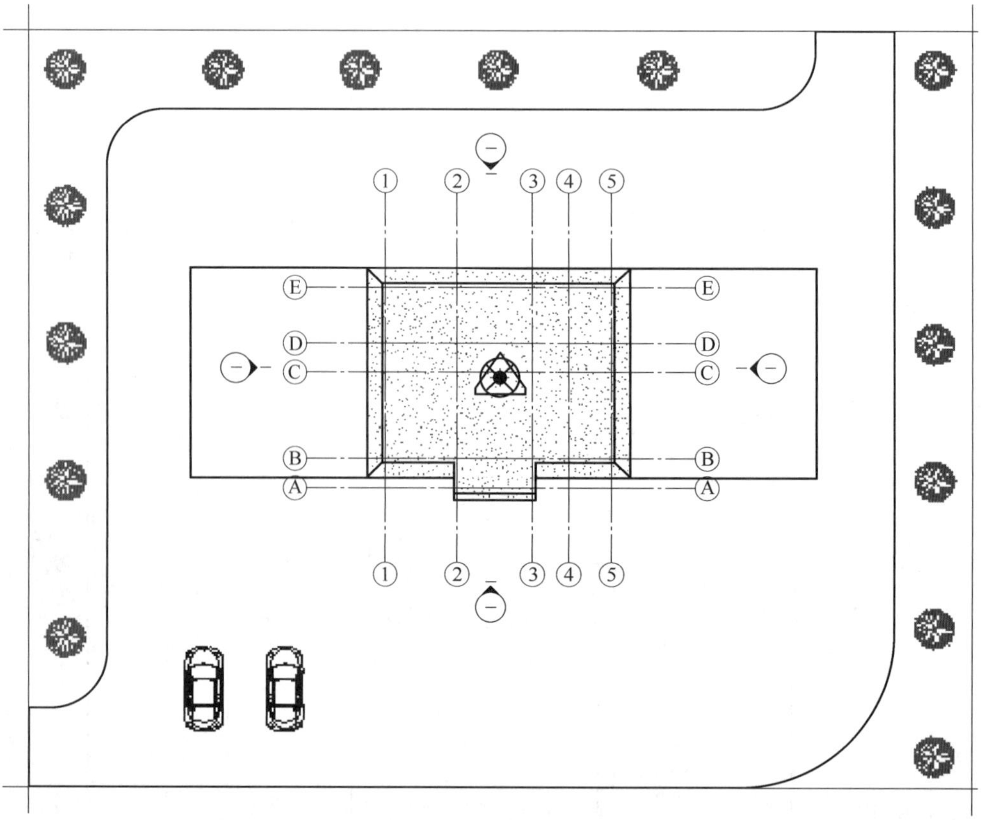

图 4-26　布置车辆

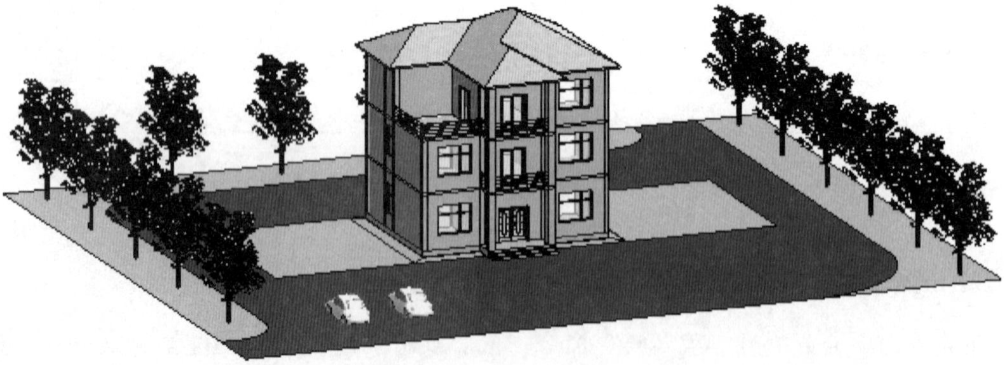

图 4-27　场地布置三维视图

两人一组，从地形表面标高、材质、道路、树木、车辆构件的创建等方面进行作品互评，具体评分标准如表 4-2 所示。

表 4-2　　作品评分表

活动	项目	得分
场地布置（10 分）	地形表面标高正确(1 分)	
	地形表面材质正确(1 分)	
	使用“直线”方式绘制道路(1 分)	
	使用“圆角弧”方式绘制道路(1 分)	
	道路布置满足交通组织要求(2 分)	
	能载入树木(1 分)	
	能载入车辆等构件(1 分)	
	合理进行绿化景观设计(2 分)	
总分		

强化练习

一、单选题

1. 创建地形表面的命令，在（　　）选项卡下。

A. 建筑　　B. 结构　　C. 体量和场地　　D. 插入

2. 赋予地面材质之后，在视图中未显示新的材质，则需要（　　）。

A. 勾选“使用渲染外观”，单击“应用”和“确定”

B. 刷新视图

C. 重新打开软件

D. 以上都不对

二、判断题

1. 绘制道路轮廓可以采用“直线”“矩形”“圆角弧”“正多边形”等绘制方式。(　　)

2. 在布置树木和车辆等模型前需要将模型从族库中载入项目。(　　)

3. 应用“圆角弧”的方式绘制道路时，需要先用“直线”方式绘制出转角处的道路，然后依次单击相交的两根道路轮廓线，输入圆角半径。(　　)

任务拓展

根据 2021 年第一期“1+X”建筑信息模型（BIM）职业技能等级考试——初级——实操试题第一题图纸，建立椅子的模型。

2021 年第一期“1+X”建筑信息模型（BIM）职业技能等级考试——初级——实操试题

建立椅子模型

任务三
输出图纸

思维导图

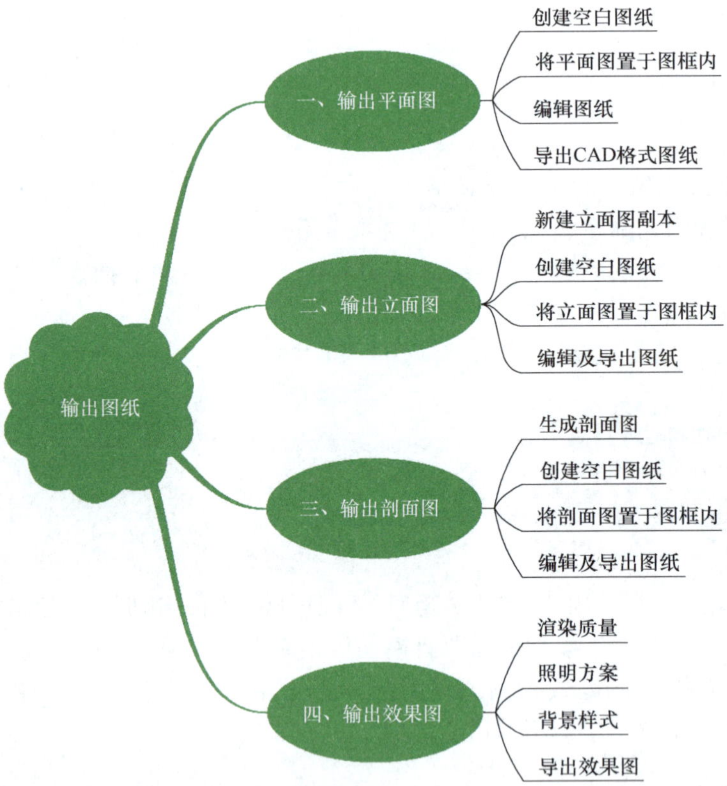

任务引入

建模人员在 Revit 软件中完成了别墅三维模型的创建，但是根据施工习惯，工程项目的参建人员在施工现场是按照二维图纸进行施工的。因此，为了满足施工需求，还需要输出相应的图纸。请在 Revit 软件中输出该别墅的二维图纸及三维效果图，供施工人员使用。

任务分析

以输出建筑平面图、立面图、剖面图和效果图为例，学习输出图纸的方法。

一、输出平面图

输出图纸

1. 创建空白图纸

双击打开别墅的 Revit 模型，在项目浏览器中右击“图纸”，选择“新建图纸”，弹出“新建图纸”对话框，如图 4-28 所示。在弹出的对话框中根据需要确定图纸的大小，然后单击“确定”，即可创建一张带图框的空白图纸。

图 4-28　“新建图纸”对话框

2. 将平面图置于图框内

在项目浏览器中展开“楼层平面”选项，右击视图名称“1F”，移动光标至“复制视图”下的“带细节复制”后单击，如图 4-29 所示，则在“楼层平面”视图下生成一个“1F 副本 1”。右击“1F 副本 1”，单击“重命名”，输入“一层平面图”字样后单击，即可完成图名的修改。双击“图纸”选项下新建的空白图纸“J0-4-未命名”，将“一层平面图”拖入此图纸中，如图 4-30 所示。

图 4-29　复制平面图

3. 编辑图纸

双击图框内部，则图框变为灰色，表示进入可编辑状态。选中平面图上、下、左、右四个“视角”图标中的任意一个，再单击“修改 | 立面”选项卡下的“在视图中隐藏”命令（灯泡图样）右侧的倒三角，如图 4-31 所示，单击“隐藏类别”，则四个“视角”消失。

双击“一层平面图”字样，将其拖至图纸中间。再单击图样处，则“一层平面图”字样下的直线两端出现蓝色圆圈，表示进入可编辑状态，按住直线右侧圆圈向左移动可将直线缩短。修正后的一层平面图如图 4-32 所示。

4. 导出 CAD 格式图纸

单击“文件”，出现应用程序菜单列表，如图 4-33 所示。单击“导出”，选择“CAD 格式”下的“DWG”，弹出“DWG 导出”对话框。单击“下一步”，更改保存的位置和名称，即可完成该张图纸的输出。

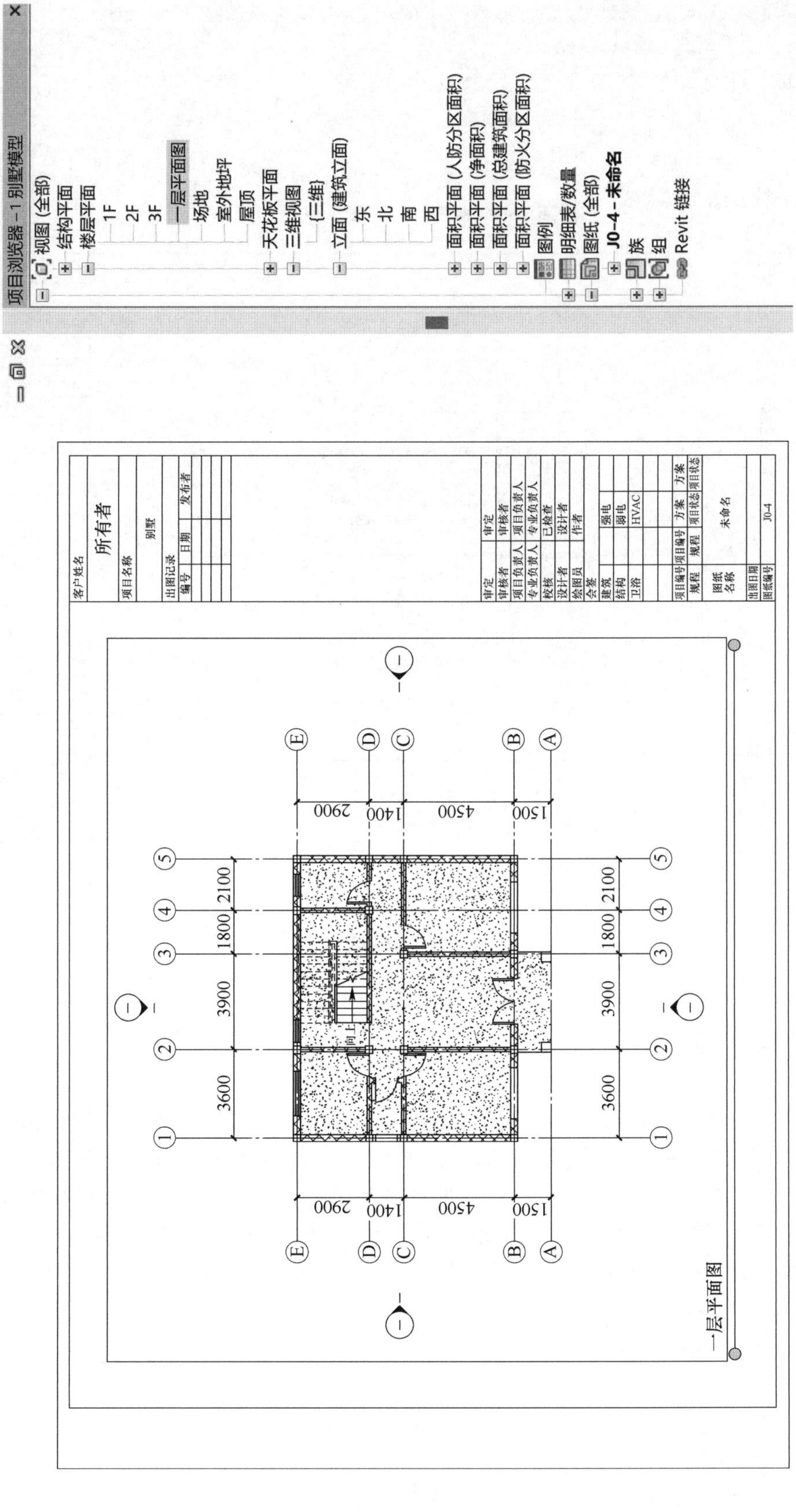

图 4-30 将平面图置于图框内

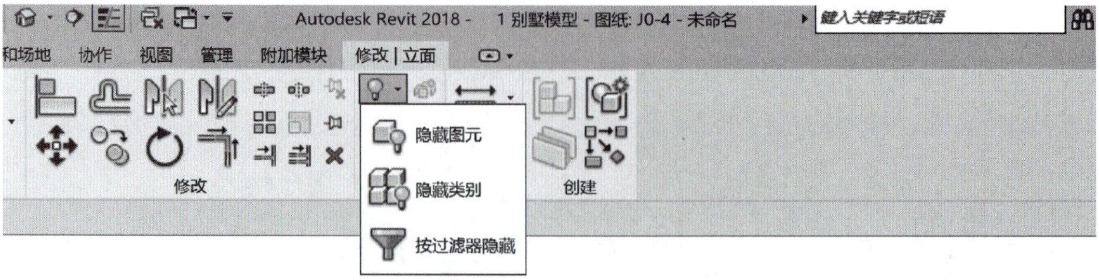

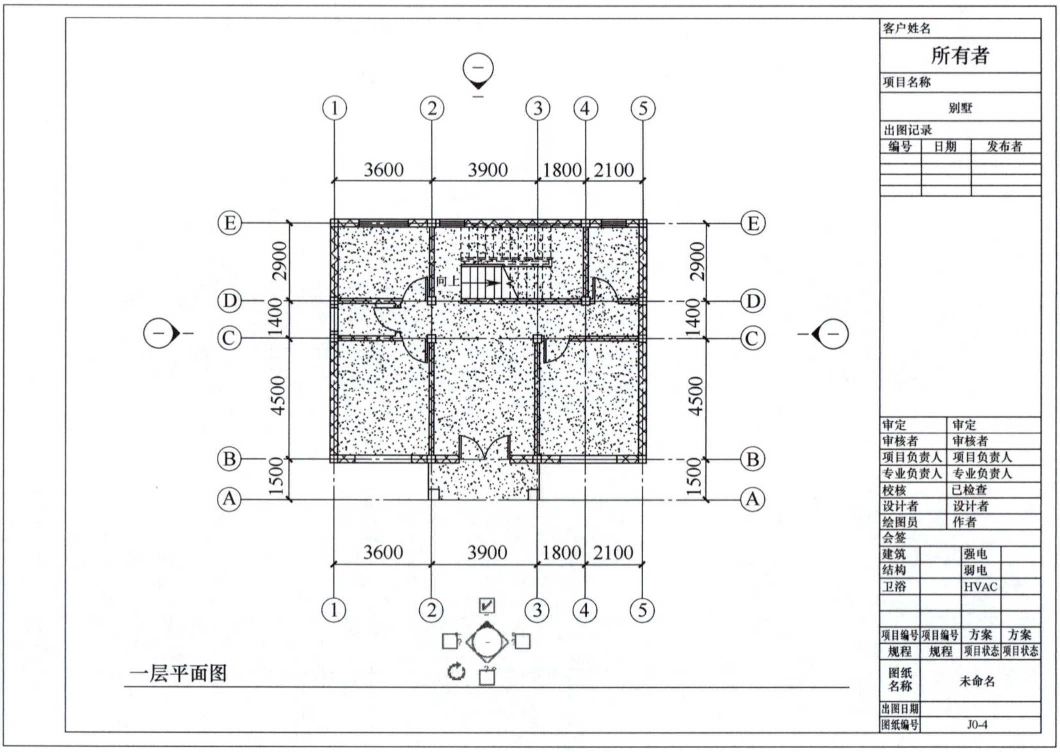

图 4-31 隐藏图元

二、输出立面图

在项目浏览器中展开“立面（建筑立面）”选项，右击视图名称“南”，移动光标至“复制视图”下的“带细节复制”后单击，则在“立面（建筑立面）”视图下生成一个“南副本 1”。右击“南副本 1”，单击“重命名”，输入“南立面图”字样后单击，即可完成图名的修改。然后参照输出平面图的操作步骤，新建一张带图框的空白图纸，将该立面图拖进图纸中，再对图名的位置进行编辑，最后输出 CAD 格式的南立面图。修正后的南立面图如图 4-34 所示。

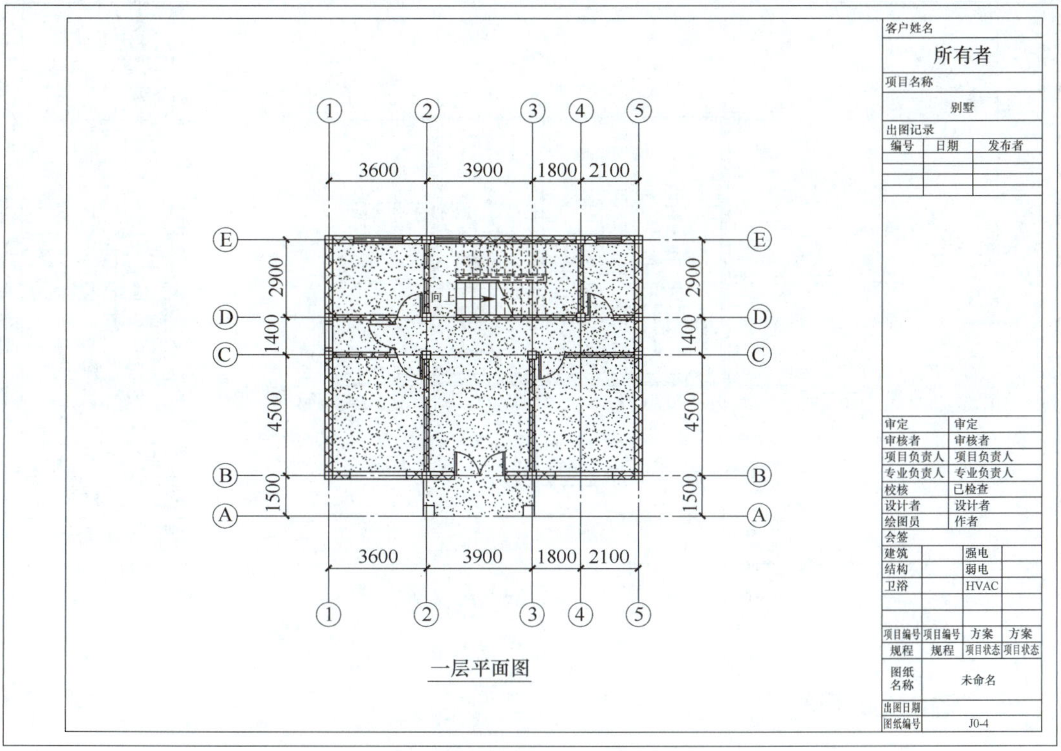

图 4-32　修正后的一层平面图

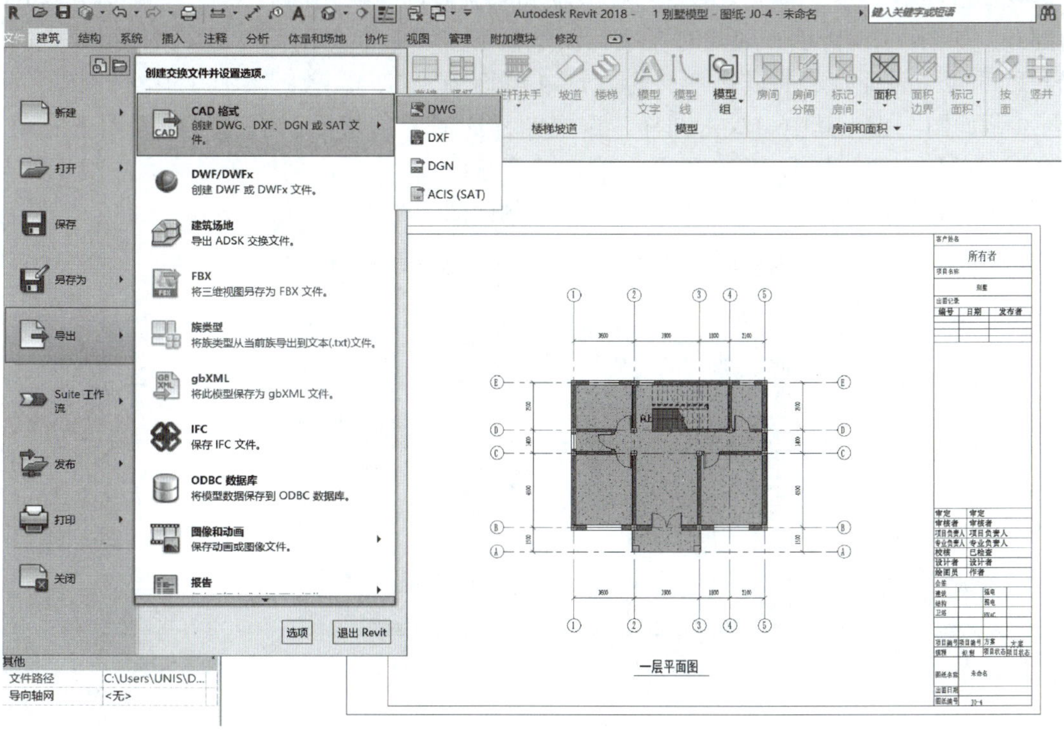

图 4-33　应用程序菜单列表

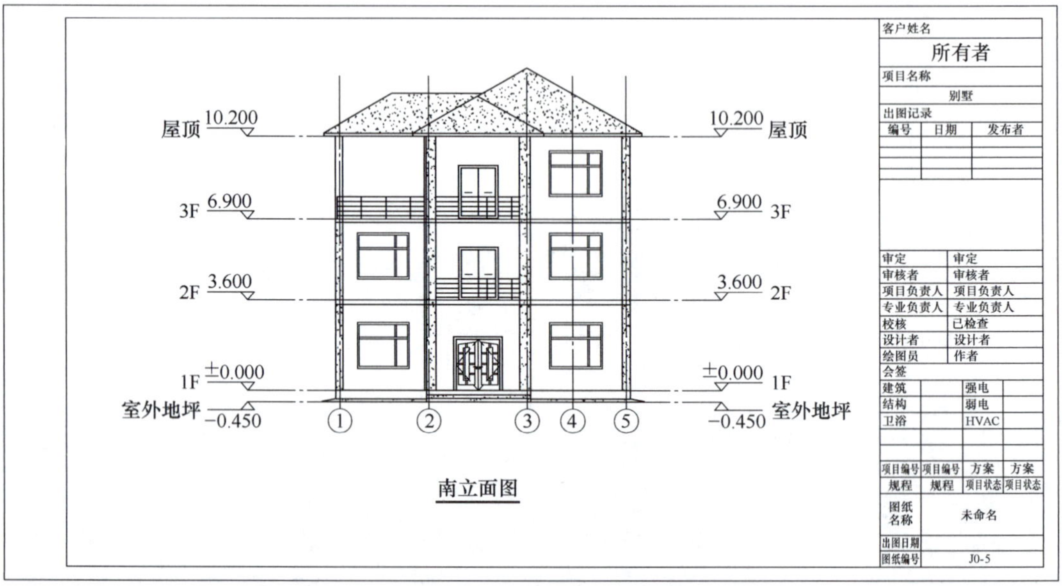

图 4-34　修正后的南立面图

三、输出剖面图

在项目浏览器中展开“楼层平面”选项，双击视图名称“1F”，进入“1F”视图。单击视图选项卡下的“剖面”命令，在Ⓓ轴和Ⓔ轴之间，从左向右绘制一条剖切线将楼梯剖开，如图 4-35 所示。则此时在项目浏览器下多了一个“剖面（建筑剖面）”选项，展开后可见“剖面 1”，将其重命名为“1—1 剖面图”。新建一张带图框的空白图纸，将“1—1 剖面图”拖入其中。双击图样，选中图样四周的剖切框，单击“在视图中隐藏”命令右侧的倒三角，如图 4-36 所示，单击“隐藏图元”，可将剖切框隐藏。后续步骤与平面图和立面图的相同，不再赘述。修正后的剖面图如图 4-37 所示。

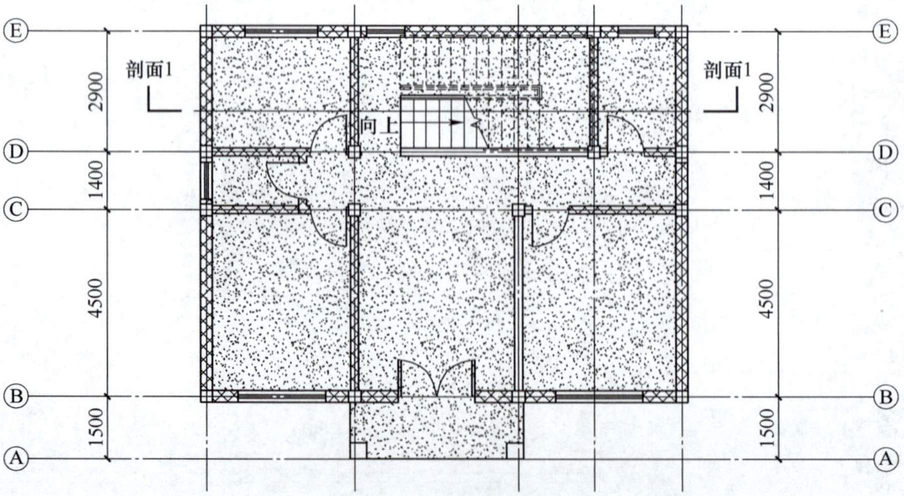

图 4-35　绘制剖切线

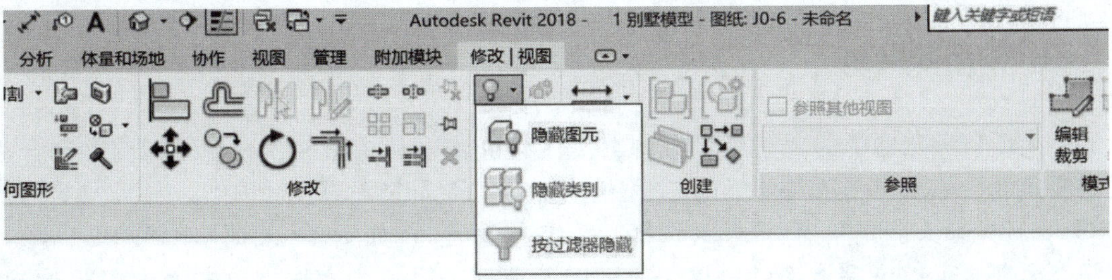

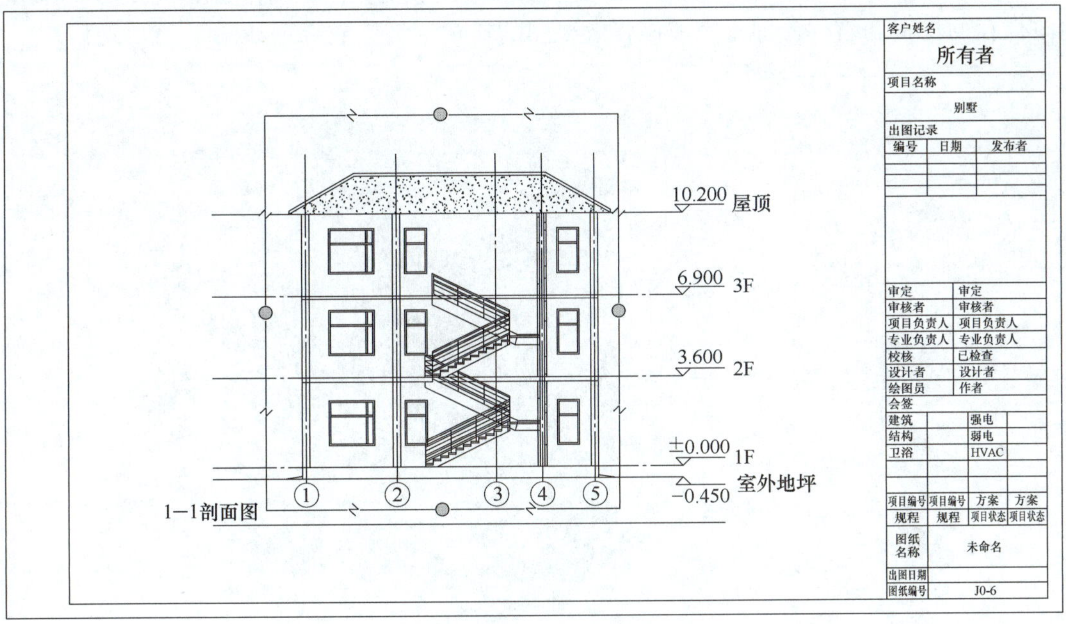

图 4-36　隐藏剖切框

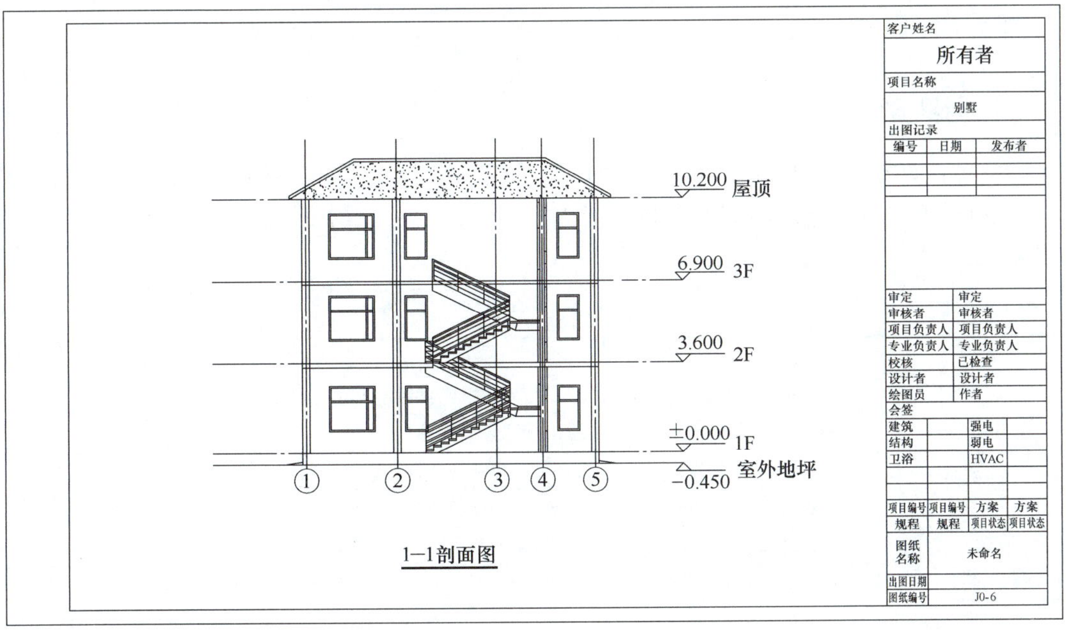

图 4-37　修正后的 1—1 剖面图

四、输出效果图

进入项目浏览器中的“三维”视图，按住 shift 键和鼠标滚轮，移动鼠标调整到合适的观看角度。单击视图选项卡下的“渲染”命令，将质量设置为“中”，照明方案选择“室外：日光和人造光”，背景样式选择“天空：少云”，如图 4-38 所示。单击“渲染”按钮，出现显示渲染完成率的进度条，进度条消失表示渲染完毕。单击“导出”按钮，更改保存的位置和名称，即可完成该张效果图的输出。渲染效果图如图 4-39 所示。

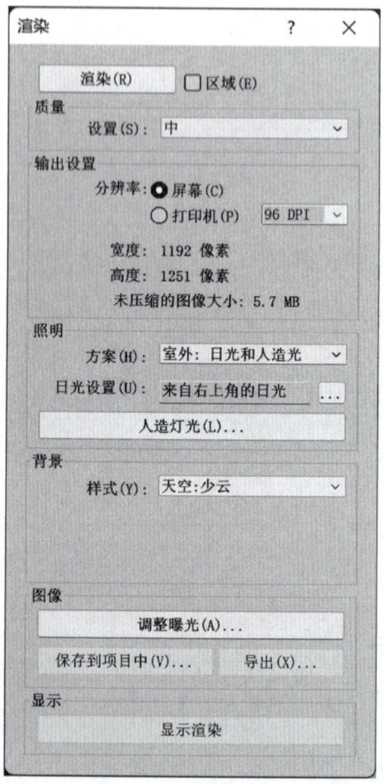

图 4-38　渲染

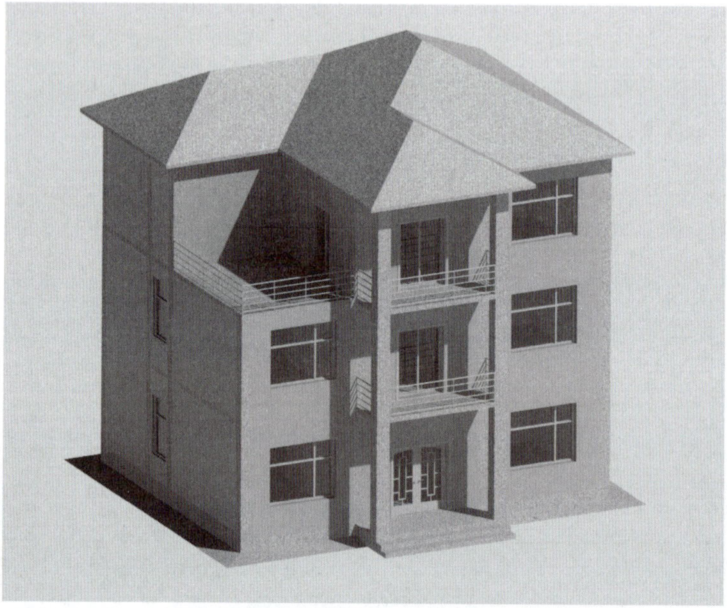

图 4-39　渲染效果图

任务实施

独立完成建筑一层平面图、二层平面图、屋顶平面图、东立面图、西立面图、南立面图、北立面图、1—1 剖面图和效果图的输出。两人一组，进行作品互评，具体评分标准如表 4-3 所示。

表 4-3　　作品评分表

活动	项目	得分
输出图纸（10 分）	建筑平面图共三张，每一张的图名与图纸内容相匹配（1 分）	
	每张建筑平面图的布局合理且进行了修改完善（2 分）	
	建筑立面图共四张，每一张的图名与图纸内容相匹配（1 分）	
	每张建筑立面图的布局合理且进行了修改完善（2 分）	
	建筑剖面图的剖切位置正确、布局合理且隐藏了剖切框（2 分）	
	渲染效果图的设置正确，有输出成果（2 分）	
总分		

强化练习

一、单选题

1. 在建筑一层平面图中，若图名下的线较长，（　　）可以将直线变短。

A. 单击图样，进入编辑界面　　B. 单击较长的直线，进入编辑界面

C. 双击图名，进入编辑界面　　D. 单击图框外空白部分，进入编辑界面

2. （　　）可以新建带图框的空白图纸。

A. 单击项目浏览器中的“图纸”命令

B. 右击项目浏览器中的“图纸”命令，选择“新建图纸”

C. 右击“1F”视图，选择“复制视图”

D. 以上都不对

二、判断题

1. 在输出图纸时，剖面图中的剖切框可以隐藏。（　　）

2. 渲染后看不到模型，有可能是因为照明方案选择了“室内：仅日光”。（　　）

3. 多层结构的剖面图，一般不剖到楼梯。（　　）

任务拓展

根据2021年第二期“1+X”建筑信息模型（BIM）职业技能等级考试——初级——实操试题第二题图纸，建立篮球架的模型。

2021年第二期“1+X”建筑信息模型（BIM）职业技能等级考试——初级——实操试题

建立篮球架模型

强化练习、任务拓展答案

参考文献

[1] 寇方洲，罗琳，陈扶云，等. 建筑制图与识图［M］. 2版. 北京：化学工业出版社，2018.

[2] 刘军旭，雷海涛. 建筑工程制图与识图［M］. 2版. 北京：高等教育出版社，2018.

[3] 张喆，武可娟. 建筑制图与识图［M］. 北京：北京邮电大学出版社，2019.

[4] 白丽红，闫小春. 建筑工程制图与识图［M］. 4版. 北京：北京大学出版社，2023.

[5] 何铭新，郎宝敏，陈星铭. 建筑工程制图［M］. 4版. 北京：高等教育出版社，2008.

[6] 叶雯. 建筑信息模型［M］. 北京：高等教育出版社，2016.

[7] 王鑫，刘晓晨. 全国BIM应用技能考试通关宝典［M］. 北京：中国建筑工业出版社，2018.

[8] 郭清燕，崔荣荣. 建筑制图［M］. 北京：北京理工大学出版社，2011.

[9] 游普元. 建筑制图［M］. 重庆：重庆大学出版社，2021.

[10] 凌艺春，余荣春. 建筑制图与识图［M］. 北京：北京理工大学出版社，2020.

[11] 中华人民共和国住房和城乡建设部. 房屋建筑制图统一标准：GB/T 50001—2017［S］. 北京：中国建筑工业出版社，2018.

[12] 中华人民共和国住房和城乡建设部. 总图制图标准：GB/T 50103—2010［S］. 北京：中国计划出版社，2011.

[13] 中华人民共和国住房和城乡建设部. 建筑制图标准：GB/T 50104—2010［S］. 北京：中国计划出版社，2011.

[14] 中华人民共和国住房和城乡建设部. 民用建筑设计统一标准：GB 50352—2019［S］. 北京：中国建筑工业出版社，2019.

[15] 武荣. 工程制图CAD与识图［M］. 北京：中国水利水电出版社，2023.

[16] 卢传贤. 土木工程制图［M］. 6版. 北京：中国建筑工业出版社，2022.

[17] 牟明. 建筑工程制图与识图［M］. 2版. 北京：清华大学出版社，2011.

[18] 王强，张小平. 建筑制图与识图［M］. 3版. 北京：机械工业出版社，2017.

[19] 朱永杰，吴舒琛. 建筑工程识图与构造［M］. 北京：高等教育出版社，2014.

[20] 赵研. 建筑识图与构造［M］. 3版. 北京：中国建筑工业出版社，2014.

[21] 蒋允静. 画法几何及土建工程制图［M］. 2版. 北京：中国水利水电出版社，2012.

[22] 白金波，陈玉中，张增宝. 建筑工程制图与识图［M］. 天津：天津科学技术出版社，2013.

[23] 中国建筑标准设计研究院. 混凝土结构施工图平面整体表示方法制图规则和构造详图（现浇混凝土框架、剪力墙、梁、板）：22G101—1［S］. 北京：中国计划出版社，2022.